Friedel

Nachhaltige Produktionsbetriebe

Andreas Friedel

Nachhaltige Produktionsbetriebe

Messmethoden, Management und technische Umsetzung

HANSER

Über den Autor:
Prof. Dr.-Ing. Andreas Friedel, Hochschule Offenburg

MIX
Papier aus verantwortungsvollen Quellen
FSC® C083411

Print-ISBN: 978-3-446-47758-2
E-Book-ISBN: 978-3-446-48308-8

Bibliografische Information der Deutschen Nationalbibliothek:
Die Deutsche Nationalbibliothek verzeichnet diese Publikation in der Deutschen Nationalbibliografie; detaillierte bibliografische Daten sind im Internet unter http://dnb.d-nb.de abrufbar.

Vilshofener Straße 10 | 81679 München | info@hanser.de
www.hanser-fachbuch.de
Lektorat: Julia Stepp
Herstellung: Melanie Zinsler
Coverkonzept: Marc Müller-Bremer, www.rebranding.de, München
Covergestaltung: Thomas West
Titelmotiv: © Max Kostopoulos
Satz: le-tex publishing services GmbH, Leipzig
Druck: CPI Books GmbH, Leck
Printed in Germany

Inhalt

Vorwort

Ökologische Nachhaltigkeit ist in industriellen Produktionsbetrieben zu einem wichtigen Gestaltungsfaktor für Management und Organisation sowie technische Ausgestaltung von Produktionssystemen geworden. Regulatorische Anforderungen, steigende Energie- und Rohstoffkosten sowie wachsende Erwartungen von Markt und Gesellschaft erfordern zunehmend systematische Ansätze zur Erfassung, Bewertung und Reduzierung von Umweltwirkungen.

Das Fachbuch *Nachhaltige Produktionsbetriebe – Messmethoden, Management und technische Umsetzung* konzentriert sich auf die ökologische Dimension der Nachhaltigkeit in der industriellen Produktion. Es vermittelt methodische Grundlagen sowie praxisnahe Ansätze zur Erfassung, Bewertung und Verbesserung der Umweltleistung von Produktionsbetrieben. Behandelt werden unter anderem Bilanzierungsverfahren, zentrale umweltrechtliche Rahmenbedingungen, umweltbezogene Normen sowie der nachhaltige Einsatz von Energie und Material.

Das Buch richtet sich an Praktikerinnen und Praktiker in produzierenden Unternehmen ebenso wie an Studierende technischer und wirtschaftlicher Studiengänge. Es bietet einen strukturierten Überblick über zentrale Themenfelder und zeigt zugleich die Potenziale auf, die sich aus der systematischen Umsetzung ökologischer Nachhaltigkeit im betrieblichen Alltag ergeben. Die dargestellten Konzepte und Methoden sollen dazu befähigen, Produktionssysteme unter ökologischen Gesichtspunkten zu analysieren und fundierte Entscheidungen in Technik und Management abzuleiten.

Mein Dank gilt der Hochschule Offenburg für den gewährten Freiraum zur Erstellung dieses Buches sowie Andreas Becker für seine wertvollen Hinweise.

25.01.2026

Andreas Friedel

1 Produktionssystem und Produktionsbetrieb

Als Produktion wird die Herstellung von Gütern und Erzeugnissen bezeichnet. Sie erfolgt durch die Kombination verschiedener Produktionsfaktoren – insbesondere Arbeitskraft, Betriebsmittel und Werkstoffe (Input) – und deren Transformation in einen angestrebten Output. Beim Output handelt es sich um das Produkt und zumeist auch Neben- oder Abprodukte. Aus betriebswirtschaftlicher Perspektive stellt die Produktion jene Phase der Leistungserstellung dar, die zwischen Beschaffung und Absatz angesiedelt ist. Darüber hinaus ist der Begriff der Produktion eng mit dem Konzept der Wertschöpfung verknüpft: Das erzeugte Produkt (Output) sollte im Idealfall einen höheren Wert besitzen als die Summe der eingesetzten Produktionsfaktoren (Input). Die Gesamtheit aller wertschöpfenden Prozesse sowie ihrer Input- und Outputbeziehungen wird als Produktionssystem bezeichnet (Bild 1.1).[1]

Bild 1.1 Produktionssystem als Gesamtheit der wertschöpfenden Prozesse

Wertschöpfende Prozesse in der industriellen Güterherstellung werden durch Produktionstechnologien konkret in Form von Verfahren und den dazugehörigen Betriebsmitteln realisiert. Dabei lassen sich Technologien der Energietechnik, Verfahrenstech-

[1] Vgl. Corsten 2009, S. 1

nik und Fertigungstechnik unterscheiden. Die Verfahrenstechnik befasst sich mit der Herstellung und Umwandlung überwiegend formloser Stoffe, die im weiteren Verlauf als Material oder Werkstoff bezeichnet werden. Dies schließt auch deren erste Formgebung zu sogenannten Halbzeugen für die nachgelagerte Verarbeitung ein. Die Fertigungstechnik hingegen umfasst die Herstellung geometrisch bestimmter Werkstücke sowie deren Zusammenbau zu einem vollständigen Erzeugnis.

Dieses Buch konzentriert sich auf Prozesse und Betriebe der Fertigungstechnik innerhalb der metallverarbeitenden Industrie. Der angestrebte Output dieser Fertigungsprozesse wird im Folgenden als Produkt bezeichnet und umfasst sämtliche geometrisch definierten Komponenten aller Fertigungsstufen – vom Einzelteil bis zum vollständig montierten Enderzeugnis.

Produktionssysteme umfassen neben den wertschöpfenden Prozessen in der Regel auch Qualitätsprüfprozesse sowie Logistikprozesse. Dabei spielt die menschliche Arbeitsleistung nach wie vor eine zentrale Rolle. Allerdings nehmen objektbezogene Verrichtungen, wie etwa das manuelle Bedienen oder Steuern von Maschinen, infolge der zunehmenden Automatisierung und der intelligenten Vernetzung von Betriebsmitteln, kontinuierlich ab. Im Gegensatz dazu gewinnen dispositive und planerische Tätigkeiten an Bedeutung. Gründe hierfür sind unter anderem verkürzte Innovationszyklen sowie neue Zielgrößen, beispielsweise im Bereich der Nachhaltigkeit oder Ressourceneffizienz. Moderne oder weiterentwickelte Softwarelösungen können zur Entlastung beitragen, indem sie insbesondere digitalisierbare Anteile dieser Tätigkeiten übernehmen oder effizienter gestalten.

Die Produktionswirtschaft, heute auch als Produktionsmanagement bezeichnet, befasst sich mit den theoretischen Grundlagen sowie der Organisation der Produktionsfaktoren und der Planung und Steuerung von Produktionsprozessen zur Herstellung von Gütern. Die zentrale Aufgabe des Produktionsmanagements lässt sich als Regelfunktion innerhalb der betrieblichen Leistungserstellung beschreiben (Bild 1.2).[2)] Führungsgrößen in Form von Zielen helfen dabei, konkrete Sollwerte und Maßnahmen abzuleiten, um das Produktionssystem zu gestalten und zu steuern. Entsprechend den gesetzten Zielen werden Kennzahlen mit den zugehörigen Sollwerten definiert. Im laufenden Produktionsprozess werden geeignete Messgrößen erhoben, anhand derer der Zielerreichungsgrad überprüft wird. Diese Kennzahlen werden in regelmäßigen Abständen analysiert und bewertet, um gegebenenfalls Maßnahmen und Sollwerte zu korrigieren und das Produktionssystem an veränderte interne und externe Einflussfaktoren anzupassen.

Die Etablierung einer nachhaltigen Produktion setzt voraus, dass Nachhaltigkeit als eine zentrale Führungsgröße in die Gestaltung und Steuerung des Produktionssystems integriert wird. Sie erweitert das klassische Zieledreieck aus Qualität, Kosten und Zeit zu einem Zieleviereck, das den Anforderungen an eine zukunftsfähige Produktion besser gerecht wird.

---

[2] Vgl. etwa Kiener et al. 2012

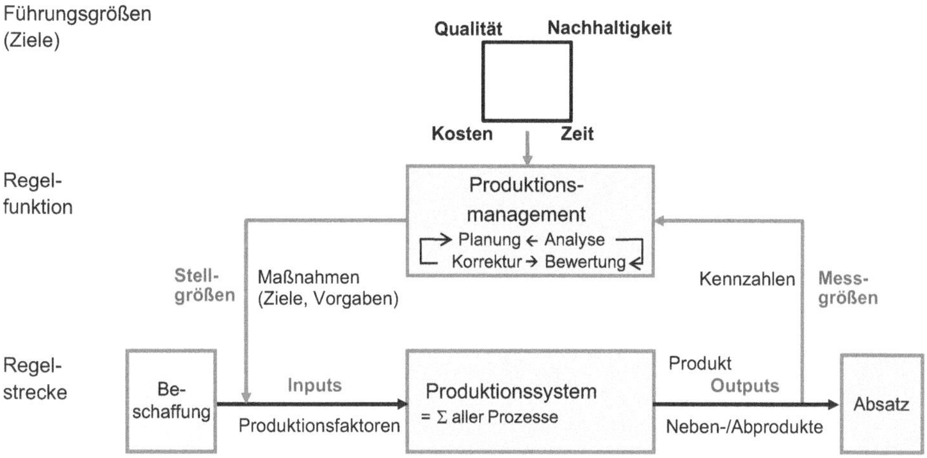

Bild 1.2 Die Regelfunktion des Produktionsmanagements mit der Nachhaltigkeit als neuer Führungsgröße (in Anlehnung an Kiener et al. 2012, S. 8)

Die Planung, Einführung, Aufrechterhaltung und kontinuierliche Verbesserung eines nachhaltigen Produktionssystems zählen zu den strategischen Aufgaben des Produktionsmanagements.[3] Auf taktischer Ebene gehören dazu die Ableitung jährlicher Nachhaltigkeitsziele, die Definition entsprechender Maßnahmen, die Bereitstellung der erforderlichen Ressourcen sowie die Messung des Zielerreichungsgrads. Operativ werden der nachhaltige Betrieb der Produktionsprozesse sowie der verantwortungsvolle Umgang mit Inputs und Outputs sichergestellt und anhand geeigneter Kennzahlen überwacht.

Der Begriff des Produktionsbetriebs bezeichnet eine Produktionsstätte, in der die technisch und wirtschaftlich notwendigen Funktionen eine organisatorische Einheit bilden.[4] Der Begriff Produktionswerk wird in diesem Zusammenhang gleichbedeutend verwendet. Ein Betrieb kann als rechtliche Einheit ein Unternehmen darstellen oder lediglich organisatorisch bzw. örtlich Teil eines Unternehmens sein. Umgekehrt kann ein Unternehmen aus mehreren Betrieben bestehen. Ein Betrieb kann zudem aus räumlich getrennten Betriebsteilen bestehen, die dem Hauptbetrieb organisatorisch unterstellt und integraler Bestandteil seines Produktionssystems sind. Für die Betrachtung der ökologischen Nachhaltigkeit ist es entscheidend, dass der Produktionsbetrieb sowohl die wertschöpfenden Prozesse als auch die dafür erforderliche technische Infrastruktur sowie die organisatorische Verantwortung für beides integriert. In diesem Buch liegt der Fokus auf metallverarbeitenden Produktionsbetrieben und deren wesentlichen Verfahren und Anlagen, insbesondere in den Bereichen spanende Formung, Blechbearbeitung, Reinigung und Lackierung.

---

3 Vgl. Kiener et al. 2012, S. 9

4 Vgl. etwa Schweitzer/Baumeister 2015

2 Vision eines vollständig nachhaltigen Produktionssystems

2.1 Nachhaltigkeitsbegriff

Die Grundidee der Nachhaltigkeit geht auf ein forstwirtschaftliches Prinzip aus dem Jahr 1713 zurück, das von Carl von Carlowitz begründet wurde. Dieses Prinzip besagt, dass nur so viel Holz abgeholzt werden darf, wie auch wieder nachwächst, um den Wald langfristig zu erhalten.[1] Eine deutlich allgemeinere und bis heute prägende Definition von Nachhaltigkeit wurde 1987 im Brundtland-Bericht der Vereinten Nationen formuliert. Er war der erste große globale Aufruf, Umwelt-, Wirtschafts- und Sozialpolitik als integrale Einheit zu begreifen. Eine nachhaltige Entwicklung soll demnach die Bedürfnisse der heutigen Generation erfüllen, ohne die Fähigkeit zukünftiger Generationen zu gefährden, ihre eigenen Bedürfnisse zu befriedigen.[2] Die drei Dimensionen der Nachhaltigkeit – Ökologie, Ökonomie und Soziales – haben sich mittlerweile als tragfähiges Leitmodell etabliert und prägen heute politische, wirtschaftliche und gesellschaftliche Entscheidungsprozesse. Sie stehen nicht im Gegensatz zueinander, sondern ergänzen sich: Nachhaltige Produktionsbetriebe setzen auf eine wirtschaftliche Entwicklung, die nicht nur kurzfristige Gewinnmaximierung anstrebt, sondern langfristige Stabilität sichert. In der sozialen Dimension achten sie unter anderem auf faire und menschenwürdige Arbeitsbedingungen für Mitarbeitende in allen Unternehmensbereichen und der Lieferkette.

Fossile Rohstoffe wie Öl, Gas und Kohle sind nach wie vor die dominierenden Energiequellen, deren begrenzte Verfügbarkeit und erhebliche Klimaauswirkungen zu globalen Herausforderungen führen. Bereits im Jahr 1972 wurde in der Studie „Grenzen des Wachstums" des Club of Rome ein existenzbedrohendes Szenario aufgezeigt: Während

1 Vgl. Hentze/Thies 2012, S. 75 ff.

2 Brundtland/United Nations 1987, S. 37

eine gleichmäßige Wachstumsrate zu exponentiellem Zuwachs führt, sind natürliche Ressourcen und insbesondere fossile Rohstoffe endlich begrenzt.[3] Obwohl diese Grenzen langfristig gelten, wurden sie bislang durch technologische Fortschritte, neue Fördermethoden und den Ausbau alternativer Energiequellen teilweise überdeckt. Dennoch zeigen jüngste Entwicklungen wie steigende Rohstoffpreise, Umweltbelastungen und die wachsende Nachfrage nach begrenzten Ressourcen die Dringlichkeit nachhaltiger Produktions- und Verbrauchsweisen.

Während die Verknappung endlicher Ressourcen wie Rohstoffe, Wasser oder Flächen in marktwirtschaftlichen Systemen über steigende Preise gesteuert werden kann, fehlte beim Treibhauseffekt lange Zeit eine vergleichbare ökonomische Lenkungswirkung. Die damit verbundenen Umweltkosten blieben weitgehend externalisiert, d. h., sie wurden nicht im Preis von Produkten oder Dienstleistungen berücksichtigt. In jüngerer Zeit wurden Instrumente wie Emissionszertifikate, CO_2-Steuern sowie gesetzliche Vorgaben zur Nachhaltigkeitsberichterstattung eingeführt, um Anreize zur Emissionsminderung zu schaffen und zugleich Transparenz über ökologische Auswirkungen wirtschaftlicher Tätigkeiten herzustellen. Das klassische Verursacherprinzip greift bei globalen Klimaeffekten nur eingeschränkt, da Ursachen (z. B. Emissionen) und Wirkungen (z. B. Wetterextreme) räumlich und zeitlich entkoppelt auftreten und ein direkter Kausalnachweis nicht erbracht werden kann. So lassen sich etwa klimabedingte Extremwetterereignisse mit Personen- und Sachschäden nicht eindeutig auf einzelne Treibhausgasemittenten zurückführen.

Mit dem Kyoto-Protokoll von 1997 wurde erstmals ein völkerrechtlich verbindlicher Rahmen zur Reduktion von Treibhausgasen (THG) geschaffen, um die globale Erwärmung zu begrenzen. Es trat 2005 in Kraft und verpflichtete die Industrieländer, ihre Emissionen bis 2012 im Durchschnitt um 5,2 % gegenüber dem Stand von 1990 zu senken. Die vereinbarten Ziele wurden 2009 im Mittel erreicht, insbesondere durch den Strukturwandel in den ehemaligen Ostblockstaaten sowie durch THG-Reduktionen in den damaligen EU-Mitgliedstaaten. Eine Verlängerung oder Neuauflage des Kyoto-Protokolls scheiterte jedoch daran, dass zentrale Emittenten wie die USA, China oder Kanada nicht eintraten bzw. später austraten, wodurch das Abkommen an Wirksamkeit verlor.

Seit der Jahrtausendwende hat der Ausstoß von Treibhausgasen (THG) weltweit deutlich zugenommen, vor allem infolge der Industrialisierung der Schwellenländer, insbesondere im asiatischen Raum. Bis zum Jahr 2020 stieg der globale THG-Ausstoß um rund 36 % gegenüber dem Stand zur Jahrtausendwende. Die Verbrennung fossiler Energieträger ist dabei mit einem Anteil von 60 bis 70 % der mit Abstand größte Verursacher dieser Emissionen.[4] Der im gleichen Zeitraum zunehmende Klimawandel mit extremen Wetterereignissen, Überflutungen, steigenden Durchschnittstemperaturen und länge-

---

3 Meadows et al. 1972, S. 17

4 In CO_2-Äquivalenten, vgl. Olivier 2022, S. 16 ff.

ren Trockenperioden hat weltweit das Bewusstsein dafür geschärft, dass ein ursächlicher Zusammenhang zwischen den THG-Emissionen und dem anthropogenen Treibhauseffekt besteht. Diese Einsicht wurde maßgeblich durch regelmäßige Berichte des Weltklimarats gefördert. Darin wurde aufgezeigt, dass die vom Menschen verursachte globale Erwärmung bereits heute bei rund 1,1 °C über dem vorindustriellen Niveau liegt. Es wird auch vor den möglichen Folgen einer Erwärmung um mehr als 2 °C gewarnt, darunter irreversible Veränderungen von Ökosystemen, ein steigender Meeresspiegel und gravierende soziale sowie wirtschaftliche Auswirkungen.[5] Um diese Schwelle nicht zu überschreiten, wird eine Begrenzung auf 1,5 °C bis zum Jahr 2030 durch eine Halbierung der globalen CO_2-Emissionen gegenüber dem Stand von 2020 (etwa 40 Gt CO_2) gefordert. Ab etwa 2050 ist eine weitgehende Dekarbonisierung der globalen Wirtschaft erforderlich, um das Ziel der Netto-Null-Emissionen zu erreichen.[6]

Mit dem Übereinkommen von Paris haben sich im Jahr 2015 nahezu alle Staaten der Welt völkerrechtlich verpflichtet, die globale Erderwärmung auf deutlich unter 2 °C gegenüber dem vorindustriellen Niveau zu begrenzen und Anstrengungen zu unternehmen, um den Temperaturanstieg auf höchstens 1,5 °C zu beschränken. Das Abkommen trat am 04.11.2016 in Kraft, nachdem es von einer ausreichend großen Zahl an Staaten ratifiziert worden war. Seitdem traten weitere Länder dem Übereinkommen bei. Alle Vertragsstaaten sind seit 2020 dazu verpflichtet, nationale Klimaschutzpläne zu erstellen, umzusetzen und regelmäßig zu verschärfen. Darüber hinaus sollen Maßnahmen zur Förderung der Klimaresilienz ergriffen und Finanzflüsse in Richtung klimafreundlicher Investitionen umgelenkt werden. Deutschland konkretisiert seine Verpflichtungen aus dem Pariser Abkommen im Klimaschutzgesetz (KSG). Es sieht unter anderem vor, die Treibhausgas-Emissionen bis 2030 um 65 % gegenüber 1990 zu reduzieren und bis 2045 Treibhausgasneutralität zu erreichen.

Spätestens seit dem Pariser Übereinkommen stehen die Begrenzung der globalen Erderwärmung und damit die Reduktion von Treibhausgas-Emissionen (THG) im Zentrum der Nachhaltigkeitsbemühungen. Andere Umweltbelastungen wie der Verbrauch von Süßwasserressourcen oder die Emission von Schadstoffen in Luft und Gewässer sind jedoch ebenfalls von hoher Bedeutung. Tatsächlich verstärken sich diese Umweltwirkungen im Zuge des Klimawandels gegenseitig. Der Treibhauseffekt, insbesondere in Form steigender Durchschnittstemperaturen und zunehmender Trockenperioden, verringert die Regenerationsfähigkeit vieler natürlicher Ökosysteme. Damit sinkt die Aufnahmefähigkeit von Luft, Böden und Gewässern für Schadstoffe mit der Folge, dass gleiche Emissionsmengen stärkere Umweltschäden verursachen können. So führen anhaltende Hitze- und Dürreperioden unter anderem dazu, dass Flüsse und Seen geringere Wassermengen führen. Die Folge ist eine erhöhte Konzentration von Schadstoffen bei gleichbleibender Einleitung, was die kritischen Schwellenwerte für die Ökosystemverträglichkeit schneller überschreiten lässt. Gleichzeitig sinkt durch den fallenden

5 Deutsche IPCC-Koordinierungsstelle 2022

6 IPPC 2022

Grundwasserspiegel die maximal verträgliche Entnahmemenge von Grundwasser, wodurch die Ressourcennutzung zusätzlich eingeschränkt wird.

Die Nutzung rohstofflicher Ressourcen wie Erze, Mineralien und Industriemetalle wurde im Nachhaltigkeitsdiskurs bislang häufig hinter dem Klimaschutz zurückgestellt. Diese Rohstoffe stellen ein endliches Gut dar, dessen Verfügbarkeit über internationale Märkte wirtschaftlich bepreist wird und das sowohl geopolitischen als auch ökologischen Abhängigkeiten unterliegt. Insofern überschneiden sich die Ziele ökologischer und ökonomischer Nachhaltigkeit bereits teilweise. Hinzu kommt, dass ein erheblicher Teil der Treibhausgas-Emissionen des Industriesektors durch die Gewinnung und Verarbeitung von Metallen, Mineralstoffen und chemischen Grundstoffen entsteht. Die Nachhaltigkeit der Rohstoffnutzung wurde daher bislang stark an ihrer Klimabilanz gemessen. Dieser Zusammenhang kann sich allerdings in dem Maße abschwächen, in dem sich die Industrieproduktion auf erneuerbare Energiequellen stützt, wie etwa grünen Strom oder Wasserstofftechnologien, die CO_2-intensive Prozesse zunehmend ersetzen. Vor diesem Hintergrund wird künftig nicht nur die Dekarbonisierung der industriellen Prozesse im Fokus stehen, sondern in verstärktem Maße auch die Ressourcenschonung selbst, insbesondere die Reduzierung der Primärrohstoffentnahme aus der Umwelt. Um die Wirtschaftsleistung dauerhaft vom Rohstoffverbrauch zu entkoppeln, ist eine hochwertige Kreislaufführung von Materialien und Produkten erforderlich. Dies schließt nicht nur die stoffliche Wiederverwertung ein, sondern auch Strategien zur Lebensdauerverlängerung, Reparaturfähigkeit sowie Demontagefreundlichkeit und die Entwicklung von zirkulären Geschäftsmodellen.

Die Umsetzung eines ursprünglich umweltorientierten Nachhaltigkeitsverständnisses in die gesellschaftliche Realität hängt maßgeblich von der Prioritätensetzung durch Politik, Wirtschaft sowie Gesellschaft und das Individuum ab. Eine Entwicklung hin zu mehr Nachhaltigkeit muss bei aller ökologischen Notwendigkeit wirtschaftlich tragfähig und sozial verträglich gestaltet werden. Anderenfalls drohen wirtschaftliche Instabilität und gesellschaftliche Spannungen, die die Nachhaltigkeit selbst gefährden würden.[7] Die Bedeutung und Gewichtung der drei Nachhaltigkeitsdimensionen – Ökologie, Ökonomie und Soziales – wird dabei zunehmend durch die gesellschaftliche Werteentwicklung beeinflusst. Insbesondere die spürbaren und teils existenzbedrohenden Auswirkungen der Erderwärmung verändern die öffentliche Wahrnehmung und verschieben politische sowie individuelle Handlungsspielräume.[8] Auch wenn Entscheidungen im Einzelfall stets eine Abwägung zwischen klimapolitischer Notwendigkeit und ökonomisch oder politisch Machbarem erfordern, wächst die gesellschaftliche Einsicht: Ohne den Erhalt natürlicher Lebensgrundlagen lassen sich langfristig weder wirtschaftliche Stabilität noch sozialer Frieden sichern.

7 Vgl. BMUKN 2021

8 Für die gängigen zwei Sichtweisen sind die Begriffe „schwache" und „starke" Nachhaltigkeit geprägt worden. Sie unterscheiden sich durch die Substitutionsmöglichkeiten des Naturkapitals. In der schwachen Nachhaltigkeit wachsen Sachkapital, Humankapital sowie Naturkapital in Summe und sind gegenseitig substituierbar. Starke Nachhaltigkeit hält das Naturkapital konstant (vgl. Döring 2004, S. 4 ff.).

Dieses Buch konzentriert sich auf die ökologische Bewertung der Nachhaltigkeit der Produktion in metallverarbeitenden Betrieben. Die wirtschaftliche Bewertung von ökologischen Nachhaltigkeitspotenzialen und zugehörigen Maßnahmen wird ausgeklammert, auch wenn viele davon zu einer ökonomisch nachhaltigeren Produktion führen. Im Sinne der vorangegangenen Ausführungen wird Nachhaltigkeit primär über die Treibhausgas-Emissionen (THG) operationalisiert. Diese entstehen in der metallverarbeitenden Industrie überwiegend energiebedingt – durch die direkte Umwandlung fossiler Energieträger im Betrieb sowie durch die Erzeugung fremdbezogener Energie wie Strom und Fernwärme. Daher wird der Verbrauch nicht erneuerbarer Energie mitbetrachtet. Der vergleichsweise geringe Anteil von THG-Emissionen durch freigesetzte F-Gase (teilfluorierte Kohlenwasserstoffe) wird vernachlässigt.

Ein wesentlicher Anteil der indirekten THG-Emissionen entfällt auf die Bereitstellung der eingesetzten Rohmaterialien. Besonders die Stahlproduktion trägt erheblich zu den Gesamtemissionen des Industriesektors bei. Vor diesem Hintergrund wird der nachhaltige Materialeinsatz mit einem Schwerpunkt auf geschlossenen Materialkreisläufen und einer umweltverträglichen Primärproduktion anhand des Verbrauchs nicht erneuerbarer Energie sowie der daraus resultierenden THG-Emissionen untersucht.

2.2 Vollständig nachhaltige Produktion

Der wirtschaftliche Betrieb einer Produktion bedeutet, die Produktionsfaktoren für wertschöpfende Prozesse als knappe Ressourcen gezielt zu planen und effizient einzusetzen. Produktionsfaktoren werden unter anderem in Verbrauchsfaktoren und Potenzialfaktoren unterschieden. Verbrauchsfaktoren gehen in den Produktionsprozess entweder physisch ein oder werden dabei umgewandelt. Potenzialfaktoren stellen Leistungen oder Bedingungen bereit, die während des Prozesses genutzt, aber nicht selbst verbraucht werden.[9]

Verbrauchsfaktoren sind Rohstoffe für die Erzeugung von Werkstoffen, Hilfs- und Betriebsstoffen, fossile Brennstoffe sowie Energie aus erneuerbaren Quellen, Luftsauerstoff bei Verbrennungsprozessen und – in einigen chemischen Verfahren – auch Wasser. Werk-, Hilfs- und Betriebsstoffe werden in industriellen Prozessen eingesetzt, wobei der wesentliche Anteil des Materials im Produkt als Prozessoutput erhalten bleibt. Alle weiteren stofflichen Outputs sind Nebenprodukte, die als wirtschaftlich nutzbare Kuppelprodukte weiterverarbeitet, der Kreislaufwirtschaft zugeführt oder entsorgt werden. Energie hingegen wird physikalisch nicht verbraucht, sondern in andere Energieformen umgewandelt. Im Produktionsprozess wird mit der zugeführten Energie am Produkt Arbeit verrichtet, etwa durch mechanische Bearbeitung, Erwärmung oder chemische Umwandlungen. Diese Arbeit führt zu gewünschten Eigenschaften im Produkt wie Form,

---

[9] Vgl. Corsten 2009, S. 7

Gefüge oder Materialzustand. Nur ein kleiner Teil der Energie bleibt dabei im Produkt gebunden. Der weitaus größere Teil wird an die Umgebung als Abwärme abgegeben und steht – sofern sie nicht weiter genutzt wird – energetisch nicht mehr zur Verfügung.

Potenzialfaktoren wie Boden, Wasser, Luft und natürliches Licht sind Umweltleistungen, deren Verfügbarkeit Voraussetzung für industrielle Prozesse ist. Natürlicher Boden wird etwa beim Rohstoffabbau verändert und durch Produktionsanlagen versiegelt. Beim Wasser spricht man häufig von „Verbrauch“, obwohl es in industriellen Prozessen überwiegend zur Energieübertragung oder als Medium zur Ableitung von Abwärme und Emissionen genutzt wird. In der Praxis wird allerdings häufig Grundwasser in Form von Trinkwasser entnommen, das nach der Nutzung als Brauchwasser dem Oberflächenwasser zugeführt wird. Luft dient ebenfalls zur Energieübertragung und zur Aufnahme von Emissionen aus Produktionsprozessen.

Eine vollständig nachhaltige Produktion bedeutet, diese umweltbezogenen Produktionsfaktoren so zu nutzen, dass die natürliche Umwelt nachfolgenden Generationen ohne Beeinträchtigungen erhalten bleibt (Bild 2.1). Der Verbrauch aller nicht erneuerbaren und somit endlichen Ressourcen, wie fossile Brennstoffe und Primärrohstoffe, müsste dafür auf null reduziert werden. In einem stationären Zustand eines Produktionssystems dürften als Umweltinputs nur noch erneuerbare Ressourcen entnommen werden. Als Prozessoutputs wären lediglich biologisch abbaubare und schadstofffreie Stoffe zulässig, die von der natürlichen Umwelt aufgenommen werden können. Mit der Nutzung regenerativer Quellen liegt dieses Ziel für Energieerzeugung in greifbarer Nähe. Für Werk-, Hilfs- und Betriebsstoffe bedeutet eine vollständig nachhaltige Produktion jedoch, dass sämtliche Materialien und Nebenprodukte im Kreislauf geführt werden müssen. Nur so lässt sich die industrielle Wertschöpfung dauerhaft vom Verbrauch endlicher Rohstoffe entkoppeln.

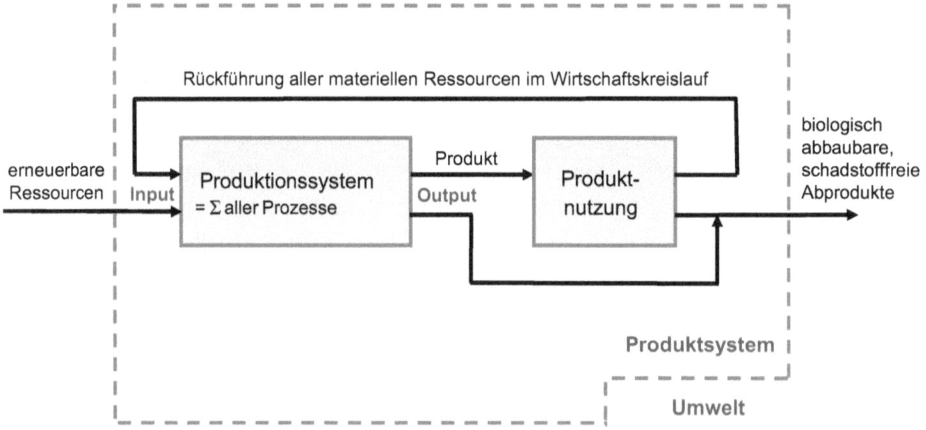

Bild 2.1 Vision einer vollständig nachhaltigen Produktion

Eine vollständig nachhaltige Produktion erfordert die vollständige Substitution endlicher Ressourcen durch erneuerbare Alternativen sowie geschlossene Stoffkreisläufe. Besonders bei der stofflichen Nutzung von Materialien liegt die Herausforderung darin, nicht nur die stoffliche Funktion, sondern auch die dafür notwendige Qualität im Kreislauf zu erhalten. Für Energie ist diese Substitution technisch weitgehend möglich. Für Rohstoffe hingegen stellt sich weniger die Frage nach Verzicht als vielmehr nach einer konsequenten Entkopplung von Ressourcenverbrauch und Produktionsleistung. Diese Entkopplung – also das Erreichen wirtschaftlicher und gesellschaftlicher Ziele mit deutlich geringerem Rohstoffeinsatz und Umweltaufwand – bildet den Schlüssel zu einer langfristig tragfähigen, ökologisch verantwortungsvollen Produktion.

2.3 Vollständig nachhaltiger Energieeinsatz

Nicht erneuerbare Energiequellen liegen primär in fossilen Rohstoffen vor. Die in diesen Rohstoffen gespeicherte Energie wird nach Aufbereitung als Sekundärenergie in Form von Kohle, Erdgas, Heizöl, Kraftstoffen sowie angereichertem Uran bereitgestellt. Die Gewinnung und Verarbeitung dieser fossilen Rohstoffe verursachen erhebliche lokale Umweltbelastungen, insbesondere durch Zerstörung und Verschmutzung der Böden, Grundwasserkontamination sowie Eingriffe in Ökosysteme. So führen beispielsweise der Tagebau von Kohle oder der Fracking-Einsatz bei Erdgasförderung zu erheblichen Landschaftsveränderungen und Umweltgefährdungen.

Zur Stromerzeugung werden hauptsächlich Kohle, Erdgas und Uran in Kernkraftwerken genutzt. Die Kohleverstromung produziert neben Strom auch Asche und eine Vielzahl von Schadstoffen wie Schwefeldioxid (SO_2), Stickoxide (NO_x) und Feinstaub, die lokale Luftqualität und menschliche Gesundheit beeinträchtigen. Besonders kritisch ist der Ausstoß von Kohlendioxid (CO_2), Methan (CH_4) und Lachgas (N_2O), die als Treibhausgase den Treibhauseffekt und damit die globale Erderwärmung maßgeblich vorantreiben. Erdgas gilt zwar als vergleichsweise sauberer fossiler Brennstoff, setzt jedoch bei Förderung und Nutzung Methan frei, das ein besonders wirksames Treibhausgas ist. Atomkraftwerke erzeugen Strom durch Kernspaltung von Uran oder Plutonium. Dabei entstehen radioaktive Abfälle, die aufgrund ihrer langen Halbwertszeiten und hohen Gefährlichkeit eine sichere, meist unterirdische Lagerung über mehrere Tausend Jahre erfordern. Trotz der CO_2-armen Stromerzeugung steht die Nutzung der Kernenergie wegen der Risiken für Mensch und Umwelt und ungelöster Endlagerfragen in der öffentlichen Diskussion.

Die Geschichte der Nutzung erneuerbarer Energie begann mit der Verbrennung von Holz als nachhaltigem Brennstoff. Später kam die Stromerzeugung aus Wasserkraft hinzu, die weltweit bis heute die regenerative Kraftwerksleistung dominiert. Wasserkraftwerke können weitgehend kontinuierlich, örtlich konzentriert und mit nahezu verzögerungsfrei regelbarer Leistung Strom erzeugen. Allerdings ist die Verfügbarkeit von Wasserkraft regional stark ungleich verteilt und insgesamt begrenzt. Erst mit der Nutzung der Sonnenenergie durch Photovoltaik und Windkraftanlagen wird ein großer Teil des wachsenden Weltenergiebedarfs vor allem an Strom langfristig gedeckt werden können.

Die Stromerzeugung aus Sonne und Wind erfolgt überwiegend dezentral und ist wetterabhängig, was sie bislang nicht grundlastfähig macht. Dies erfordert einen umfassenden Aus- und Umbau der bestehenden Netzinfrastruktur, um die dezentrale, bidirektionale und stark schwankende Energieerzeugung intelligent zu verteilen, zu steuern und durch geeignete Speichertechnologien auszugleichen. Je größer das Stromnetz geografisch und sektorenübergreifend vernetzt ist, desto einfacher gestaltet sich der Ausgleich zwischen Erzeugungskapazitäten und Verbraucherlasten. Das Netz muss daher an die anders verteilte Verfügbarkeit erneuerbarer Energien im Vergleich zu fossilen Kraftwerken angepasst werden. Notwendig sind zudem Energiespeicher, die Stromüberschüsse kurzfristig und langfristig puffern können. Für den kurzfristigen Ausgleich von Erzeugungsschwankungen werden vor allem dezentrale Speicherlösungen bei Verbrauchern mit Eigenerzeugung, wie Batterien, sowie Pumpspeicherwerke auf Netzebene benötigt. Langfristig gewinnt die Umwandlung überschüssigen Stroms mittels Power-to-X-Technologien an Bedeutung. Diese Technologien ermöglichen die Produktion erneuerbarer Energieträger wie Wasserstoff, die sektorenübergreifend – etwa in Wärmeversorgung und Verkehr – genutzt werden können.

Die installierte Erzeugungsleistung aus Windkraft- und Photovoltaikanlagen verzeichnet ein überdurchschnittliches Wachstum. Modellrechnungen zufolge könnte bereits im Jahr 2025 etwa die Hälfte der weltweit verfügbaren Stromerzeugungskapazität auf erneuerbaren Energien basieren.[10] In Deutschland ist der Anteil des Stroms aus erneuerbarer Energie am Bruttostromverbrauch bereits auf über 54 % gestiegen.[11] Allerdings lag der Anteil erneuerbarer Energien am gesamten Bruttoendenergieverbrauch im Jahr 2024 bei 22,4 %. Dies ist vor allem darauf zurückzuführen, dass die Wärmeerzeugung und der Verkehrssektor nach wie vor überwiegend auf fossilen Energieträgern wie Gas und Öl basiert.[12]

Im Produktionsbetrieb wird die bereitgestellte Energie in unterschiedliche Formen von Nutzenergie umgewandelt, unter anderem in elektrische Energie für Maschinen, Beleuchtung und Steuerungstechnik, in thermische Energie für Prozesswärme und Heizung, in Kälte für Kühlung und Klimatisierung sowie in mechanische Energie für Antriebe und Fördertechnik. Diese Umwandlungsprozesse sind unvermeidlich mit energetischen Verlusten in Form von Abwärme verbunden.

---

[10] Quaschning 2025

[11] Vgl. UBA 2025

[12] Vgl. UBA 2025

Ein Energieeinsatz kann bei gleichbleibender Betriebsleistung als vollständig nachhaltig gelten (Bild 2.2), wenn

- der energetische Wirkungsgrad der Prozesse maximiert wird, das heißt, der Energieeinsatz dem Nutzenergiebedarf verlustfrei angenähert wird,
- die Energieumwandlung in Prozessen emissionsfrei (insbesondere treibhausgasfrei) erfolgt,
- die bezogene Energie vollständig aus regenerativen Quellen stammt und emissionsfrei erzeugt wird, sowie
- die Abwärme aus Prozessen rückgewonnen und einer erneuten Nutzung zugeführt wird.

Darüber hinaus kann Energieeinsatz vermieden werden, wenn durch die Kreislaufführung von einmal hergestellten Materialien, Komponenten oder ganzen Produkten deren erneute Herstellung überflüssig wird. Zusätzlich sollte die Energieintensität des Produktionsoutputs reduziert werden, insbesondere bei Endprodukten, die in ihrer Nutzungsphase Energie verbrauchen oder bewegte Massen darstellen. In diesen Fällen trägt das energieeffiziente Produktdesign wesentlich zur ganzheitlichen Nachhaltigkeit bei, auch wenn es außerhalb des eigentlichen Produktionsprozesses liegt.

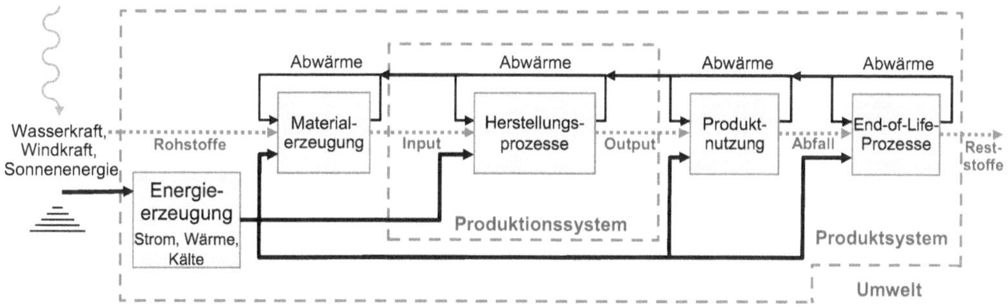

Bild 2.2 Vision eines vollständig nachhaltigen Energieeinsatzes

Energiesparen könnte entbehrlich erscheinen, wenn der Energiebedarf vollständig aus regenerativen Quellen gedeckt wird. Allerdings verdeutlichen die ökologischen Eingriffe durch Wasserkraftwerke, die Akzeptanzprobleme bei Windkraftanlagen sowie der erhebliche Flächenbedarf von Photovoltaikanlagen, dass vermiedener Energiebedarf besonders nachhaltig ist. Zudem wird erwartet, dass der weltweite Energiebedarf – insbesondere in Schwellenländern – weiterhin deutlich ansteigt.[13] Dies führt trotz sinkenden Anteils fossiler Kraftwerke am Energiemix zu einem absoluten Zuwachs ihrer Zahl. Vor diesem Hintergrund bleibt die Reduzierung des Energieverbrauchs in indust-

[13] Vgl. IEA 2024, S. 5

rialisierten Ländern ein zentraler Beitrag, um die globale Energieversorgung langfristig auf erneuerbare Quellen umzustellen.

Umwandlungsverluste in Form von nicht nutzbarer Abwärme lassen sich durch eine Steigerung des Wirkungsgrads minimieren, jedoch nicht vollständig vermeiden. Abwärme kann mithilfe von Wärmetauschern und Wärmepumpen zurückgewonnen und erneut genutzt werden. Ist eine unmittelbare Nutzung nicht möglich, kann die überschüssige Wärme in geeigneten Wärmespeichern zwischengelagert werden.

2.4 Vollständig nachhaltiger Material- und Komponenteneinsatz

Die Rohstoffgewinnung und Materialerzeugung zur Herstellung industrieller Produkte erfordern die Entnahme endlicher Ressourcen aus der natürlichen Umwelt. Auf der Outputseite wirken sich die während der Produktion entstehenden Ab- und Nebenprodukte und die ausgedienten Produkte nach ihrer Nutzungsphase belastend auf die ökologische Regenerationsfähigkeit aus – sei es durch Emissionen in Luft und Wasser oder durch überwiegend nicht biologischen, nur langsam abbaubaren Abfall.

Bei gleichbleibender Betriebsleistung kann der Materialeinsatz als vollständig nachhaltig bezeichnet werden (Bild 2.3), wenn

- das Material aus nachwachsenden Rohstoffen oder aus Sekundärrohstoffen stammt,
- Produkte mit gebrauchten Bauteilen oder Sekundärkomponenten hergestellt werden,
- die Erzeugung des Materials und der Produkte vollständig mit erneuerbarer Energie erfolgt,
- die Materialproduktivität der Verarbeitungsprozesse maximiert wird,
- Zwischenprodukte und Produkte nach deren Gebrauch wieder- oder weiterverwendet werden, um die Herstellung äquivalenter Neuprodukte zu reduzieren,
- sämtliche Emissionen in Wasser und Luft (insbesondere Treibhausgase) eliminiert werden,
- unvermeidbare Abprodukte und Produktionsabfälle verwertet werden, um die Herstellung von Primärmaterial zu reduzieren, und
- nur biologisch abbaubare, schadstofffreie Abprodukte in die Umwelt gelangen.

Auch Hilfs- und Betriebsstoffe sind in diese Betrachtung einzubeziehen. Der Umwelt würden nur noch nachwachsende Rohstoffe entnommen – und das in ökologisch und sozial verträglichem Umfang, etwa ohne die Verfügbarkeit von Nahrungsmitteln zu beeinträchtigen. Dieser Nachhaltigkeitsanspruch müsste den gesamten Lebenszyklus der eingesetzten Materialien umfassen. Materielle Potenzialfaktoren wie Betriebsmittel wären ebenfalls vollständig nachhaltig zu erzeugen. Als verbleibender Restmüll dürfte ausschließlich unbelastete, biologisch abbaubare Biomasse in die Umwelt gelangen.

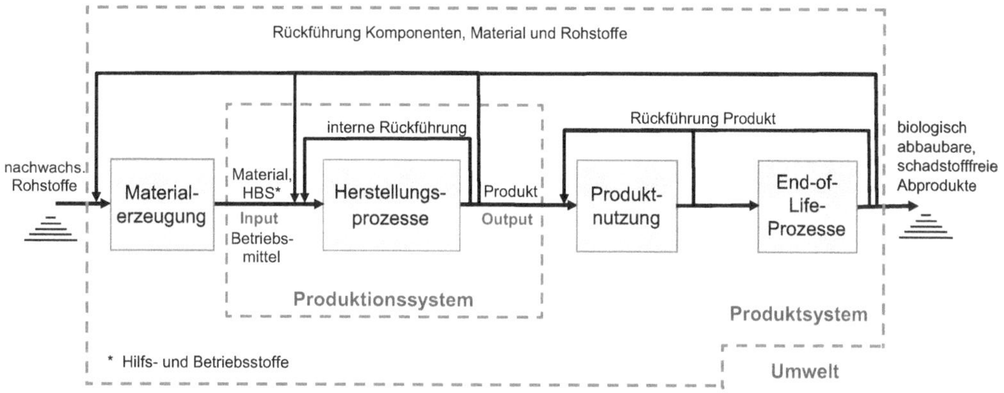

Bild 2.3 Stoffströme eines vollständig nachhaltigen Materialeinsatzes

Materialien aus nachwachsenden Rohstoffen sind nach heutigem Stand der Technik für die industrielle Produktion nur eingeschränkt einsetzbar. Daher ist eine qualitativ hochwertige und schadstofffreie Kreislaufführung sämtlicher Gebrauchs- und Investitionsgüter sowie aller stofflichen Abfälle und Nebenprodukte unerlässlich, wenn vollständige Nachhaltigkeit im geschlossenen System angestrebt wird.

Selbst unter der Annahme einer vollständigen und hochwertigen Rückführung aller Kreislaufgüter und -materialien bleibt bei weiterhin wachsender Wirtschaftsleistung eine Lücke zwischen dem Bedarf an Material und der tatsächlich verfügbaren Menge an Rezyklaten bestehen. Die größte Herausforderung geschlossener Stoffkreisläufe liegt zudem im Vermeiden oder Rückführen fein verteilter Verluste infolge von Zersetzung, Korrosion oder Abrieb. So werden in Deutschland die jährlichen Emissionen von Mikroplastik auf rund 4000 Gramm pro Kopf beziehungsweise etwa 330 000 Tonnen insgesamt geschätzt.[14] Insofern ist ein vollständig nachhaltiger Materialeinsatz – basierend auf erneuerbaren Rohstoffen oder einer geschlossenen Kreislaufführung – als langfristige Zielvision für alle Akteure entlang der Wertschöpfungskette zu verstehen, der man sich schrittweise annähern kann.

[14] Bertling et al. 2018

3 Messen und Bilanzieren der Nachhaltigkeit

3.1 Wesentliche Normen und Richtlinien

Im Zuge des gestiegenen Umweltbewusstseins und der wachsenden Bedeutung ökologischer Nachhaltigkeit wurden zahlreiche Normen und Richtlinien zur Messung, Bilanzierung und Berichterstattung umweltrelevanter Größen entwickelt. Diese Regelwerke basieren im Wesentlichen auf der systematischen Erfassung und Bewertung von Energie- und Stoffflüssen zwischen einem definierten System, in der Regel einer Organisation oder einem Produktlebensweg, und seiner Umwelt.

Ursprünglich lag der Fokus, insbesondere in Folge der Ölkrise in den 1970er-Jahren, auf der Ermittlung und Reduktion des Primärenergieverbrauchs. Mit der Zeit erweiterte sich der Betrachtungshorizont auf eine umfassendere ökologische Bewertung, insbesondere in Form von Ökobilanzen (Life Cycle Assessment, LCA). Dabei werden alle potenziellen Umweltwirkungen eines Systems entlang seines Lebensweges systematisch erfasst. Inzwischen nimmt der Klimawandel eine zentrale Rolle in der Nachhaltigkeitsdebatte ein. Entsprechend wurde die Bilanzierung von Treibhausgas-Emissionen als derzeit vorrangige Umweltwirkung in speziellen Normenwerken konkretisiert.

Grundsätzlich lassen sich die Normen und Richtlinien zur Messung, Bilanzierung und Berichterstattung umweltrelevanter Größen danach unterscheiden, ob sie sich auf Organisationen (z. B. Unternehmen, Standorte) oder Produkte und deren Lebenszyklen beziehen (Tabelle 3.1).

Tabelle 3.1 Wesentliche Normen und Richtlinien für die Messung und Darstellung der umweltbezogenen Leistung[1)]

Bezeichnung	Titel	Vorrangiger Bezug auf	
		Organisationen	Produkte
DIN EN ISO 14025	Umweltkennzeichnungen und -deklarationen – Typ III Umweltdeklarationen – Grundsätze und Verfahren (ISO 14025:2011)		x
DIN EN ISO 14031	Umweltmanagement – Umweltleistungsbewertung – Leitlinien (ISO 14031:2013)	x	
DIN EN ISO 14040 und DIN EN ISO 14044	Umweltmanagement – Ökobilanz – Grundsätze und Rahmenbedingungen (ISO 14040:2006); Anforderungen und Anleitungen (ISO 14044:2006)		x
DIN EN ISO 14045	Umweltmanagement – Ökoeffizienzbewertung von Produktsystemen – Prinzipien, Anforderungen und Leitlinien (ISO 14045:2012)		x
DIN EN ISO 14046	Umweltmanagement – Wasser-Fußabdruck – Grundsätze, Anforderungen und Leitlinien (ISO 14046:2014)		x
DIN EN ISO 14064, Teil 1 und Teil 2	Treibhausgase – Teil 1: Spezifikation mit Anleitung zur quantitativen Bestimmung und Berichterstattung von Treibhausgasemissionen und Entzug von Treibhausgasen auf Organisationsebene (ISO 14064-1:2018) Treibhausgase – Teil 2: Spezifikation mit Anleitung zur quantitativen Bestimmung, Überwachung und Berichterstattung von Reduktionen der Treibhausgasemissionen oder Steigerungen des Entzugs von Treibhausgasen auf Projektebene (ISO 14064-2:2019)	x	
DIN EN ISO 14067	Treibhausgase – Carbon Footprint von Produkten – Anforderungen an und Leitlinien für die Quantifizierung (ISO 14067:2019)		x

[1] Eigene Zusammenstellung nach DIN EN ISO 14025:2011-10, DIN EN ISO 14031:2013-09, DIN EN ISO 14040:2006-10, DIN EN ISO 14044:2006-10, DIN EN ISO 14045:2012-10, DIN EN ISO 14046:2014-11, DIN EN ISO 14064-1:2018-05, DIN EN ISO 14064-2:2019-06, DIN EN ISO 14067:2019-02, DIN EN 15804:2022-03, WBCSD/WIR 2004 und VDI 4600:2012-01

Bezeichnung	Titel	Vorrangiger Bezug auf	
		Organi-sationen	Produkte
DIN EN 15804	Nachhaltigkeit von Bauwerken – Umweltproduktdeklarationen – Grundregeln für die Produktkategorie Bauprodukte (DIN EN 15804:2022-03)		x
GHG Protocol (2004)	GHG-P (2004): The Greenhouse Gas Protocol, A Corporate Accounting and Reporting Standard	x	
VDI-Richtlinie 4600	Kumulierter Energieaufwand (KEA) – Begriffe, Berechnungsmethoden (2012)		x

3.2 Greenhouse Gas Protocol (GHG)

Für die Bilanzierung und Berichterstattung von Treibhausgas-Emissionen (THG) durch Organisationen – insbesondere Unternehmen – gelten das Greenhouse Gas Protocol (GHG Protocol) sowie die weitgehend darauf basierende Norm ISO 14064 als maßgebliche Rahmenwerke. Beide Standards definieren die methodischen Grundlagen für die Erstellung einer sogenannten Treibhausgasbilanz (THG-Bilanz). Das GHG Protocol wurde vom World Resources Institute (WRI) und dem World Business Council for Sustainable Development (WBCSD) entwickelt. Es ist heute der weltweit am häufigsten verwendete Standard für die Emissionsberichterstattung in Unternehmen. Die Norm ISO 14064 orientiert sich inhaltlich eng am GHG Protocol, ist jedoch international formal als ISO-Norm standardisiert.

In einer THG-Bilanz werden die Emissionen verschiedener Treibhausgase – unter anderem Kohlendioxid (CO_2), Methan (CH_4), Distickstoffoxid (N_2O) sowie fluorierte Gase wie HFKW, PFKW, SF_6 und NF_3 – quantifiziert und gemäß ihrem Treibhauspotenzial in sogenannte CO_2-Äquivalente (CO_2-Äq.) umgerechnet. Hierbei wird jedes Gas mit seinem spezifischen Global Warming Potential (GWP) multipliziert, das die Klimawirksamkeit im Vergleich zu CO_2 über einen definierten Zeitraum (in der Regel hundert Jahre) ausdrückt (Tabelle 3.2). Die so berechneten CO_2-Äquivalente der verschiedenen Gase lassen sich anschließend zu einem Gesamtwert aggregieren, der eine vergleichbare und standardisierte Bewertung der Klimawirkung ermöglicht.

Tabelle 3.2 Treibhausgase, deren GWP und wesentliche Quellen[2]

Treibhausgas	GWP in CO_2-Äquivalent*	Entstehung durch
CO_2	1	Verbrennung fossiler Energieträger
CH_4 (Methan)	27	Abbau von organischem Material unter Luftabschluss
N_2O (Lachgas)	273	Abbau stickstoffhaltiger Verbindungen
NF3	17 400	Reinigung von PEVCD-Beschichtungskammern
SF6	24 300	Isoliergas in elektrischen Schaltanlagen und als Ätzgas beim Plasmaätzen
H-FKW und FKW	je nach Gas bis 14 600	industrielle Erzeugung und Freisetzung unter anderem als Treibgas und Kältemittel

* bezogen auf den Zeithorizont 100 Jahre, basierend auf dem sechsten Sachstandsbericht (AR6) des IPCC

In produzierenden Unternehmen ergeben sich Treibhausgas-Emissionen (THG) sowohl aus direkten als auch aus indirekten Quellen. Direkt relevant sind Emissionen aus Verbrennungsprozessen, etwa durch den Einsatz fossiler Energieträger in Heizungsanlagen oder industriellen Prozessen, sowie die Freisetzung fluorierter Gase durch Leckagen in Kältemaschinen. Indirekt entstehen Emissionen durch den Bezug externer Endenergie wie Strom oder Fernwärme, deren Erzeugung außerhalb des Unternehmens stattfindet.

Das Greenhouse Gas Protocol (GHG Protocol) gliedert die Emissionen eines Unternehmens zur besseren Transparenz und Bilanzierung in drei Bereiche (Scopes):

- **Scope 1 – Direkte Emissionen:** Diese umfassen alle Treibhausgas-Emissionen, die unmittelbar im Unternehmen aus eigenen stationären oder mobilen Quellen entstehen. Dazu gehören etwa Heizkessel, Öfen, Lacktrocknungsanlagen sowie firmeneigene Fahrzeuge.[3] Bilanziert werden auch Leckagen von Kältemitteln aus Kühlern und Klimaanlagen anhand der nachgefüllten Mengen.
- **Scope 2 – Indirekte Emissionen aus eingekaufter Energie:** Erfasst werden die Emissionen, die bei der Erzeugung und Übertragung von eingekaufter Energie wie Strom, Dampf oder Fernwärme außerhalb des Unternehmens entstehen. Die Bilanzierung kann wahlweise „Market-based“ oder „Location-based“ erfolgen.
  - **Market-based:** mit den spezifischen Emissionsfaktoren des tatsächlichen Stromanbieters, gegebenenfalls inklusive Herkunftsnachweisen (z. B. Grünstrom-Zertifikate)
  - **Location-based:** mit durchschnittlichen Emissionsfaktoren der jeweiligen geografischen Region oder des Landes

[2] GHG Protocol (2024)

[3] Dazu gehören auch für betriebliche Zwecke geleaste Fahrzeuge.

Die Wahl der Methode muss offengelegt werden, um die Vergleichbarkeit der Emissionswerte über die Zeit und zwischen Organisationen sicherzustellen.

- **Scope 3 – Sonstige indirekte Emissionen:** Diese Kategorie umfasst alle weiteren indirekten Emissionen, die entlang der vorgelagerten und nachgelagerten Wertschöpfungskette eines Unternehmens entstehen, also außerhalb der unmittelbaren Betriebsgrenzen. Dazu zählen z. B. folgende:
  - **vorgelagert:** Emissionen aus der Rohstoffgewinnung, aus der Produktion von Vorprodukten, aus dem Transport durch Dritte, aus eingekauften Dienstleistungen oder aus Geschäftsreisen
  - **nachgelagert:** Emissionen aus der Nutzung, aus der Distribution, aus der Entsorgung oder aus dem Recycling der hergestellten Produkte

Das GHG Protocol unterscheidet acht vorgelagerte und sieben nachgelagerte standardisierte Kategorien von Scope-3-Aktivitäten (Tabelle 3.3). Die Relevanz einzelner Kategorien hängt von der Branche und der Unternehmensstruktur ab. Aufgrund der oft hohen Emissionsanteile in Scope 3 gilt diese Kategorie zunehmend als entscheidend für ein vollständiges und wirkungsvolles Klimafolgenmanagement.

Tabelle 3.3 Vor- und nachgelagerte Kategorien des Scope 3 GHG Protocol

Nr.	Vorgelagerte Kategorie	Erläuterung oder Beispiele
1	Eingekaufte Waren und Dienstleistungen	Rohmaterial, Komponenten, IT-Dienstleistungen, Anmietungen
2	Anlagegüter	erworbene Gebäude, Anlagen, Maschinen etc.
3	Brennstoff- und energiebezogene Aktivitäten	Gewinnung, Aufbereitung und Transport von Brennstoffen, deren Verbrennung zu Emissionen in Scope 1 und Scope 2 geführt haben
4	Transport und Verteilung vorgelagert	Transport und Verteilung durch Zulieferer und zwischen Standorten; eingekaufte Transportdienstleistungen auch zu Kunden
5	betrieblicher Abfall	Emissionen aus der Behandlung und der Entsorgung des Abfalls durch Dienstleister
6	Geschäftsreisen	in betriebsfremden Transportmitteln wie Mietwagen, Bahn, Flugzeug etc.
7	Pendelverkehr der Angestellten	in privaten Fahrzeugen, d. h. nicht in fuhrpark- oder firmeneigenen Fahrzeugen
8	Leasing von Sachanlagen	Emissionen aus dem Betrieb von geleasten Anlagen, sofern nicht in Scope 1 und 2 bilanziert, z. B. geleaste Firmenwagen für Führungskräfte

Tabelle 3.3 Vor- und nachgelagerte Kategorien des Scope 3 GHG Protocol (*Fortsetzung*)

Nr.	Vorgelagerte Kategorie	Erläuterung oder Beispiele
9	Transport und Verteilung nachgelagert	nicht selbst bezahlter Transport und Verteilung (einschließlich Handel von Produkten) zum Endkunden
10	Verarbeitung verkaufter Produkte	Emissionen aus der Weiterverarbeitung z. B. von Zulieferteilen
11	Nutzung verkaufter Produkte	THG-Emissionen aus der Nutzung von Geräten, IT, Automobilen, Maschinen etc.
12	Behandlung verkaufter Produkte am Lebensende	Emissionen aus der Behandlung und Entsorgung im Berichtsjahr
13	verleaste Sachanlagen	Emissionen aus dem Betrieb von verleasten Anlagen, sofern vom Leasingnehmer nicht in Scope 1 und 2 bilanziert
14	Franchise (als Geber)	Emissionen aus dem Betrieb von Franchise, sofern vom Franchisenehmer nicht in Scope 1 und 2 bilanziert
15	Investitionen (als Kapitalgeber, Finanzierer)	Betrieb von Investitionen, sofern nicht in Scope 1 oder Scope 2 enthalten

Das GHG Protocol stellt ein umfassendes Rahmenwerk zur Verfügung, das neben den grundlegenden Definitionen für die Treibhausgasbilanz auch zahlreiche Leitlinien, Abgrenzungshilfen und Templates enthält. Insbesondere die Bilanzierung von Scope-3-Emissionen erfordert eine konsequente und transparente Abgrenzung zu Scope 1 und Scope 2, da eine Doppelzählung oder falsche Kategorisierung die Vergleichbarkeit von THG-Bilanzen zwischen einzelnen Berichtsjahren und zwischen Organisationen erheblich beeinträchtigen kann. Ein typisches Beispiel für die Komplexität der Scope-Zuordnung ist der Einsatz von Firmenfahrzeugen, da hier verschiedene Parameter wie Antriebstechnologie, Eigentumsverhältnis und Nutzungszweck berücksichtigt werden müssen. Je nach Ausgestaltung können Emissionen aus Fahrzeugen in allen drei Scopes und innerhalb von Scope 3 sogar in unterschiedlichen Kategorien bilanziert werden:

- **Scope 1:** Scope 1 umfasst Emissionen aus dem Betrieb firmeneigener oder vom Unternehmen geleaster Fahrzeuge mit Verbrennungsmotor, die primär für betriebliche Zwecke wie Dienstfahrten, Logistik oder Werksverkehr eingesetzt werden. Diese Emissionen entstehen direkt durch die Kraftstoffverbrennung im Fahrzeugmotor.
- **Scope 2:** Wenn das Unternehmen Elektrofahrzeuge im Eigentum oder im Operating Leasing betreibt, werden die Emissionen, die beim Strombezug zum Laden

der Fahrzeuge anfallen, Scope 2 zugeordnet. Die tatsächliche Stromherkunft (z. B. Ökostrom vs. Netzstrommix) ist dabei entscheidend für die Höhe der bilanzierten Emissionen.

- **Scope 3, Kategorie „Geschäftsreisen“:** Dies betrifft Dienstreisen mit gemieteten Fahrzeugen (z. B. Mietwagen oder Carsharing), die vom Unternehmen genutzt, aber nicht selbst betrieben werden. Auch Emissionen aus Fahrten mit privaten Pkw auf Dienstreisebasis (Kilometergeldregelung) fallen in diese Kategorie.
- **Scope 3, Kategorie „Leasing von Sachanlagen“:** Wenn Firmenfahrzeuge im Rahmen von Leasingverträgen für nicht primär betriebliche Zwecke etwa als Bestandteil eines Vergütungspakets für Führungskräfte bereitgestellt werden, fallen die Emissionen unter diese Kategorie. Die Nutzung ist in diesem Fall zwar durch das Unternehmen veranlasst, erfolgt jedoch nicht direkt im betrieblichen Kontext.

Die Bilanzierung der Emissionen in Scope 3 ist besonders komplex, da sie eine Vielzahl von Prozessen entlang der vorgelagerten und nachgelagerten Wertschöpfungskette abbilden muss. Sie erfordert deshalb eine detaillierte Informationsbasis aus sehr unterschiedlichen Quellen, unter anderem aus Einkauf, Logistik, Nutzung und Entsorgung, häufig auch über die Grenzen der eigenen Organisation hinaus.

Um valide und reproduzierbare Ergebnisse zu erhalten, ist eine konsistente Systemgrenze festzulegen, die beschreibt, welche Aktivitäten, Zeiträume (in der Regel ein Jahr) und Standorte in die Bilanz einbezogen werden. Darüber hinaus fordert das GHG Protocol die Anwendung einheitlicher Bilanzierungsprinzipien wie die folgenden:

- **Relevanz:** Nur wesentliche Emissionen sollten bilanziert werden.
- **Vollständigkeit:** Alle signifikanten Quellen müssen einbezogen werden.
- **Konsistenz:** Methodik und Datenbasis sind über die Jahre hinweg gleich anzuwenden.
- **Transparenz:** Annahmen und Datenquellen müssen offengelegt sein.
- **Genauigkeit:** Die Daten sollen die Realität so präzise wie möglich abbilden.

Für jede der insgesamt fünfzehn Scope-3-Kategorien ist zunächst zu prüfen, ob sie im spezifischen Kontext des Unternehmens wesentliche Emissionen verursacht. Ist dies der Fall, muss die Bilanzierung entweder auf spezifischen Primärdaten aus ERP-, CRM- oder After-Sales-Systemen beruhen, oder es wird mit modellhaften Annahmen, generischen Daten oder Sekundärquellen (z. B. Branchenwerten) gearbeitet. Dies ist insbesondere dann notwendig, wenn die Lieferantenbasis sehr breit, die Materialflüsse heterogen oder das Verbrauchsverhalten der Kunden sehr unterschiedlich sind. Die Wahl und Begründung der Datenquellen und Annahmen ist dabei entscheidend, da sie die Vergleichbarkeit und Aussagekraft der Emissionsbilanz stark beeinflussen.

In Unternehmen, deren Produkte während der Nutzung Energie verbrauchen (z. B. Maschinen, Haushaltsgeräte, Fahrzeuge), fallen die meisten Emissionen nicht bei der Produktion, sondern in der Gebrauchsphase an. Die Annahmen über Nutzungsdauer, Betriebsintensität, Lebenszyklus und regionalen Strommix der Kunden beeinflussen die Emissionshöhe dabei massiv. So ist es beispielsweise entscheidend, ob der Stromverbrauch des Produkts beim Kunden mit dem nationalen Strommix, mit einem lieferantenspezifischen Emissionsfaktor oder mit Szenarien zu Ökostromanteilen bewertet wird. Eine Sensitivitätsanalyse mit alternativen Szenarien kann hier helfen, den Spielraum und die Unsicherheiten offenzulegen. Dies ist ein wichtiger Schritt, um Bilanzwerte realistisch und robust zu gestalten.

Ein wirksames Datenmodell zur Scope-3-Bilanzierung sollte nicht nur eine rückblickende Bewertung, sondern auch eine vorausschauende Steuerung ermöglichen. Dafür muss es auf relevanten Einflussfaktoren und identifizierbaren Stellhebeln zur Emissionsminderung beruhen. Ein Beispiel ist die Kategorie „Pendelverkehr der Beschäftigten“: Hier sollten neben Durchschnittswerten auch individuelle Verkehrsmittelwahl, Fahrtstrecken und Arbeitsmodelle (z. B. Homeoffice-Anteil) berücksichtigt werden. Nur so lassen sich Maßnahmen wie Dienstradleasing-Angebote, ÖPNV-Zuschüsse oder Telearbeit quantitativ bewerten und die Auswirkungen auf die jährliche Emissionsentwicklung sichtbar machen.

3.3 Ökobilanz (Life Cycle Assessment, LCA)

Zur ganzheitlichen Bewertung der Umweltwirkungen von Produkten über den gesamten Lebensweg hinweg wurde die Methode der Ökobilanz (engl. Life Cycle Assessment, kurz: LCA) entwickelt. Sie ermöglicht die Analyse aller relevanten Stoff- und Energieströme, die ein Produkt während seiner Herstellung, Nutzung und Entsorgung durchläuft, einschließlich vorgelagerter Lieferketten und nachgelagerter Prozesse. Die methodische Grundlage bildet die Normenreihe ISO 14040 bis ISO 14044, welche die vier Phasen der Ökobilanz vorschreibt:

1. Zieldefinition und Untersuchungsrahmen (Goal & Scope)
2. Sachbilanz (Life Cycle Inventory, LCI)
3. Wirkungsabschätzung (Life Cycle Impact Assessment, LCIA)
4. Auswertung (Interpretation)

Dabei werden die Umweltwirkungen nicht nur erfasst, sondern auf Wunsch auch regional oder national normiert, gewichtet und aggregiert, sofern standortspezifische Umweltdaten zur Verfügung stehen. Dies erlaubt eine fundierte Vergleichbarkeit und strategische Entscheidungsunterstützung.

Ökobilanzen werden je nach Untersuchungsziel in verschiedene Kategorien unterteilt:

- **Screening LCA (Überblicksökobilanz):** Das Screening LCA dient einer ersten Einschätzung der ökologischen Relevanz eines Produkts oder Prozesses. Dabei werden meist nur die wesentlichsten Materialien und Prozesse berücksichtigt, häufig unter Einsatz von Sekundärdaten oder Durchschnittswerten.
- **Produkt-Ökobilanz:** umfasst eine detaillierte Analyse der Umweltwirkungen eines konkreten Produkts über dessen gesamten Lebenszyklus
- **Vergleichende Ökobilanz:** ermöglicht den systematischen Vergleich von Produktalternativen, Materialien oder auch unterschiedlichen Produktionsverfahren auf Basis ihrer Umweltwirkungen.[4]

Zieldefinition und Untersuchungsrahmen (Goal & Scope)

Die Analyse und die Ergebnisse einer Ökobilanz beziehen sich immer auf ein klar definiertes Produktsystem, das im Untersuchungsrahmen (Goal & Scope) festgelegt wird. Zentrales Element ist dabei die sogenannte funktionelle Einheit: Sie beschreibt die Funktion bzw. die erbrachte Leistung des Produkts oder Prozesses und bildet die Bezugsgröße für alle quantitativen Ergebnisse der Ökobilanz. Beispiele für funktionelle Einheiten sind „ein Kilogramm Lack XY“ oder „eine transportierte Tonne über 100 km“. Die funktionelle Einheit stellt sicher, dass die Umweltwirkungen verschiedener Produktsysteme auf vergleichbarer Basis bewertet werden. Im Rahmen der Zieldefinition und Festlegung des Untersuchungsrahmens sind darüber hinaus unter anderem folgende Punkte zu bestimmen:

- **Systemgrenzen:** Welche Prozessabschnitte (z. B. Rohstoffgewinnung, Produktion, Nutzung, Entsorgung) werden in die Bilanz einbezogen? Welche bleiben außen vor (z. B. Infrastruktur oder Wartung)?
- **Datenquellen:** Woher stammen die Daten? Stammen sie z. B. aus standortbezogenen Messungen, aus Betriebsdatenerfassungssystemen (MES, ERP), aus Literatur oder aus veröffentlichten bzw. käuflich erworbenen LCA-Datenbanken?
- **Datenqualität und Detaillierungsgrad:** Welche Genauigkeit und Aktualität haben die verwendeten Daten? Wie wird Unsicherheit bewertet (z. B. durch Sensitivitätsanalysen)?
- **Wirkungskategorien und Charakterisierungsmodelle:** Welche Umweltwirkungen sollen abgebildet werden (z. B. Treibhauseffekt, Versauerung, Ozonabbau, Wasserverbrauch)? Welche Modelle und Indikatoren werden verwendet (z. B. Global Warming Potential nach IPCC)?
- **Kritische Prüfung (Review):** Wird die Studie intern oder extern geprüft? Insbesondere bei Veröffentlichung oder vergleichender Produktbewertung ist eine unabhängige Review nach ISO 14044 verpflichtend.

---

[4] iPoint-systems 2025

Bei vergleichenden Ökobilanzen müssen die funktionelle Einheit und der Untersuchungsrahmen sorgfältig abgestimmt sein, um verzerrte oder irreführende Ergebnisse zu vermeiden. Die funktionellen Anforderungen an die zu vergleichenden Systeme müssen daher gleichwertig sein. So kann z. B. der Vergleich zweier Produktionsprozesse zur Herstellung eines Fertigteils auf der funktionellen Einheit „1 kg Fertigteil XY" basieren, wenn die resultierenden Fertigteile gleiche Funktionalität, Qualität und Lebensdauer etc. aufweisen. Ein Vergleich von zwei Lacksystemen sollte nicht auf „1 kg Lack" basieren, da unterschiedliche Lacke verschieden dick aufgetragen werden müssen. Die passende funktionelle Einheit wäre hier: „1 m^2 beschichtete Oberfläche mit Schutzfunktion XY". Das kann zu verschiedenen Schichtdicken und damit Lackmengen führen, die im Referenzfluss des Produktsystems zu definieren sind. Die Vergleichbarkeit muss über die funktionelle Einheit hinaus auch hinsichtlich der Systemgrenzen gegeben sein. So wäre festzulegen, ob bis zur Lackherstellung für 1 m^2 Beschichtung oder die gesamte Prozesskette bis zur ausgetrockneten Lackschicht bilanziert werden soll.

Sachbilanz (Life Cycle Inventory, LCI)

In der Sachbilanz (engl. Life Cycle Inventory, LCI) werden sämtliche Stoff- und Energieflüsse sowie weitere relevante Daten bezogen auf die funktionelle Einheit systematisch erfasst. Ziel ist es, ein vollständiges Bild aller Input- und Outputgrößen entlang des untersuchten Produktsystems als Grundlage für die spätere Bewertung der Umweltwirkungen zu erhalten.

Zu Beginn wird ein Prozessschema erstellt, das alle relevanten Teilprozesse bzw. Prozessmodule umfasst. Diese werden von der Rohstoffgewinnung über alle Fertigungs-, Nutzungs- und Entsorgungsschritte bis hin zu den Transporten und der Zwischenverarbeitung logisch miteinander verknüpft. Die Prozessmodule bilden damit das Gerüst für die detaillierte Datenerhebung.

Für jedes Prozessmodul werden folgende Informationen systematisch erfasst:

- genaue Bezeichnung des Prozesses, inklusive technischer Beschreibung, Einflussfaktoren (z. B. Temperatur, Druck), Besonderheiten oder technischer Randbedingungen
- auf der Inputseite: Rohstoffe, Hilfs- und Betriebsstoffe, Energieeinsatz nach Energieträgern
- Output, der an den Folgeprozess weitergegeben wird (Produkt)
- auf der Outputseite ebenfalls Emissionen in Luft, Boden und Wasser sowie Abfall, sofern dieser die Systemgrenzen verlässt

Die erhobenen Daten sollten einer Plausibilitätsprüfung unterzogen werden. Bei stofflichen Prozessen sollte die Summe der Inputmassen der Summe der Outputmassen entsprechen. Abweichungen deuten auf unvollständige Datensätze oder systematische Fehler hin, z. B. nicht berücksichtigte Verluste, Verdunstungen oder Zwischenprodukte.

Die Stoff- und Energieflüsse eines Prozesses werden auf dessen Prozessleistung bezogen. Sie entspricht der Menge des Produkts, für deren Herstellung oder Verarbeitung der Prozess ausgelegt ist. Beispiele für Prozessleistungen sind „1 Tonne Walzgut“ beim Walzprozess, „1 m^2 lackierte Oberfläche“ beim Beschichtungsprozess oder „1 kg produzierter Kunststoff“ beim Extrusionsverfahren. In einigen Fällen besteht die Prozessleistung nicht im Produkt selbst, sondern in einem verarbeiteten Abfall oder Nebenstrom wie z. B. „1 kg produzierte Späne“ in einem Zerspanungsprozess.

Wenn in einem Prozess mehrere Hauptprodukte (Koppelprodukte) entstehen wie z. B. in der Grundstoffindustrie oder bei Raffinerien, müssen die Input- und Outputgrößen auf diese Produkte verteilt (allokiert) werden. Die Allokation kann auf Basis verschiedener Kriterien erfolgen, z. B. nach ihrem Massenanteil, nach ihrem Energieinhalt oder nach dem Marktwert der Produkte. Abfälle, auch wenn sie verwertet werden können wie z. B. Metallschrott, gelten dabei nicht als Koppelprodukte, da ihre Entstehung nicht dem eigentlichen Zweck des Prozesses entspricht.

Sobald die Daten für alle relevanten Prozessmodule vorliegen, können sie gemäß dem zuvor definierten Prozessschema zu einem vollständigen Produktsystem verkettet werden. Dabei erfolgt die Aggregation der Einzelprozesse entlang des Material- und Energieflusses auf den Referenzfluss, der zur funktionellen Einheit gehört, beispielsweise „1 kg Fertigteil“ (Tabelle 3.4).

Tabelle 3.4 Prozessmodule und ihre Verkettung mit Bezug auf 1 kg Fertigteil (funktionelle Einheit)

Resultierende Sachbilanz für 1 kg Fertigteil

- **Inputs:** 3 kg Material, 1,5 kW Gas, 4 kW Strom, 10 g Kühlschmierstoff (KSS)
- **Outputs:** 1 kg Fertigteil (funktionelle Einheit), 2 kg Schrott, 4 g CO_2

Anmerkung: Die Prozesse zur Bereitstellung von Material, Gas, Strom und KSS sowie für das Schrottrecycling sind ebenfalls zu bilanzieren, um die Elementarflüsse aus der Umwelt und in die Umwelt zu ermitteln.

Bei der Nutzung von LCA-Softwaretools wird die Aggregation automatisiert und konsistent durchgeführt. Voraussetzung ist dabei die einheitliche Definition der Stoff- und Energieflüsse, sodass Inputs und Outputs korrekt verknüpft und bilanziert werden können. Ein erster vollständiger Datensatz aus der Sachbilanz erlaubt nun eine kritische Überprüfung der Systemgrenze, die zu Beginn der Analyse festgelegt wurde. Besonders bei Produkten mit energieintensiver Nutzungsphase kann sich herausstellen, dass die Emissionen oder Umweltwirkungen während der Nutzung die Produktionsphase bei Weitem übersteigen. In solchen Fällen müssen Annahmen zur Gebrauchsweise, zur Lebensdauer oder zum Strommix im Nutzungsumfeld überdacht und gegebenenfalls angepasst werden. Anderenfalls droht, dass die Daten zur Herstellung – trotz hoher Genauigkeit – für die Gesamtbilanz nur geringe Aussagekraft haben.

Wirkungsabschätzung (Life Cycle Impact Assessment, LCIA)

Im Ergebnis der Sachbilanz werden in der folgenden Wirkungsabschätzung die Elementarflüsse aus der Sachbilanz, d. h. alle von der Umwelt bezogenen Ressourcen (z. B. fossile Energieträger, Wasser) sowie alle an die Umwelt abgegebenen Emissionen (z. B. CO_2, Stickoxide, Schwermetalle), auf ihre potenzielle Umweltwirkung hin abgeschätzt. Dabei wird zwischen direkten Wirkungspotenzialen, wofür der Begriff Wirkungskategorien verwendet wird, und deren letztendlicher Wirkung auf die zu schützenden Güter wie menschliche Gesundheit, Biodiversität und Ressourcenverfügbarkeit differenziert. Diese werden als Wirkungsendpunkte bezeichnet.

Die Auswahl der berücksichtigten Wirkungskategorien richtet sich nach dem Ziel und Untersuchungsrahmen der jeweiligen Ökobilanz. In der Praxis hat sich ein Mindestset an Wirkungskategorien etabliert, das in vielen Fallstudien berücksichtigt wird[5] (Tabelle 3.5).

Tabelle 3.5 Mindestset an Wirkungskategorien einer Ökobilanz

Inputbezogene Wirkungskategorien	Outputbezogene Wirkungskategorien
▪ Abbau abiotischer Ressourcen (Erden, Erze) ▪ Abbau abiotischer Ressourcen (fossile Brennstoffe) ▪ Abbau biotischer Ressourcen (z. B. Wasser, Holz) ▪ Landnutzung	▪ Klimawandel (Treibhauseffekt) ▪ Ozonabbau ▪ Photooxidantienbildung (Smogbildung) ▪ Versauerung ▪ Eutrophierung ▪ Humantoxizität ▪ Umwelttoxizität (Boden, Wasser)

Nach Auswahl der Wirkungskategorien erfolgt im nächsten Schritt die Festlegung geeigneter Wirkungsindikatoren und Charakterisierungsmodelle für jede Kategorie. Diese dienen dazu, die verschiedenen Stoffflüsse der Sachbilanz einheitlich zu bewerten und

5 CML 2016

auf einen vergleichbaren Wirkungsindikatorwert zu aggregieren. Für viele Wirkungskategorien haben sich dabei standardisierte Methoden und Referenzwerte etabliert. Ein zentrales Beispiel ist die Kategorie Klimawandel (Treibhauswirkung):

- Wirkungsindikator ist hier der Strahlungsantrieb (Radiative Forcing), gemessen in Watt pro Quadratmeter (W/m^2).
- Das Charakterisierungsmodell basiert auf dem Global Warming Potential (GWP), das den potenziellen Beitrag eines Treibhausgases zur globalen Erwärmung über einen definierten Zeitraum beschreibt.
- Als Charakterisierungsfaktor wird das GWP über hundert Jahre verwendet (GWP100) und auf CO_2 normiert. Das bedeutet, alle Treibhausgase werden in Kilogramm CO_2-Äquivalenten (kg CO_2-Äq.) pro Kilogramm des Gases ausgedrückt.

Damit lassen sich unterschiedliche Treibhausgase, z. B. Methan (CH_4), Lachgas (N_2O) oder fluorierte Gase, die in der Sachbilanz auftreten, mithilfe ihrer GWP-Werte in einem einheitlichen Wirkungsindikatorwert (kg CO_2-Äq. je funktioneller Einheit) zusammenführen. Dieses Vorgehen gilt analog für alle anderen outputbezogenen Wirkungskategorien, etwa Versauerung, Eutrophierung oder Ozonabbau: Nach einer Klassifizierung des Stoffes erfolgt die Charakterisierung über einen Faktor bezogen auf eine Referenzsubstanz (z. B. SO_2 oder PO_4^{3-}), sodass die potenzielle Umweltwirkung einheitlich quantifiziert werden kann.

Bei den inputbezogenen Wirkungskategorien, wie z. B. dem Verbrauch abiotischer Ressourcen, liegt der Fokus auf der Verknappung endlicher Rohstoffe durch Materialeinsatz. Hier bewertet das Charakterisierungsmodell den Beitrag eines eingesetzten Elements zur Erschöpfung natürlicher Ressourcen, häufig in Relation zum Referenzelement Antimon (Sb). Die Bewertung kann in verschiedenen Szenarien geschehen, die zwischen bekannten, wirtschaftlich erschließbaren und langfristig verfügbaren Ressourcen für ein Element unterscheiden. In Tabelle 3.6 wird beispielsweise ein Szenario verwendet, das sich auf langfristig verfügbare Ressourcen bezieht. Aus den darin dargestellten Daten wird ersichtlich, dass der Verbrauch von Chrom (Cr) trotz seiner geringeren Menge eine deutlich höhere Umweltwirkung verursacht als größere Mengen von Eisen (Fe) oder Aluminium (Al). Dieses Ergebnis verdeutlicht, dass seltene oder kritische Elemente in der Inputseite einer Sachbilanz trotz geringer Masseanteile entscheidend zur Gesamtumweltwirkung beitragen können.

In der Wirkungskategorie des Abbaus abiotischer fossiler Ressourcen erfolgt die Abschätzung der Umweltwirkungen über die Umrechnung der eingesetzten Brennstoffmengen auf ihren unteren Heizwert. Dabei wird angenommen, dass fossile Energieträger in ihrer energetischen Wirkung primärenergetisch vollständig substituierbar sind und deshalb addiert werden können. Wenn in einem Prozess Strom aus fossilen Quellen eingesetzt wird, muss für die Wirkungsabschätzung ermittelt werden, welche fossilen Brennstoffe in welcher Menge pro erzeugter Kilowattstunde Strom eingesetzt wurden. Dieses Vorgehen entspricht dem Konzept der Ermittlung des kumulierten

Energieaufwands (KEA) gemäß VDI-Richtlinie 4600, das noch detaillierter behandelt wird.

Tabelle 3.6 Wirkungsabschätzung für einen Wirkungsindikator

Inputs aus der Sachbilanz	Wirkungskategorie	Charakterisierungsmodell und Szenario	Wirkungsindikator	Charakterisierungsfaktoren	Wirkungsindikatorwerte
10 kg Fe	Abbau abiotischer Ressourcen (Elemente), ADPE	Umweltwirkung des Rohstoffverbrauchs im Hinblick auf die langfristige Verfügbarkeit der Elemente	Knappheit in Kilogramm Antimon Äquivalent (Sb-Äq.)	5,245 E-08	5,245 E-07 kg Sb-Äq.
1 kg Cr				4,427 E-04	4,427 E-04 kg Sb-Äq.
5 kg Al				1,094 E-09	5,470 E-09 kg Sb-Äq.
Ergebnis der Wirkungsabschätzung für den Wirkungsindikator ADPE (Abiotic Depletion Potential for Elements)					**4,432 E-04 kg Sb-Äq.**

Mit der Berechnung der Wirkungsindikatorwerte, also der potenziellen Umweltwirkungen aller relevanten Stoff- und Energieflüsse je funktioneller Einheit, endet der verpflichtende Teil der Wirkungsabschätzung. Dabei handelt es sich zunächst um relative Potenziale, nicht um reale Auswirkungen. Die tatsächliche Umweltwirkung hängt davon ab, wie stark ein bestimmtes Gebiet – lokal, regional oder global – bereits durch ähnliche Umweltwirkungen belastet ist. In einem optionalen weiteren Schritt kann daher eine Normierung vorgenommen werden. Dabei wird der ermittelte Wirkungsindikatorwert durch einen Bezugswert für die bestehende Umweltbelastung desselben Gebiets dividiert. So kann beispielsweise der Beitrag eines Produktsystems zum Treibhauseffekt mit den nationalen Gesamtemissionen verglichen werden. Die Normierung erlaubt somit eine Kontextualisierung der Umweltwirkungen im Verhältnis zu einem relevanten Hintergrundsystem. Anschließend kann optional eine Gewichtung erfolgen. Dabei werden den normierten Wirkungskategorien relative Bedeutungen beispielsweise anhand gesellschaftlicher, politischer oder wissenschaftlicher Prioritäten zugeordnet. Diese Gewichtung kann auf existierenden gesetzlichen Grenzwerten, wissenschaftlichen Empfehlungen oder Expertenurteilen beruhen. Damit ist es möglich, die verschiedenen Wirkungskategorien zu einem aggregierten Umweltbelastungswert für das Produktsystem zusammenzuführen, was vor allem beim Vergleichen von Alternativen hilfreich ist.

Abschließend sollte die Qualität der Wirkungsabschätzung kritisch hinterfragt werden. Einflussreiche Stoffströme wie das zuvor behandelte Beispiel Chrom in Tabelle 3.6 sollten besonders hinsichtlich der Zuverlässigkeit der Datenermittlung und der getroffenen Annahmen validiert werden. Ebenso entscheidend ist die Wahl der Charakterisierungsmodelle: Unterschiedliche Modelle können zu abweichenden Ergebnissen führen, insbesondere bei komplexen Wirkungskategorien wie toxikologischen Effekten oder Landnutzungsänderungen.

Auswertung (Interpretation)

Zum Abschluss einer Ökobilanz erfolgt die Interpretation der Ergebnisse, die eine zentrale Rolle bei der Ableitung von Handlungsoptionen spielt. Ziel dieses letzten Schritts ist es, die Resultate im Hinblick auf den ursprünglich formulierten Zweck und Untersuchungsrahmen zu reflektieren und die Aussagekraft sowie Grenzen der Bilanz transparent darzustellen.

Ein zentraler Bestandteil der Interpretation ist die Ergebnisdiskussion, in der die wesentlichen Einflussfaktoren (Parameter) auf das Ergebnis identifiziert und analysiert werden. Dabei sollte insbesondere geprüft werden, welche Annahmen oder Datenunsicherheiten das Ergebnis maßgeblich beeinflussen. Dies geschieht idealerweise im Rahmen einer Sensitivitätsanalyse. Beispiele für kritische Einflussgrößen sind folgende:

- Recyclingquote bei der Materialherstellung: Eine höhere angenommene Quote kann die Umweltwirkungen signifikant senken.
- Verwendeter Strommix in stromintensiven Prozessen: Ein nationaler oder regionsspezifischer Mix kann die CO_2-Äquivalente stark verändern.
- Bei energieverbrauchenden Produkten, deren Gebrauchsphase in die Bilanz einfließt, beeinflussen Annahmen zu
  - zur Nutzungsdauer,
  - zur Nutzungsintensität und
  - zum Energiemix der Kundenregion.

All diese Faktoren sollten in der Sensitivitätsanalyse gezielt variiert werden, um die Robustheit der Ergebnisse und die Wirkung möglicher Änderungen zu überprüfen. Auf Basis dieser Erkenntnisse lassen sich Schlussfolgerungen zur Verlässlichkeit und Aussagekraft der Ökobilanz ziehen. Gleichzeitig können Empfehlungen für ökologische Optimierungsmaßnahmen oder Produktvergleiche abgeleitet werden.

Die vollständige und nachvollziehbare Dokumentation der Ökobilanz ist insbesondere dann erforderlich, wenn die Ergebnisse extern kommuniziert oder als Entscheidungsgrundlage herangezogen werden sollen. Sie sollte sich an den Vorgaben der ISO 14044 orientieren und die vier Phasen der Ökobilanz systematisch abdecken. Für externe Kommunikation oder Zertifizierungsprozesse ist eine kritische Prüfung (Critical Review) durch unabhängige Sachverständige empfehlenswert. Diese prüft, ob die Bilanzierung methodisch korrekt, transparent und konsistent mit dem Ziel der Studie durchgeführt wurde.

3.4 Environmental Product Declarations (EPDs)

Environmental Product Declarations (EPDs) stellen umfassende, quantitativ fundierte Informationen über die Umweltwirkungen eines Produkts bereit. Sie decken den gesamten Lebenszyklus ab – von der Rohstoffgewinnung über die Herstellung und Nutzung bis hin zur Entsorgung – und enthalten Daten zu zentralen Umweltaspekten wie Ressourcenverbrauch, Emissionen in Luft, Wasser und Boden sowie weiteren Umweltbelastungen. Ziel von EPDs ist es, Transparenz über die Umweltauswirkungen eines Produkts zu schaffen und fundierte Vergleiche zur Auswahl umweltfreundlicherer Alternativen zu ermöglichen. Die Erstellung einer EPD erfordert daher eine vollständige Lebenszyklusanalyse gemäß der Normenreihe DIN EN ISO 14040 ff., auf deren methodischen Grundlagen die Datenerhebung und Auswertung beruhen.

Formal folgen EPDs den Anforderungen der Norm ISO 14025, „Typ III Umweltdeklarationen - Grundsätze und Verfahren“, wobei für Bauprodukte zusätzlich die EN 15804, „Nachhaltigkeit von Bauwerken – Umweltproduktdeklarationen – Grundregeln für die Produktkategorie Bauprodukte“, maßgeblich ist (Tabelle 3.7). Diese Norm definiert verbindliche Inhalte und Systemgrenzen für die EPD von Bauprodukten, sodass Konsistenz und Vergleichbarkeit gewährleistet werden.

Tabelle 3.7 Bestandteile einer EPD gemäß ISO 14025 und EN 15804

Abschnitt	Bestandteile
allgemeine Produktbeschreibung	▪ Produktname, Produktgruppe, gegebenenfalls Produktvarianten ▪ technische Funktion (z. B. Festigkeitswerte, chemische Zusammensetzung) und Einsatzbereich
Produktlebenszyklusbeschreibung	▪ Rohstoffe, Herkunft, Recyclinganteile ▪ Herstellungsprozesse (Energiequellen, Nebenprodukte) ▪ Nutzung und Wartung (falls enthalten) ▪ Entsorgungsszenarien oder Recyclingoptionen
funktionelle Einheit	Definition der Bezugsgröße, z. B. „1 Tonne Stahl", „1 m^2 Beschichtung für 50 Jahre Nutzung"
Systemgrenze und Betrachtungsrahmen	▪ Welche Lebenszyklusphasen sind enthalten? (z. B. A1–A3: Herstellung, A4–A5: Transport und Einbau, B: Nutzung, C: Entsorgung, D: Gutschriften und Lasten außerhalb der Systemgrenze, vor allem durch Wiederverwendung und Recycling) ▪ Modultabelle mit Lebenszyklusmodulen (nach EN 15804) ▪ methodische Annahmen (z. B. Abschneidekriterien für Daten)

Abschnitt	Bestandteile
Umweltauswirkungen (nach EN 15804+A2 standardisiert)	Für die einzelnen Lebenszyklusmodule werden folgende Wirkungskategorien ausgewiesen: ▪ **GWP Total:** gesamtes GWP in kg CO_2-Äq. ▪ **GWP Fossil:** GWP aus der Verbrennung fossiler Stoffe in kg CO_2-Äq. ▪ **GWP Biogen:** GWP aus der Speicherung (negatives Vorzeichen) oder Verbrennung biogener Stoffe in kg CO_2-Äq. ▪ **GWP Luluc:** GWP aus der Landnutzung und dem Landnutzungswandel ▪ **ODP:** Ozonabbaupotenzial in kg CFC-11-Äq. (FCKW-R11-Äq.) ▪ **AP:** Versauerungspotenzial in kg SO_2-Äq. ▪ **EP Freshwater:** Eutrophierungspotenzial des Süßwassers in kg P-Äq. ▪ **EP Marine:** Eutrophierungspotenzial des Meerwassers in kg N-Äq. ▪ **EP Terrestrial:** Eutrophierungspotenzial des Bodens in mol N-Äq. ▪ **POCP:** Bildungspotenzial für photochemische Oxidantien in kg NMVOC-Äq. ▪ **ADPE:** Potenzial für den abiotischen Abbau nicht fossiler Ressourcen in kg Sb-Äq. ▪ **ADPF:** Potenzial für den abiotischen Abbau fossiler Brennstoffe in MJ Hu (Hu = Heizwert) ▪ **WDP:** Wasserentzugspotenzial in m^3
zusätzliche Auswirkungen auf die Umwelt	▪ **PM:** Feinstaubemissionen, anhand des Auftretens von Krankheiten je Kilogramm PM2,5 ▪ **IRP:** ionisierende Strahlung in kg Bq U-235-Äq. ▪ **ETP-fw:** potenzielle Ökotoxizität – Süßwasser in CTUe ▪ **HTP-c:** potenzielle Toxizität für den Menschen – krebserregend in CTUh ▪ **HTP-nc:** potenzielle Toxizität für den Menschen – nicht krebserregend in CTUh ▪ **SQP:** potenzieller Bodenqualitätsindex (keine Einheit)
Verbrauch von Ressourcen	▪ **PERE:** erneuerbare Primärenergie als Energieträger in MJ Hu ▪ **PERM:** erneuerbare Primärenergie zur stofflichen Nutzung in MJ Hu ▪ **PERT:** total erneuerbare Primärenergie in MJ Hu ▪ **PENRE:** nicht erneuerbare Primärenergie als Energieträger in MJ Hu (= ADPF) ▪ **PENRM:** nicht erneuerbare Primärenergie zur stofflichen Nutzung in MJ Hu ▪ **PENRT:** total nicht erneuerbare Primärenergie in MJ Hu ▪ **SM:** Einsatz von Sekundärstoffen (kein interner Produktionsabfall) in kg ▪ **RSF:** erneuerbare Sekundärbrennstoffe in MJ Hu ▪ **NRSF:** nicht erneuerbare Sekundärbrennstoffe in MJ Hu ▪ **FW:** Einsatz von Süßwasserressourcen in m^3

Tabelle 3.7 Bestandteile einer EPD gemäß ISO 14025 und EN 15804 (*Fortsetzung*)

Abschnitt	Bestandteile
Outputflüsse und Abfallkategorien	▪ **HWD:** gefährlicher Abfall zur Deponie in kg ▪ **NHWD:** ungefährlicher Abfall zur Deponie in kg ▪ **RWD:** radioaktiver Abfall in kg ▪ **CRU:** Komponenten für die Wiederverwendung in kg ▪ **MFR:** Stoffe zum Recycling in kg ▪ **MER:** Stoffe für die Energierückgewinnung in kg ▪ **EEE:** exportierte elektrische Energie in MJ ▪ **EET:** exportierte thermische Energie in MJ
Erstellungsgrundlagen	▪ Quellenangaben ▪ verwendete Normen (z. B. ISO 14040, ISO 21930) ▪ Software und Datenbanken (z. B. GaBi, ecoinvent)
ergänzende Angaben	▪ Inhaber ▪ Ersteller ▪ Verifizierer ▪ Herausgeber ▪ Gültigkeit

Ein vorbereitender Bestandteil des EPD-Erstellungsprozesses sind die sogenannten Product Category Rules (PCR). Diese produktspezifischen Vorgaben legen fest, welche Systemgrenzen, Parameter, Nachweise und Prüfnormen für ein bestimmtes Produkt oder eine Produktgruppe anzuwenden sind. Die PCR werden im Rahmen eines offenen Stakeholder-Dialogs entwickelt, an dem unter anderem Verbände, Unternehmen und Verbrauchervertreter beteiligt sind, um Transparenz und Akzeptanz sicherzustellen. Um die Aussagekraft und Relevanz der EPD zu gewährleisten, erfolgt eine Verifizierung der PCR und der darauf basierenden Produktlebenszyklus-Analyse durch Dritte. Bei EPDs, die als Verbraucherinformationen dienen, ist eine Verifizierung durch unabhängige Stellen verpflichtend.

Bestehen für ein Produkt noch keine PCR nach DIN ISO 14025, erfolgt die EPD-Erstellung in zwei Schritten: Zunächst entwickelt ein EPD-Programmbetreiber gemeinsam mit allen relevanten Akteuren einen Satz produktspezifischer Anforderungen in Form eines PCR-Dokuments, das die Erstellung der Ökobilanz nach klar definierten Kriterien ermöglicht. Anschließend beantragt ein Unternehmen die EPD beim Programmbetreiber und reicht die erforderlichen Produktdaten ein, die von unabhängigen Dritten geprüft werden. Erst nach erfolgreicher Verifizierung wird die EPD veröffentlicht. Liegen PCR bereits vor, kann ein Unternehmen unmittelbar mit der Erstellung und Verifizierung der EPDs beginnen.

EPDs sind vor allem in der Business-to-Business-Kommunikation etabliert, wo sie als Instrument zur umweltbezogenen Information im Einkauf und bei der Produktentwicklung dienen. EPDs für Materialien und Halbzeuge gehen in die Ökobilanzen und EPDs von Gebäuden und Produkten ein, wofür diese von manchen Programmbetreibern und Inhabern in digitaler Form angeboten werden. In der breiten Öffentlichkeit sind EPDs noch wenig bekannt, auch wenn einzelne Anwendungen zur Verbraucherinformation bereits existieren und zukünftig weiter ausgebaut werden können.

Derzeit werden EPDs vor allem in Branchen wie dem Bauwesen zur transparenten Darstellung von Umweltwirkungen eingesetzt. Die DIN EN 15804 (kurz: EN 15804), „Nachhaltigkeit von Bauwerken – Umweltproduktdeklarationen – Grundregeln für die Produktkategorie Bauprodukte“, konkretisiert die ISO 14025 für Bauprodukte. Anhand dieser Norm werden EPDs für Bauprodukte, Bauleistungen und Bauprozesse in grundlegend festgelegten PCR in einheitlicher Weise zumeist softwaregestützt erstellt und verifiziert. Für eine ganze Reihe von Bauprodukten sind die EPD öffentlich zugänglich, darunter auch Bauprodukte aus Stahl, Aluminium und Kunststoffen.[6] Für technische Produkte und Werkstoffe bieten EPDs ein erhebliches Potenzial, die Umwelttransparenz weiter zu erhöhen und nachhaltige Material- und Produktentscheidungen zu unterstützen.

Ab 2028 wird die EU-Bauprodukteverordnung (EU) 2024/3110 voraussichtlich die Einführung des Digitalen Produktpasses (DPP) für Bauprodukte verpflichtend machen. In diesem DPP sollen Umweltinformationen, einschließlich EPDs, integraler Bestandteil sein. Die schrittweise Aufnahme technischer Produkte in den DPP im Rahmen der Ökodesign-Verordnung (EU) 2024/1781 könnte dazu führen, dass auf Basis entsprechender PCRs künftig EPDs für Produkte der Elektrotechnik, Elektronik und des Maschinenbaus erstellt und veröffentlicht werden.

3.5 Kumulierter Energieaufwand (KEV)

Die produktbezogene Bilanzierung des Primärenergieverbrauchs ist ein wesentlicher Bestandteil der Ökobilanzierung. Sie erfolgt nach den Vorgaben der VDI-Richtlinie 4600 unter den Begriffen kumulierter Energieaufwand (KEA) und kumulierter Energieverbrauch (KEV). Dabei bezeichnet der KEV die Summe der in allen Prozessen entlang der Wertschöpfungskette eingesetzten Primärenergie, die tatsächlich energetisch genutzt wird, etwa zur Strom- oder Wärmeerzeugung. Der KEA enthält zusätzlich den nicht energetisch genutzten, stofflich gebundenen Anteil eines Produkts, der in organischen Materialien wie Kunststoffen oder Holz enthalten ist (sogenannter kumulierter nichtenergetischer Anteil, KNA). Dieser Unterschied ist besonders relevant bei biogenen oder petrochemischen Werkstoffen. Zudem wird zwischen dem Verbrauch erneuerbarer und nicht erneuerbarer Primärenergie unterschieden. Aus Nachhaltigkeitssicht ist

[6] IBU 2025

insbesondere der nicht erneuerbare kumulierte Energieverbrauch (KEV_{ne}) von Bedeutung, da dessen Reduktion zur Ressourcenschonung und Minderung von Treibhausgas-Emissionen beiträgt.

Die Bilanzierung des KEV_{ne} eignet sich als kompakte Kenngröße für die Umweltbewertung produktionstechnisch gefertigter Produkte. Da viele Umweltwirkungen und vor allem die THG-Emissionen auf den Einsatz fossiler Energieträger zurückzuführen sind, kann der KEV_{ne} als vereinfachter Indikator für ökologische Auswirkungen herangezogen werden. Darüber hinaus lassen sich Energieverbräuche oft anschaulicher und intuitiver darstellen als abstrakte Emissionswerte, was die Kommunikation mit Stakeholdern erleichtert.

Die Energie, die in Produktionsprozessen zumeist in Form von Strom oder Gas eingesetzt wird, bezeichnet man als Endenergie. Ihr Verbrauch hängt maßgeblich vom Wirkungsgrad des jeweiligen Prozesses ab, also davon, wie effizient die eingesetzte Energie in die gewünschte Leistung (z. B. Wärme, mechanische Arbeit) umgewandelt wird. Der tatsächliche Primärenergieverbrauch ist jedoch höher, da zusätzlich alle vorgelagerten Prozesse berücksichtigt werden müssen, die zur Bereitstellung der Endenergie erforderlich sind, wie beispielsweise Förderung, Umwandlung, Transport und Verteilung. Das Verhältnis der eingesetzten Primärenergie zur daraus bereitgestellten Endenergie wird als Primärenergiefaktor (PE-Faktor bzw. PEF) bezeichnet. Diese PE-Faktoren ermöglichen es, Verbräuche verschiedener Energieträger (z. B. Strom, Erdgas, Heizöl, Fernwärme) auf eine gemeinsame Basis zu bringen und einheitlich in den KEV zu integrieren. Dabei ist aus Nachhaltigkeitssicht insbesondere der nicht erneuerbare Anteil des Primärenergieeinsatzes (PEF_{ne}) relevant, da er eng mit Ressourcenverbrauch und Emissionen verbunden ist.

Für Deutschland sind die PEF_{ne}-Werte verschiedener Energieträger im Gebäudeenergiegesetz (GEG) festgelegt und dienen dort als Grundlage zur Berechnung der Energieeffizienz von Gebäuden. Diese Werte können auch als belastbare Referenz für ökobilanzielle Betrachtungen herangezogen werden (Tabelle 3.8).

Tabelle 3.8 Betriebsrelevante (End-)Energieträger und ihre Primärenergiefaktoren für den nicht erneuerbaren Anteil gemäß Gebäudeenergiegesetz (GEG), Anlage 4

Kategorie	Energieträger	PE-Faktor, nicht erneuerbarer Anteil
fossile Brennstoffe	Steinkohle	1,1
	Braunkohle	1,2
	Heizöl	1,1
	Erdgas	1,1

Kategorie	Energieträger	PE-Faktor, nicht erneuerbarer Anteil
biogene Brennstoffe	Biogas	1,1*
	Holz	0,2
Strom	netzbezogen	1,8
	gebäudenah erzeugt (aus Photovoltaik oder Windkraft)	0,0
	Verdrängungsstrommix für KWK	2,8
Wärme	Erdwärme, Geothermie, Solarthermie, Umgebungswärme	0,0
	Abwärme	0,0
	Wärme aus KWK, gebäudeintegriert oder gebäudenah	nach Verfahren B gemäß DIN V 18599-9:2018-09, Abschnitt 5.2.5, oder DIN V 18599-9:2018-09, Abschnitt 5.3.5.1**

* Der PEF_{ne} für Biogas darf unter bestimmten Umständen einen Anteil von 0,3 bis 0,7 haben (siehe GEG § 22 Abs. 1–3).

** PEF_{ne} beträgt pauschal 0,6 für hocheffiziente KWK-Anlagen, wenn dafür vorhandene Brennstoffkessel stillgelegt werden (siehe GEG § 22 Abs. 3).

Die nicht erneuerbaren Primärenergiefaktoren (PEF_{ne}) entsprechen im Wesentlichen dem nicht erneuerbaren kumulierten Energieverbrauch (KEV_{ne}) des jeweiligen Endenergieträgers. Für netzbezogenen Strom hängt der PEF_{ne} maßgeblich vom Anteil erneuerbarer Energien im Strommix ab. Ein PEF_{ne}-Wert von 1,8 wurde im Rahmen der Energieeinsparverordnung (EnEV) im Jahr 2016 eingeführt und später unverändert in das Gebäudeenergiegesetz (GEG) übernommen. Dieser Wert basiert auf dem damaligen Strommix mit einem Anteil der erneuerbaren Energien von rund 36 %, was im Jahr 2017 auch real erreicht wurde. Seither ist der Anteil erneuerbarer Energien am Bruttostromverbrauch kontinuierlich gestiegen – auf etwa 45 % im Jahr 2020 und über 54 % im Jahr 2025.[7)] Entsprechend ist der reale PEF_{ne} rechnerisch auf etwa 1,35 gesunken. Angesichts dieses Trends ist davon auszugehen, dass der PEF_{ne} für Strom in zukünftigen Novellierungen des GEG überprüft und an den aktuellen Strommix angepasst wird. Eine solche Anpassung wäre aus Sicht der Transparenz und Systematik der energetischen Bilanzierung sinnvoll, insbesondere für die ökobilanzielle Bewertung stromintensiver Prozesse oder Produkte.

---

7 UBA 2025

3.6 Carbon Footprint (CFP) von Produkten

Der Treibhauseffekt stellt eine zentrale Wirkungskategorie der Ökobilanz dar. Die spezifische Bilanzierung der Treibhausgas-Emissionen eines Produkts wird als Carbon Footprint of Products (CFP) bezeichnet und ist in der ISO 14067 international normiert. Die grundlegenden Schritte bei der Erstellung einer Treibhausgasbilanz entsprechen denen einer vollständigen Ökobilanz:

- Ziel und Untersuchungsrahmen werden festgelegt, insbesondere die funktionelle Einheit, die Systemgrenzen sowie die anzuwendenden Annahmen und Methoden.
- In der Sachbilanz erfolgt eine quantitative Erfassung aller relevanten Stoff- und Energieströme entlang des gesamten Produktlebensweges, die zur Emission von Treibhausgasen führen.

Im Unterschied zur Ökobilanz beschränkt sich die Wirkungsabschätzung beim CFP ausschließlich auf Treibhausgase im Sinne des Kyoto-Protokolls (z. B. CO_2, CH_4, N_2O, HFCs, PFCs, SF_6 und NF_3). Diese werden mittels Global Warming Potential (GWP) auf das CO_2-Äquivalent (CO_2-Äq.) normiert und additiv zusammengefasst. Dadurch ist der Aufwand der Wirkungsabschätzung im CFP deutlich geringer als in einer umfassenden Ökobilanz. In der Interpretationsphase werden wie bei der Ökobilanz wesentliche Einflussfaktoren identifiziert, Annahmen und Unsicherheiten überprüft und Schlussfolgerungen sowie Handlungsempfehlungen für die Praxis abgeleitet.[8)]

In Produktionsbetrieben entstehen Treibhausgas-Emissionen (THG) zum einen direkt durch Verbrennungs- oder Energieumwandlungsprozesse (z. B. durch Erdgas oder Heizöl) und zum anderen indirekt durch den Bezug von Strom aus dem öffentlichen Netz. Daher erfolgt die THG-Bilanzierung in der Praxis meist über den Energieverbrauch, differenziert nach den Energieträgern und ihren spezifischen Emissionsfaktoren (Bild 3.1). Die Emissionsfaktoren des Bundesamts für Wirtschaft und Ausfuhrkontrolle (BAFA) sind dafür vorgesehen, Effizienzmaßnahmen z. B. im Rahmen von Förderanträgen quantitativ zu bewerten. Sie bilden die Grundlage für die Ermittlung der CO_2-Einsparungen, die durch solche Maßnahmen erreicht werden.

Für Strom und Wasserstoff aus klimaneutraler Erzeugung (z. B. Photovoltaikstrom oder „grüner Wasserstoff" aus der Elektrolyse mit regenerativer Energie) beträgt der Emissionsfaktor null. Dagegen ist beispielsweise der Emissionsfaktor für Wasserstoff aus fossiler Dampfreformierung (sogenannter „grauer Wasserstoff") entsprechend hoch und wird in die THG-Bilanz aufgenommen.

---

8 DIN EN ISO 14067:2019-06, S. 22 ff.

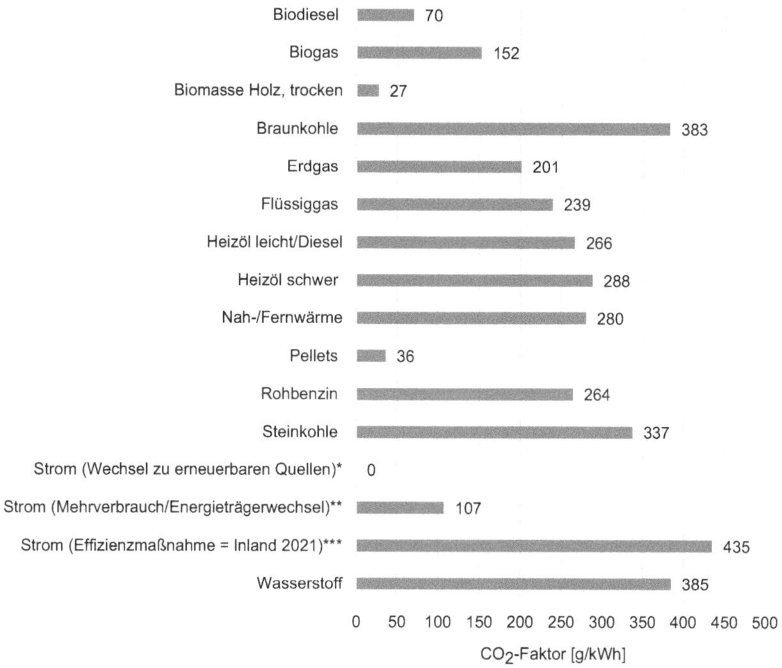

Bild 3.1 Spezifische Emissionsfaktoren für ausgewählte Energieträger inklusive Vorkette[9] in CO_2-Äq.*
* Emissionsfaktor für den Wechsel von einem anderen Energieträger zu Strom aus erneuerbaren Quellen
** Emissionsfaktor für den Mehrverbrauch an Strom, für den Wechsel zu Strom aus nicht erneuerbaren Quellen und für den Wechsel zu anderen Energieträgern
*** Emissionsfaktor für Energieeinsparungen (entspricht dem des Strominlandsverbrauchs von 2021)

Im Informationsblatt des BAFA wurden ebenfalls CO_2-Faktoren für die Herstellung und Bereitstellung von Grundstoffen veröffentlicht.[10] Sie basieren auf Auswertungen von Ökobilanzen und bilden das Treibhausgaspotenzial über hundert Jahre (Global Warming Potential, GWP_{100}) in Form von CO_2-Äquivalenten für alle relevanten Treibhausgase ab (Bild 3.2). Die dort enthaltenen Werte können beispielsweise zur Bilanzierung von Treibhausgas-Emissionen im Rahmen von Scope 3 nach dem Greenhouse Gas Protocol herangezogen werden, insbesondere für eingekaufte Rohstoffe und Materialien.

[9] BAFA 2025

[10] BAFA 2025

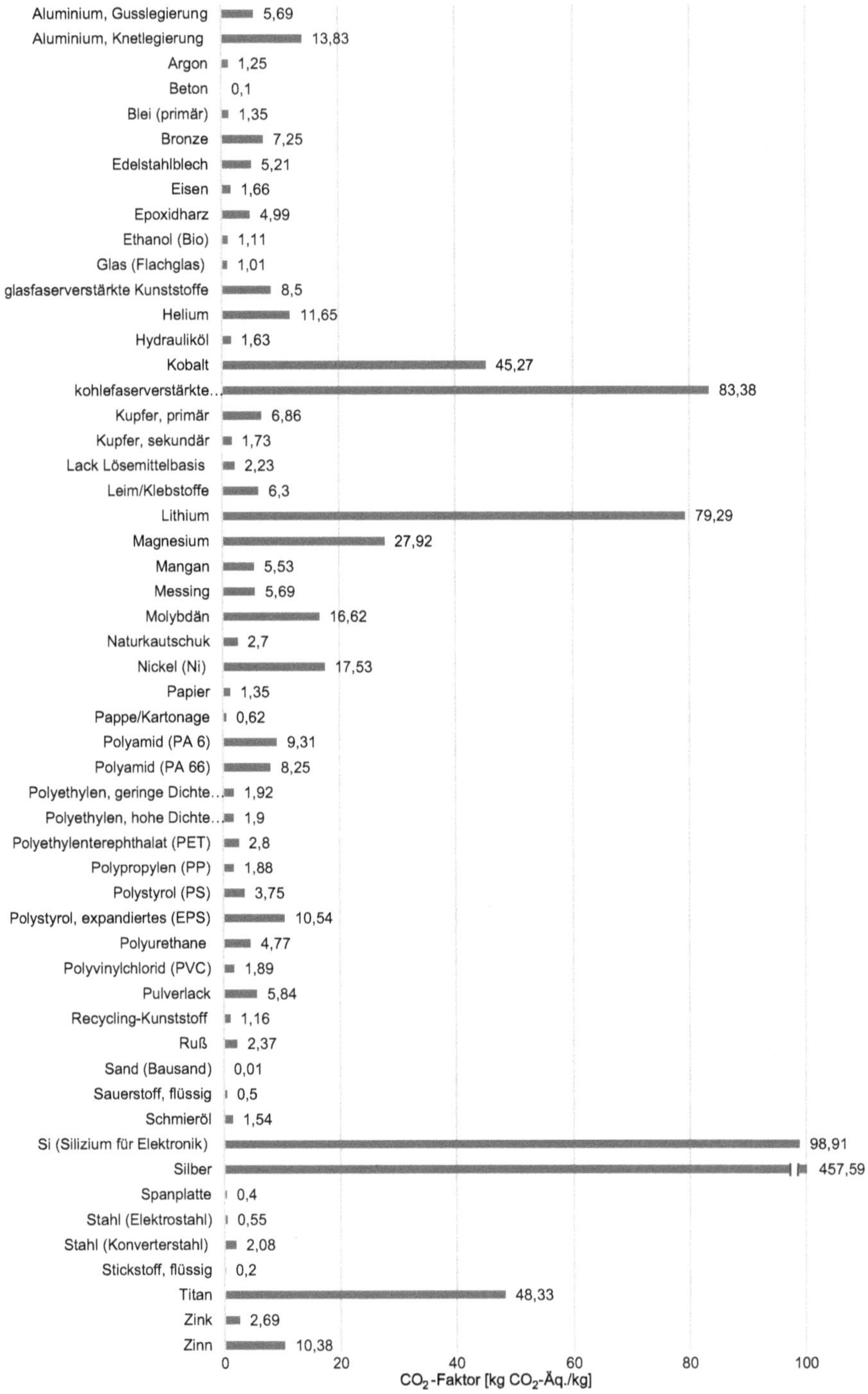

Bild 3.2 Spezifische Emissionsfaktoren für ausgewählte Grundstoffe in CO_2-Äq.[11)]

[11] BAFA 2025

3.7 Quantifizierung der Nachhaltigkeit

Treibhausgas-Emissionen (THG) sowie der nicht erneuerbare kumulierte Energieverbrauch (KEV_{ne}) dienen als wichtige Screening-Parameter für Ökobilanzen. Insbesondere bei technischen Produkten hängen viele Umweltwirkungen stark vom Energieaufwand ihrer Herstellung ab. Ist der Produktgebrauch mit einem eigenen Energieverbrauch verbunden, dominiert dieser in der Regel die damit zusammenhängenden Umweltwirkungen.

Die Umweltwirkungen von Produktionsbetrieben werden überwiegend durch den direkten und indirekten Verbrauch fossiler Energieträger verursacht. Dies liegt auch daran, dass andere direkte Umweltwirkungen wie Emissionen in Luft, Wasser und Boden in der Regel Grenzwerten unterliegen – mit Ausnahme der Treibhausgas-Emissionen, die eng mit der Verbrennung fossiler Energieträger verknüpft sind und derzeit wirtschaftlich nicht sinnvoll separierbar sind. Ihre Ermittlung erfolgt über den Energieverbrauch der einzelnen Energieträger mit spezifischen Emissionsfaktoren. Die detaillierte Erfassung und Bewertung des standortbezogenen Energieverbrauchs ist zudem eine Voraussetzung für ein Energiemanagementsystem nach ISO 50001. Für die Nachhaltigkeitsbewertung werden daher in den nachfolgenden Kapiteln vor allem der nicht erneuerbare Primärenergieverbrauch (PEV_{ne}), der nicht erneuerbare kumulierte Energieverbrauch (KEV_{ne}) sowie die Treibhausgas-Emissionen anhand der CO_2-Äquivalente (CO_2-Äq.) herangezogen.

Bei Produktionsbetrieben, die Werkstoffe zur Herstellung technischer Produkte verarbeiten, korrelieren in der Lebenswegbetrachtung ein Großteil der Umweltwirkungen mit dem fossilen Energieaufwand der Materialerzeugung und -verarbeitung.[12] Wird darüber hinaus der Produktgebrauch mit einem eigenen Energieverbrauch betrachtet, überwiegen die Umweltwirkungen meist in dieser Phase. Deshalb werden in den nachfolgenden Kapiteln überwiegend der nicht erneuerbare kumulierte Energieverbrauch (KEV_{ne}) und die Treibhausgas-Emissionen (THG) als wesentliche Indikatoren verwendet. Allerdings ist zu erwarten, dass mit steigendem Anteil erneuerbarer Energien am Energiemix der Zusammenhang zwischen fossilem Ressourcenverbrauch und anderen Umweltwirkungen wie Rohstoffverknappung und Umweltverschmutzung zunehmend an Bedeutung verliert.

---

[12] Huijbregts et al. 2010

4 Rechtliche Anforderungen

Die natürlichen Potenzialfaktoren der Umwelt standen ursprünglich kostenlos zur Verfügung, um Abprodukte wie Emissionen und Abfälle aufzunehmen. Diese Aufnahmefähigkeit wurde unbegrenzt genutzt und nicht als knappes Gut betrachtet, wie es bei preislich bewerteten Produktionsfaktoren üblich ist. Die Folge der rasanten industriellen Entwicklung in Deutschland nach dem Zweiten Weltkrieg war eine zunehmend spürbare Umweltverschmutzung, etwa durch Smog, sauren Regen und schadstoffbelastete Gewässer.

Das Fehlen eines Preises oder einer Preisbildung für die natürlichen Potenzialfaktoren wurde im Laufe der Zeit durch gesetzliche Regelungen kompensiert. Diese zielen darauf ab, die Umwelt als schützenswertes Gut zu betrachten und schädliche Einwirkungen auf Mensch und Umwelt zu minimieren. Die Reduzierung der Umweltwirkungen erfolgt in den meisten Gesetzen und Verordnungen durch Verbote, Grenzwerte und steuernde Maßnahmen für Stoff- und Energieflüsse. Zur Begrenzung von Treibhausgas-Emissionen wurden zusätzlich preisbildende Instrumente wie Emissionszertifikate und Steuern eingeführt. Fast alle Regelungen wurden im Laufe der Jahre durch nationale Ziele, technische Fortschritte und neue wissenschaftliche Erkenntnisse verschärft und an EU-weite Initiativen und Verordnungen angepasst. Dabei besteht die Herausforderung darin, durch eine Kombination aus Anforderungen und Anreizen nachhaltiges Wirtschaften zu fördern und gleichzeitig die Wettbewerbsfähigkeit zu stärken.

Produzierende Unternehmen der metallverarbeitenden Industrie starten ihren Weg zur Nachhaltigkeit nicht bei null, wenn sie umweltbezogene Gesetze einhalten. Für jeden direkt genutzten Potenzialfaktor wie Boden, Luft und Wasser sowie für die Entnahme und Verarbeitung von Rohstoffen zur Material- und Energieerzeugung bestehen in Deutschland zahlreiche Gesetze und Verordnungen, von denen viele speziell für metallverarbeitende Betriebe relevant sind (Bild 4.1).

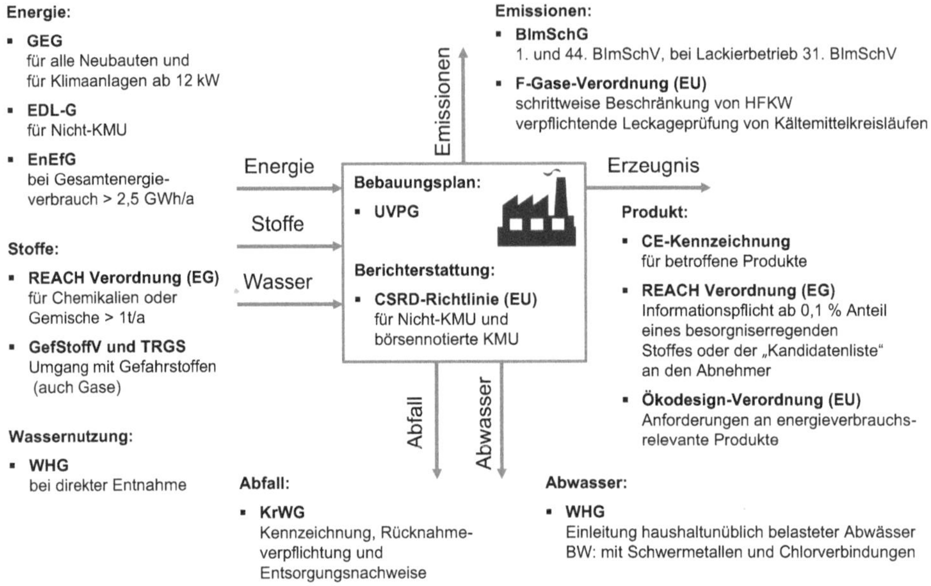

Bild 4.1 Auswahl wesentlicher Umweltvorschriften für Fertigungsbetriebe (für Erläuterungen der Abkürzungen siehe Ausführungen im Text)

Mit den Gesetzen zum Umweltschutz definiert der Gesetzgeber den Stand der Nachhaltigkeit, den er für technisch und wirtschaftlich machbar sowie umweltpolitisch umsetzbar hält. Die Merkmale eines vollständig nachhaltigen Material- und Energieeinsatzes werden je nach Gesetz und je nach den dazugehörigen Verordnungen unterschiedlich umfassend abgedeckt. Im Folgenden werden der aktuelle Stand der Nachhaltigkeit sowie die bestehende Lücke zur vollständigen Nachhaltigkeit für jeden umweltrelevanten Produktionsfaktor erläutert.

4.1 Anforderungen zum Energieeinsatz

Gesetze und Verordnungen zum Energieeinsatz zielen darauf ab, den Treibhauseffekt durch energieeffizientere Gebäude und Produktionsprozesse zu verringern sowie den Ausbau der Energieerzeugung aus regenerativen Quellen zu fördern. Für produzierende Unternehmen sind insbesondere folgende Regelungen von Bedeutung:

- das **Gebäudeenergiegesetz (GEG)** vom 01.11.2020, in dem das Energieeinsparungsgesetz (EnEG) von 2005 – bekannt durch den Energieausweis – sowie das Erneuerbare-Energien-Wärmegesetz (EEWärmeG) von 2009 zusammengefasst wurden
- das **Gesetz über Energiedienstleistungen und andere Energieeffizienzmaßnahmen (EDL-G)** in der Fassung vom 15.04.2015, das insbesondere für Nicht-KMU durch

die Pflicht zu Energieaudits oder zur Einführung eines Energiemanagementsystems nach ISO 50001 relevant ist

- das **Energieeffizienzgesetz (EnEfG)** vom 28.11.2023, das die Steigerung der Energieeffizienz in Deutschland zum Ziel hat
- die **Ökodesign-Verordnung (EU) 2024/1781** vom 18.07.2024, die auf die Steigerung der Ressourceneffizienz, die Verringerung des Energie- und Materialverbrauchs sowie die Förderung der Kreislaufwirtschaft abzielt und einen Rahmen für Verordnungen mit spezifischen Anforderungen an einzelne Produktgruppen schafft
- das **Erneuerbare-Energien-Gesetz (EEG)** vom 21.07.2014, bekannt durch die bis zur Abschaffung geltende EEG-Umlage zur Förderung des Ausbaus regenerativer Energiequellen

Für genehmigungsbedürftige Anlagen schreibt das Bundes-Immissionsschutzgesetz (BImSchG) vor, dass diese sowohl bei der Installation als auch im Betrieb energieeffizient und energiesparsam ausgeführt werden müssen. In metallverarbeitenden Betrieben betrifft dies insbesondere Lackier- und Oberflächenbehandlungsanlagen ab einer definierten Größe gemäß der Verordnung über genehmigungsbedürftige Anlagen (4. BImSchV). Für nicht genehmigungsbedürftige Anlagen enthält das BImSchG hingegen keine spezifischen Anforderungen zum Energieeinsatz.

4.1.1 Gebäudeenergiegesetz (GEG)

Das Gebäudeenergiegesetz (GEG) verfolgt das Ziel, die Klimaschutzziele auch im Nichtwohngebäudebereich zu erreichen. Es soll durch Maßnahmen zur Reduktion von Treibhausgas-Emissionen, den verstärkten Einsatz erneuerbarer Energien sowie die Nutzung unvermeidbarer Abwärme zu einer nachhaltigeren Energieversorgung von Gebäuden beitragen. Für neu zu errichtende Nichtwohngebäude legt das GEG Anforderungen an den Jahres-Primärenergiebedarf, an zulässige Wärmeverluste durch Transmission sowie an den Einsatz erneuerbarer Energien fest. Die letzte Überarbeitung fokussierte sich auf den Heizungsbereich und trat am 01.01.2024 in Kraft.

Der Jahres-Primärenergiebedarf (gemessen in $kWh/(m^2 \cdot a)$) umfasst den rechnerisch ermittelten Energieaufwand für Heizung, Warmwasserbereitung, Lüftung, Kühlung und eingebaute Beleuchtung. Grundlage ist ein Referenzgebäude, dessen energetische Eigenschaften auf dem Stand der Energieeinsparverordnung (EnEV) vom 21.11.2013 basieren. Der zulässige Primärenergiebedarf des geplanten Gebäudes darf 55 % des Referenzwertes nicht überschreiten. Die Anforderungen an die Wärmedämmung orientieren sich ebenfalls am Referenzgebäude der EnEV 2013. Die zulässigen Transmissionswärmeverluste dürfen dessen Werte nicht überschreiten (Tabelle 4.1). Zum Vergleich: Ein Gebäude mit Außenwänden aus dem Bestand vor 1979 wies Wärmedurchgangskoeffizienten (U-Werte) von etwa 1,5 W/(m² · K) auf.[1] Die heutigen Anforderungen führen in solchen Fällen zu einer Reduktion der Wärmeverluste um ca. 80 %, was einer verbleibenden Differenz zur vollständigen Nachhaltigkeit von rund 20 % entspricht.

Für Wohngebäude sieht das GEG ein vereinfachtes Nachweisverfahren vor, wenn der Transmissionswärmeverlust maximal 70 % des Referenzwerts beträgt. Das entspricht in etwa dem Standard eines Effizienzhauses 55. Passivhäuser wiederum entsprechen etwa dem Niveau eines Effizienzhauses 40, bei dem die Transmissionsverluste für Außenbauteile wie Dach, Fassade und Fenster nur noch rund 55 % des Referenzgebäudes betragen.

Tabelle 4.1 Ausgewählte Werte für Transmissionswärmeverluste im Vergleich

Bauteil	U-Werte [W/(m² · K)]			
	GEG-Neubau	Geänderte Außenbauteile gemäß GEG	Referenzwerte gemäß KfW 55*	Richtwerte für KfW 40
Dachflächen	0,20	0,24	0,14	0,11
Außenwände	0,28	0,24	0,20	0,16
Fenster	1,30	1,30	0,90	0,70

* und für vereinfachtes Nachweisverfahren für Wohngebäude gemäß GEG

Für Bestandsgebäude gelten weitreichende Ausnahmen und Übergangsfristen. So ist etwa die Dämmung der obersten Geschossdecken oder des Dachs nur verpflichtend, wenn der Wärmedurchgangskoeffizient über 0,24 W/(m² · K) liegt und, sofern die Selbstnutzungsausnahme nicht zutrifft, die Maßnahme wirtschaftlich zumutbar ist, d. h., durch Energieeinsparungen innerhalb einer angemessenen Frist amortisiert werden kann. Darüber hinaus greift das GEG bei Bestandsbauten erst ab baulichen Änderungen von mehr als 10 % einer Bauteilgruppe (z. B. Außenwände, Fenster, Dach). In solchen Fällen müssen die Transmissionsverluste der betroffenen Bauteile den Vorgaben des Referenzgebäudes entsprechen. Alternativ dazu darf der Jahres-Primärenergiebedarf für Heizung, Lüftung und Kühlung höchstens das 1,4-Fache des Referenzwerts betragen. Bei kleineren Erweiterungen von Nichtwohngebäuden darf der Wärmeschutz (gemessen an den Transmissionsverlusten) maximal das 1,25-Fache der Anforderungen für Neubauten betragen. Bei größeren Erweiterungen hingegen gelten uneingeschränkt die Neubauanforderungen.

[1] Die 1. Wärmeschutzverordnung trat 1977 in Kraft und galt für danach gestellte Bauanträge.

Anforderungen an die Wärmeerzeugung

Für Neubauten mit Bauantragstellung ab dem 01.01.2024 schreibt das Gebäudeenergiegesetz (GEG) vor, dass Heizungsanlagen zur Raumwärme und Warmwasserbereitung mindestens zu 65 % aus erneuerbaren Energien oder unvermeidbarer Abwärme gespeist werden müssen. Zur Einhaltung dieser Anforderung können verschiedene Technologien eingesetzt oder kombiniert werden. Als zulässige Optionen gelten unter anderem folgende:

- Anschluss an ein Wärmenetz, sofern dieses die gesetzlichen Anforderungen an den Anteil erneuerbarer Energien oder Abwärme erfüllt
- elektrische Wärmepumpen, auch im Verbund mit einer Brennstoffheizung (Hybridheizung), sofern im bivalent-(teil-)parallelen Betrieb mindestens 30 % und im bivalent-alternativen Betrieb mindestens 40 % der Heizlast durch die Wärmepumpe gedeckt werden
- Stromdirektheizungen, jedoch nur in Kombination mit einem erhöhten baulichen Wärmeschutz, die mindestens dem Niveau eines Effizienzhauses 55 oder Effizienzhauses 40 entsprechen
- solarthermische Anlagen, auch in Form von Hybridheizungen, sofern mindestens 60 % der erzeugten Wärme aus Biomasse oder grünem bzw. blauem Wasserstoff einschließlich darauf basierender Derivate stammt[2)]
- Heizungsanlagen mit flüssigen oder gasförmigen Brennstoffen, bei denen mindestens 65 % der erzeugten Wärme aus Biomasse oder grünem bzw. blauem Wasserstoff einschließlich entsprechender Derivate stammt

Auch gebäudenah erzeugter Strom aus erneuerbaren Energien sowie die Nutzung unvermeidbarer Abwärme können auf den geforderten Anteil erneuerbarer Energien angerechnet werden. Als unvermeidbare Abwärme wird solche aus technischen Prozessen bezeichnet, deren primärer Zweck nicht der Beheizung, Belüftung oder Klimatisierung eines Gebäudes dient. Ein Beispiel hierfür ist die Nutzung von Abwärme aus Kompressoren, die für Heizzwecke aufbereitet wird. Für die Warmwasserbereitung gilt die 65-%-Vorgabe ebenfalls als erfüllt, wenn diese dezentral und unabhängig von der zentralen Heizungsanlage durch elektronisch geregelte Elektro-Durchlauferhitzer erfolgt.

Bestehende Heizungsanlagen dürfen grundsätzlich bis spätestens zum 31.12.2044 betrieben und instandgesetzt werden. Im Fall eines irreparablen Schadens ist bei einer erforderlichen Erneuerung auch weiterhin der Einbau einer mit fossilen Brennstoffen

---

2 Blauer Wasserstoff entsteht wie grauer Wasserstoff durch Dampfreformierung, zuzüglich der Abscheidung und Speicherung des entstandenen Kohlendioxids.

betriebenen Heizungsanlage zulässig. Dafür gelten bestimmte Bedingungen und Übergangsregelungen:

- **Kommunengröße & Wärmeplanung:** Je nach Größe der Kommune darf eine fossil betriebene Anlage bis spätestens zum 30.06.2026 (bei Kommunen mit mehr als 100 000 Einwohnern) bzw. 2028 (unter 100 000 Einwohnern) eingebaut werden. Liegt zu diesem Zeitpunkt noch keine kommunale Wärmeplanung vor, ist zusätzlich ein einmaliger Weiterbetrieb für weitere fünf Jahre erlaubt. Der Betreiber muss jedoch sicherstellen, dass die Heizungsanlage anschließend ab 2029 mindestens 15 %, ab 2035 mindestens 30 % und ab 2040 mindestens 60 % der bereitgestellten Wärme aus Biomasse oder grünem bzw. blauem Wasserstoff einschließlich entsprechender Derivate erzeugt.
- **Fernwärmeanschluss:** Ist der Anschluss an ein Wärmenetz mit einem Mindestanteil von 65 % erneuerbarer Energie vertraglich vereinbart und erfolgt die Belieferung innerhalb von zehn Jahren, ist ebenfalls eine Übergangslösung mit fossiler Heizung möglich.
- **Wasserstoffnetzausbaugebiete:** Befindet sich das Gebäude in einem ausgewiesenen Wasserstoffausbaugebiet, darf eine entsprechend umrüstbare Heizungsanlage installiert werden. Diese muss spätestens ab 2044 mindestens 65 % Wärme aus Biomasse oder grünem bzw. blauem Wasserstoff einschließlich Derivaten bereitstellen. Die Einhaltung dieser Frist liegt in der Verantwortung des zuständigen Gasverteilnetzbetreibers.
- **Großflächige Hallengebäude (Raumhöhe > 4 m):** Bei Ausfall dezentraler Gebläse- oder Strahlungsheizungen besteht eine Frist von zehn Jahren für die Umstellung, anschließend ein weiteres Jahr zur Erfüllung der 65-%-Anforderung. Erfolgt die Erneuerung mit dezentralen Heizsystemen, kann auf die Nutzung erneuerbarer Energie verzichtet werden, wenn innerhalb von zwei Jahren eine Einsparung des Endenergieverbrauchs um mindestens 40 % nachgewiesen wird. Wird nur eine Einsparung von mindestens 25 % erreicht, wird der Pflichtanteil an erneuerbaren Energien proportional angepasst, z. B. auf 16,25 % bei 30 % Einsparung.

Spezielle Regelungen gelten auch für Etagenheizungen, sind jedoch in der Regel für Nichtwohngebäude von untergeordneter Bedeutung.

Anforderungen an die Digitalisierung von Nichtwohngebäuden

Nichtwohngebäude mit einer Nennleistung der Heizungsanlage oder der kombinierten Heizungs- und Lüftungsanlage über 290 kW müssen seit dem 31.12.2024 bestimmte Mindestanforderungen an das digitale Energiemonitoring erfüllen. Handelt es sich um Neubauten im Sinne des GEG, gelten zusätzlich Anforderungen an die automatische Gebäuderegelung. Diese Regelungen betreffen auch Klimaanlagen und kombinierte Klima- und Lüftungsanlagen. Digitale Energiemonitoringsysteme sollen die Überwachung, Protokollierung und Analyse des Energieverbrauchs der eingesetzten Energieträger sowie der technischen Gebäudesysteme ermöglichen. Ziel ist es, Sollwerte abzuleiten, Abweichungen zu erkennen und verantwortliche Personen automatisiert zu informieren.

Für Neubauten ist eine Gebäudeautomatisierung mindestens in Automatisierungsgrad B gemäß DIN V 18599-11:2018-09 vorgeschrieben. Charakteristisch für diesen Grad ist

- die elektronische Einzelraumregelung der Raumtemperaturen,
- deren Kommunikation mit einer zentralen Steuerung zur saisonalen und zeitlichen Betriebsoptimierung,
- die Lastregelung des Wärmeerzeugers in Abhängigkeit von der Außentemperatur sowie vom gemessenen Raumwärmebedarf anhand von Temperatur- oder Wärmemengenmessung im Vor- und Rücklauf, sowie
- die interoperable Kommunikation zwischen verschiedenen gebäudetechnischen Systemen unterschiedlicher Typen und Hersteller.

Letzteres soll insbesondere ineffiziente Betriebszustände wie gleichzeitiges Heizen und Kühlen vermeiden.

Nachhaltigkeitslücke des GEG

Die im Gebäudeenergiegesetz (GEG) festgelegten Anforderungen an Heizungsanlagen in Neubauten – insbesondere die Pflicht, mindestens 65 % erneuerbare Energien oder unvermeidbare Abwärme zu nutzen – verringern die im Vergleich zu Altbauten vor 1979 bestehende Nachhaltigkeitslücke der Wärmedämmung von 20 % um etwa zwei Drittel. Rechnerisch verbleibt damit eine Restlücke von rund 7 % bis zu einem vollständig nachhaltigen Gebäudebetrieb. Diese Lücke soll laut Klimazielpfad bis zum Jahr 2045 sukzessive geschlossen werden.

Das GEG adressiert bislang jedoch primär den Nutzungszeitraum von Gebäuden, insbesondere deren Betriebsenergie, und blendet den vorgelagerten Energie- und Ressourcenaufwand zur Herstellung der Gebäudehülle weitgehend aus. Gerade energieintensive Baustoffe wie Stahl, Aluminium oder Zement verursachen bereits in der Herstellungsphase erhebliche Treibhausgas-Emissionen (Module A1–A3 nach EN 15804). Zur ganzheitlichen Nachhaltigkeitsbewertung sollten daher auch die vorgelagerten Umweltwirkungen mittels Umweltproduktdeklarationen (EPDs) nach ISO 14025 und EN 15804 systematisch erfasst und bilanziert werden. Diese bilden unter anderem den nicht erneuerbaren kumulierten Energieverbrauch (KEV_{ne}) und die Treibhausgas-Emissionen (THG) über den gesamten Lebensweg eines Baustoffs ab und ermöglichen eine differenzierte Beurteilung der Materialwahl im Gebäudekontext. Für einen vollständig nachhaltigen Neubau wäre es daher erforderlich, dass bereits in der Planungsphase möglichst CO_2-arme Baustoffe oder nachwachsende Rohstoffe berücksichtigt werden, um nicht nur die Betriebsenergie, sondern auch die sogenannte graue Energie der Gebäudehülle signifikant zu senken.

4.1.2 Energiedienstleistungsgesetz (EDL-G)

Das Gesetz über Energiedienstleistungen und andere Energieeffizienzmaßnahmen (kurz Energiedienstleistungsgesetz, EDL-G) zielt darauf ab, die Energieeffizienz durch den Einsatz von Energiedienstleistungen und systematische Effizienzmaßnahmen zu steigern. Parallel zur ursprünglichen Fassung des EDL-G vom 04.11.2010 wurde seitens der Bundesregierung im Rahmen der Klimaschutzziele ein Richtwert zur Steigerung der Energieproduktivität gegenüber 2008 von 2,1 % pro Jahr bis 2050 angestrebt, der sich auf die Endenergie bezieht.[3] Mit der Novelle des EDL-G vom 15.04.2015 wurden Nicht-KMU (Unternehmen mit mehr als 250 Mitarbeitenden oder über 50 Mio. € Jahresumsatz bzw. 43 Mio. € Bilanzsumme) verpflichtet, mindestens alle vier Jahre ein Energieaudit nach DIN EN 16247-1 durchzuführen. Alternativ sind Unternehmen von dieser Pflicht befreit, wenn sie ein Energiemanagementsystem nach ISO 50001 oder ein Umweltmanagementsystem nach EMAS eingeführt haben.

Der Beitrag des EDL-G zur Nachhaltigkeit besteht primär in der systematischen Analyse und Bewertung des Energieeinsatzes. Energieaudits müssen mindestens 90 % des gesamten Endenergieverbrauchs abdecken, wobei möglichst gemessene und belegbare Verbrauchsdaten verwendet werden sollen. Auf Grundlage dieser Daten sind Verbesserungspotenziale zu identifizieren und dokumentierte Maßnahmenvorschläge zu erstellen. Die Audits dürfen ausschließlich durch registrierte und qualifizierte externe Auditoren durchgeführt werden. Auch im Rahmen eines Energiemanagementsystems nach der ISO 50001 erfolgt die Bewertung des Energieverbrauchs bezogen auf relevante Einflussgrößen wie Produktionsmengen oder Umsätze, woraus gezielt Maßnahmen zur Effizienzsteigerung abgeleitet werden können. Die Nachweisführung umfasst bislang nur eine Bestätigung durch den Auditor und das Unternehmen, dass ein Energieaudit durchgeführt wurde.

Im Zeitraum von 2008 bis 2019 stieg die Energieproduktivität des industriellen Sektors durchschnittlich um 1,6 % pro Jahr – also unterhalb des angestrebten Zielwerts von 2,1 %.[4] Ein direkter Zusammenhang mit dem EDL-G lässt sich nur schwer belegen, doch die Entwicklung deutet an, dass dessen alleinige Wirkung auf die Energieeffizienzsteigerung begrenzt war. Die zentrale Nachhaltigkeitslücke des EDL-G besteht darin, dass das Gesetz keine verbindliche Verpflichtung zur Zielsetzung und zur Umsetzung identifizierter Effizienzmaßnahmen enthält.

Eine temporär wirksame Umsetzungspflicht enthielt die Verordnung zur Sicherung der Energieversorgung über mittelfristig wirksame Maßnahmen (EnSimiMaV), die vom 01.10.2022 bis zum 30.09.2024 galt. Unternehmen mit einem jährlichen Energieverbrauch ab 10 GWh waren verpflichtet, wirtschaftlich durchführbare Effizienzmaßnahmen umzusetzen. Diese waren definiert durch einen positiven Kapital-

[3] BMWI 2010, S. 5

[4] BMWI 2021, S. 29

wert innerhalb von 20 % der Nutzungsdauer bei einem Betrachtungszeitraum von maximal fünfzehn Jahren.

Eine dauerhafte Regelung enthält das seit dem 28.11.2023 geltende Energieeffizienzgesetz (EnEfG), das auf das EDL-G folgt und dieses in Teilen ablöst oder ergänzt. Das EnEfG verpflichtet große Unternehmen nicht nur zur Durchführung von Audits, sondern auch zur Erstellung von Umsetzungsplänen für wirtschaftliche Effizienzmaßnahmen sowie deren Veröffentlichung. Damit schließt das EnEfG eine der größten Lücken des bisherigen Rechtsrahmens.

4.1.3 Energieeffizienzgesetz (EnEfG)

Das relativ junge Gesetz zur Steigerung der Energieeffizienz in Deutschland (kurz Energieeffizienzgesetz, EnEfG) wurde am 28.11.2023 verabschiedet und ist am 01.01.2024 in Kraft getreten. Ziel des Gesetzes ist es, den Endenergieverbrauch in Deutschland bis 2030 um mindestens 26,5 % und den Primärenergieverbrauch um mindestens 39,3 % gegenüber dem Basisjahr 2008 zu senken. Damit setzt das EnEfG die Vorgaben der EU-Energieeffizienzrichtlinie (EED) in nationales Recht um.

Der zentrale Ansatz des EnEfG besteht darin, Pflichten für öffentliche Stellen, Unternehmen und Rechenzentren mit hohem Energieverbrauch einzuführen. Diese Akteure werden verpflichtet, systematisch Energieeinsparpotenziale zu identifizieren, wirtschaftlich tragfähige Maßnahmen zu planen und diese auch schrittweise umzusetzen. Im Fokus stehen dabei insbesondere folgende Aspekte:

- die Einführung von Energie- oder Umweltmanagementsystemen
- die Erfassung und Bewertung des Energieverbrauchs
- die Erstellung von Umsetzungsplänen für wirtschaftliche Effizienzmaßnahmen
- eine verpflichtende Veröffentlichung der Umsetzungsplanung

Für Unternehmen gelten die in Tabelle 4.2 aufgeführten Pflichten.

Ziel der Abwärmeplattform ist es, die Sichtbarkeit und Nutzbarkeit industrieller Abwärme zu erhöhen, indem potenzielle Anbieter und Nutzer effizient zusammengeführt werden. Die Plattform soll auch dazu beitragen, die übergeordneten Ziele des EnEfG zur Reduktion des Endenergieverbrauchs zu unterstützen.

Die Abwärmeplattform wird von der Bundesstelle für Energieeffizienz (BfEE) im Bundesamt für Wirtschaft und Ausfuhrkontrolle (BAFA) betrieben. Sie dient der Erfassung und Transparenz über verfügbare ungenutzte Abwärmepotenziale, um deren Nutzung durch Dritte wie etwa Fernwärmebetreiber oder benachbarte Unternehmen zu fördern. Gemäß § 15 des Energieeffizienzgesetzes (EnEfG) sind Betreiber energieintensiver Anlagen mit wesentlichen ungenutzten Abwärmepotenzialen verpflichtet, diese Potenziale auf der Plattform zu veröffentlichen.

Tabelle 4.2 Pflichten für Unternehmen gemäß Energieeffizienzgesetz (EnEfG)

Bedingung	Anforderungen
Gesamtenergieverbrauch > 7,5 GWh/a innerhalb der letzten drei Jahre	Das Unternehmen muss frühestens bis 18.07.2025 und danach bis 20 Monate nach Eintreten dieser Bedingung ein Energie- oder Umweltmanagementsystem mit Zusatzanforderungen hinsichtlich Abwärmeerfassung und -nutzung und eine wirtschaftliche Bewertung von Maßnahmen einrichten.
Gesamtenergieverbrauch > 2,5 GWh/a innerhalb der letzten drei Jahre	Das Unternehmen muss für alle Einsparmaßnahmen innerhalb von drei Jahren Umsetzungspläne erstellen und alle als wirtschaftlich identifizierten Maßnahmen veröffentlichen. Eine Wirtschaftlichkeit liegt vor, wenn die Maßnahme nach maximal 50 % der vorgesehenen Nutzungsdauer entsprechend der Abschreibungstabellen für Anlagegüter des Bundesministeriums der Finanzen (BMF), jedoch maximal nach 15 Jahren einen positiven Kapitalwert ergibt. Die Wirtschaftlichkeitsberechnung hat nach DIN 17463 zu erfolgen, das heißt in Form einer dynamischen Investitionsrechnung anhand der Kapitalwertmethode unter Aufstellung von Szenarien für die Annahmen zu den Aus- und Einzahlungen. Ausgenommen davon sind zur Umsetzung beschlossene Maßnahmen, Maßnahmen mit einer Investitionssumme bis 2000 Euro netto und regulatorisch vorgeschriebene Maßnahmen.
	Das Unternehmen ist verpflichtet, auf einer Plattform Auskunft über seine Abwärme zu geben, Abwärme auf den technisch unvermeidbaren Anteil zu reduzieren und diesen durch Abwärmenutzung wiederzuverwenden. Beides muss technisch möglich und wirtschaftlich zumutbar sein. Anerkannte klimaneutrale Unternehmen sollen künftig von diesen Pflichten befreit werden.

Die ursprünglich für 2024 vorgesehene Frist zur Veröffentlichung wurde auf den 01.01.2025 verschoben. Bislang beschränkt sich die Anforderung auf die interne Erfassung der relevanten Abwärmepotenziale. Als wesentlich gelten dabei Abwärmequellen mit einem durchschnittlichen Temperaturniveau von über 20 °C, die nicht bereits wirtschaftlich genutzt werden. Typische Beispiele sind ungenutzte Abwärme aus Kompressoren, Lacktrocknungsanlagen, Kälteanlagen oder industriellen Wärmeprozessen.

Trotz der Fortschritte durch das EnEfG und die Einführung der Abwärmeplattform besteht weiterhin eine Lücke zur vollständigen Nachhaltigkeit, da das Gesetz keine verbindliche Nutzungspflicht für identifizierte Abwärmepotenziale vorsieht. Zwar besteht eine Meldepflicht, doch ist die tatsächliche Nutzung der Abwärme freiwillig oder von der Wirtschaftlichkeit abhängig. Dies führt dazu, dass viele technisch nutzbare und energetisch wertvolle Abwärmequellen vor allem aus der Eisen- und Stahlindustrie ungenutzt bleiben, insbesondere wenn sich keine wirtschaftlich tragfähige Nutzungsbeziehung zu Dritten aufbauen lässt.

4.1.4 Ökodesign-Verordnung (EU) 2024/1781

Die Ökodesign-Verordnung (EU) 2024/1781 ersetzt die bisherige Ökodesign-Richtlinie 2009/125/EG und erweitert deren Anwendungsbereich deutlich. Während die Richtlinie sich primär auf die Energieeffizienz während der Nutzungsphase fokussierte, verfolgt die neue Verordnung einen ganzheitlichen Ansatz entlang des gesamten Lebenszyklus von Produkten. Sie gilt für nahezu alle physischen Güter mit Ausnahme bestimmter Bereiche wie Lebens- und Futtermittel oder Arzneimittel und umfasst damit auch zahlreiche Produktgruppen der metallverarbeitenden Industrie. Kernziele der Ökodesign-Verordnung sind die Steigerung der Ressourceneffizienz, die Verringerung des Energie- und Materialverbrauchs sowie die Förderung der Kreislaufwirtschaft. Für einzelne Produktgruppen werden spezifische Anforderungen an die Haltbarkeit, die Reparierbarkeit, die Recyclingfähigkeit und den Einsatz von Rezyklaten festgelegt.

Unter der früheren Ökodesign-Richtlinie waren etwa vierzig bis fünfzig energieverbrauchsbezogene Produktgruppen erfasst, von denen rund zwanzig durch spezifische Durchführungsverordnungen reguliert wurden. Diese Anforderungen richteten sich ausschließlich an Produkte mit Einfluss auf den Energieverbrauch (z. B. Haushaltsgeräte, Pumpen, Beleuchtungssysteme) und stellten Mindestanforderungen zur Energieeffizienz sicher. Mit der neuen Ökodesign-Verordnung (EU) 2024/1781 wird der Geltungsbereich auf elf Gruppen für Endprodukte und sieben Gruppen für Zwischenprodukte erweitert, bei denen eine Regulierung aufgrund ihres ökologischen Potenzials besonders relevant erscheint. Der erste Arbeitsplan vom April 2025 benennt die vorrangig zu regulierenden Produktgruppen bis 2030, darunter auch technische Produkte[5] wie die folgenden:

- **Zwischenprodukte:** Eisen und Stahl, Aluminium
- **Endprodukte:** Möbel und Reifen
- **energieverbrauchsrelevante Produkte:** Elektronik und Haushaltsgeräte

Für jede dieser Produktgruppen wird ein Digitaler Produktpass (DPP) erforderlich sein, sofern kein bestehendes EU-Energielabel vorliegt. Der DPP soll umfassende Transparenz über Materialien, Reparaturmöglichkeiten, Energieverbrauch, Umweltwirkungen und Entsorgungsoptionen herstellen. Ziel ist es, eine fundierte Entscheidungsgrundlage für Verbraucher, Unternehmen und öffentliche Beschaffer zu schaffen und zugleich die Rückführung von Materialien in Kreisläufe zu erleichtern. Unabhängig von den aufge-

5 European Commission 2025

führten Produktgruppen laut erstem Arbeitsplan wird der DPP ab Februar 2027 erstmals für alle neu in der EU auf den Markt gebrachten Traktionsbatterien, Batterien von Zweirädern und Industriebatterien mit einer Kapazität über 2 kWh verpflichtend sein.

Die bisherige Ökodesign-Richtlinie und die produktbezogenen Durchführungsverordnungen trugen nachweislich zur Steigerung der Nachhaltigkeit bei. Studien zeigen, dass die jährlichen Einsparungen an Primärenergie im Jahr 2020 durch diese Maßnahmen rund 10 % des Gesamtverbrauchs der einbezogenen Produktgruppen ausmachten.[6] Für 2030 werden Einsparungen von etwa 18 % prognostiziert, insbesondere durch die Kombination mit dem EU-Energielabel, das Verbrauchern eine bessere Orientierung bei der Produktauswahl ermöglicht. Mit der Erweiterung auf Ressourceneffizienz und Kreislaufaspekte wird erwartet, dass diese Effekte künftig verstärkt werden.

Die Ökodesign-Verordnung ergänzt die bisherigen Regelungen, indem sie über Energie- und Wasserverbrauch hinausgehende Anforderungen entlang des gesamten Lebenszyklus von Produkten berücksichtigt und den Zugang zu wesentlichen Informationen für alle Akteure entlang der Wertschöpfungskette erleichtert. Sie stellt einen Bestandteil der europäischen Strategie zur Förderung einer ressourceneffizienten und kreislauforientierten Wirtschaft dar. Die Wirksamkeit der Maßnahmen hängt jedoch auch von einer entsprechenden Infrastruktur zur Umsetzung von End-of-Life-Lösungen und der sektorübergreifenden Schließung von Stoffkreisläufen ab.

4.1.5 Erneuerbare-Energien-Gesetz (EEG)

Das Erneuerbare-Energien-Gesetz (EEG) wurde erstmals im Jahr 2000 verabschiedet und zuletzt durch das „Gesetz zur Änderung des Erneuerbare-Energien-Gesetzes und weiterer energiewirtschaftsrechtlicher Vorschriften“ vom Juli 2022 geändert. Die Änderungen traten zum 01.07.2023 in Kraft. Das EEG zielt darauf ab, den Anteil des aus erneuerbaren Energien erzeugten Stroms am Bruttostromverbrauch in Deutschland bis zum Jahr 2030 auf mindestens 80 % zu erhöhen.

Ein zentrales Instrument des EEG ist die Ausschreibung von Ausbauvolumen für erneuerbare Energieanlagen sowie die Festlegung von Vergütungssätzen für eingespeisten Strom, unter anderem von Photovoltaikanlagen. Die Ausschreibungen dienen der marktwirtschaftlichen Ermittlung der Förderhöhe. Seit dem Wegfall der EEG-Umlage zum 01.07.2022 und damit auch des Finanzierungsmechanismus über den Strompreis wird die Förderung vollständig aus dem Bundeshaushalt finanziert. Die zugehörige gesetzliche Grundlage bildet seit dem 01.01.2023 das Energiefinanzierungsgesetz (EnFG), das auch Regelungen zu Umlagebegrenzungen und -befreiungen insbesondere für stromkostenintensive Unternehmen beinhaltet.

[6] European Commission 2021, S. 10

Das EEG hat maßgeblich zur Steigerung des Anteils erneuerbarer Energien beigetragen. Das ursprünglich im EEG 2014 für 2025 anvisierte Ziel von 40–45 % wurde bereits im Jahr 2020 erreicht bzw. leicht überschritten.[7] In der EEG-Novelle von 2021 war ein Ziel von 65 % bis 2030 festgelegt, das mit der Novelle von 2022 auf 80 % angehoben wurde. Gleichzeitig wurde das Langfristziel einer treibhausgasneutralen Stromerzeugung bis 2050 aus dem Gesetz gestrichen. Die aktuell gesetzte Zielmarke von 80 % bis 2030 lässt somit eine Lücke von 20 % zur vollständigen Nachhaltigkeit der Stromerzeugung bestehen. Anders als regulierende Vorgaben verpflichtet das EEG die Marktteilnehmer nicht zum Ausbau erneuerbarer Energien, sondern schafft finanzielle Anreize durch die Einspeisevergütung und die Marktprämie. Das Erreichen der Zielvorgaben hängt daher auch maßgeblich vom Investitionsverhalten und dem Engagement der Energieerzeuger sowie stromverbrauchender Unternehmen ab.

4.2 Anforderungen zur Wassernutzung

Der Schutz und die Nutzung von Wasser werden im Wasserhaushaltsgesetz (WHG) geregelt. Für genehmigungsbedürftige Anlagen kommt ergänzend das Bundes-Immissionsschutzgesetz (BImSchG) zur Anwendung. Ursprünglich war das Wasserrecht in Deutschland Ländersache. Heute bildet das WHG den bundesrechtlichen Rahmen, den die Länder mit eigenen Wassergesetzen konkretisieren und ergänzen.

4.2.1 Wasserhaushaltsgesetz (WHG)

Das Wasserhaushaltsgesetz (WHG) in der Fassung vom 31.07.2009 (zuletzt geändert 2023) stellt den zentralen gesetzlichen Rahmen für eine nachhaltige Bewirtschaftung der Gewässer dar. Es verfolgt den Zweck, oberirdische Gewässer, das Grundwasser und das Küstenmeer als nutzbare und gleichzeitig schützenswerte Ressourcen dauerhaft zu sichern. Zu den allgemeinen Zielen gehören die Erhaltung von Gewässern als Lebensraum und Teil des natürlichen Wasserhaushalts, der Schutz der öffentlichen Trinkwasserversorgung und die Vorsorge gegenüber den Folgen des Klimawandels, insbesondere Hochwasser, Dürre und sinkende Grundwasserstände.

Für produzierende Unternehmen gibt es keine Berührungspunkte mit dem WHG, wenn sie Wasser aus dem öffentlichen Netz entnehmen und haushaltübliches Abwasser in das kommunale Abwassersystem ableiten. Bei der Ansiedlung in Gewerbegebieten ist die wasserrechtliche Prüfung oft bereits im Rahmen der übergeordneten Umweltverträglichkeitsprüfung (UVP) erfolgt. Zusätzlicher Genehmigungsbedarf ergibt sich, wenn Abwasser mit Schadstoffkonzentrationen über der länderspezifisch festgelegten geneh-

[7] UBA/AGEE-Stat 2022, S. 7

migungsbedürftigen Schwelle eingeleitet werden soll. Das betrifft vor allem Schwermetalle und chlorierte Kohlenwasserstoffe. Die Entnahme von Grundwasser zu Kühlzwecken und dessen Zuführung im erwärmten Zustand in ein oberirdisches Gewässer bedarf ebenfalls der behördlichen Genehmigung.

Das WHG hat wesentlich zur Verbesserung der Wasserqualität und zum Schutz von Gewässerökosystemen beigetragen. Allerdings zeigen die zunehmenden Trockenperioden und Extremwetterereignisse infolge des Klimawandels die Grenzen bestehender Regelungen auf. Hochwasserschutzmaßnahmen und angepasste Bauleitplanungen können Starkregenereignissen entgegenwirken. Der zunehmenden Austrocknung kleinerer Fließgewässer hingegen werden gesetzlich bislang nur bedingt wirkungsvolle Instrumente entgegengesetzt.

Lücken zur vollständigen Nachhaltigkeit bestehen unter anderem bei der grundsätzlich erlaubten, mengenmäßig unbegrenzten Entnahme von Grundwasser, die nur im Notfall per kommunalem Verwaltungsakt eingeschränkt wird, sowie der erlaubnisfreien Entnahme von Grundwasser für landwirtschaftliche Zwecke, sofern 50 m^3 pro Tag nicht überschritten werden. Diese Grenze wird jedoch kaum überwacht. Da diese Eingriffe stark vom lokalen Grundwasserhaushalt abhängen, lässt sich die Nachhaltigkeitslücke nur gebietsbezogen beziffern.

4.2.2 Ökodesign-Verordnung (EU) 2024/1781

Für Produktgruppen mit relevantem Energie- und Wasserverbrauch wurden im Rahmen der nicht mehr geltenden Ökodesign-Richtlinie 2009/125/EG (ersetzt durch die Ökodesign-Verordnung (EU) 2024/1781) verbindliche Verordnungen erlassen, insbesondere für Haushaltswaschmaschinen und Geschirrspüler. Die Verordnungen definieren energie- und wasserbezogene Mindestanforderungen auf Basis der besten verfügbaren Technik (BAT). Für jede quantifizierte Anforderung sind standardisierte Messverfahren, Berechnungsmethoden und Toleranzen festgelegt, um die Vergleichbarkeit sicherzustellen.

Laut Berechnungen der Europäischen Kommission betrugen die Einsparungen an Trinkwasser durch Ökodesign-Anforderungen für Wasch- und Spülgeräte im Jahr 2020 rund 52 % gegenüber einem Referenzzustand ohne Regulierung. Für 2030 wird ein Einsparpotenzial von 61 % erwartet.[8] Die Zahlen zu den Einsparungen zeigen, dass die Ökodesign-Anforderungen einen effektiven Beitrag zur nachhaltigen Wassernutzung leisten. Ein geringerer Wasserverbrauch reduziert in der Regel auch den Energiebedarf zum Erhitzen, was wesentlicher zur Nachhaltigkeit im Haushalts- und Gewerbebereich beiträgt. Künftig sollen auch Wasserhähne und Duschköpfe mit spezifischen Ökodesign-Vorgaben reguliert werden.

[8] European Commission 2021, S. 10

Die Lücke zum nachhaltigen Wasserverbrauch bei produzierenden Unternehmen besteht darin, dass für die industrielle Reinigungstechnik in der Metallverarbeitung – abgesehen von Anforderungen an Motoren und Pumpen – keine Ökodesign-Vorgaben geplant sind. Käufer von Reinigungsanlagen für technische Bauteile sind daher auf eigene Fachkenntnisse bei der Beschaffung angewiesen, um Angebote bezüglich des Energie- und Wasserverbrauchs vergleichbar zu machen. Als Hilfestellung kann das Arbeitsdokument der Europäischen Kommission zu gewerblichen Textilwaschmaschinen, Wäschetrocknern und Geschirrspülern herangezogen werden. Es enthält Orientierungswerte und Prüfkriterien, die auch zur Normierung von wasserverbrauchsbezogenen Kennzahlen in anderen Anwendungen herangezogen werden können, wie etwa dem Wasserverbrauch pro Kilogramm gereinigter Werkstücke oder pro Chargendurchlauf.[9]

4.2.3 Bundes-Immissionsschutzgesetz (BImSchG)

Das Bundes-Immissionsschutzgesetz (BImSchG) verfolgt den Zweck, Menschen, Tiere, Pflanzen, den Boden, das Wasser, die Atmosphäre sowie Kultur- und Sachgüter vor schädlichen Umwelteinwirkungen zu schützen. In Bezug auf Wasser zielt es insbesondere auf den indirekten Schutz des Grundwassers durch den Boden ab. Als Fachgesetz ist das BImSchG im Vergleich zum Wasserhaushaltsgesetz (WHG) nachrangig, greift aber ergänzend, sobald es um emittierende, genehmigungsbedürftige Anlagen geht.

Relevanz entfaltet das BImSchG bei der Planung, der Genehmigung und dem Betrieb solcher Anlagen, beispielsweise in der Metallverarbeitung, der chemischen Industrie oder bei Anlagen zur Oberflächenbehandlung von Werkstoffen. Die Regelungen des BImSchG stützen sich unter anderem auf die technischen Anleitungen und auf die Verordnung über Anlagen zum Umgang mit wassergefährdenden Stoffen (AwSV). Das Gesetz regelt insbesondere

- die Vermeidung und Verminderung von Emissionen (auch diffusen Einträgen) in Boden und Grundwasser,
- den Umgang mit wassergefährdenden Stoffen, etwa durch Vorgaben zu Rückhalte- oder Dichtsystemen, sowie
- die Anforderungen an betriebliche Maßnahmen zur Störfallvorsorge und zum Gewässerschutz.

Die nachhaltige Nutzung der Ressource Wasser wird im BImSchG nicht explizit thematisiert oder reguliert. Gleichwohl tragen die Vorgaben zur Vermeidung von Verunreinigungen indirekt dazu bei, die Wasserqualität langfristig zu sichern, insbesondere in Gebieten mit sensiblen Grundwasserleitern oder in Wasserschutzgebieten.

[9] European Commission 2017

4.3 Anforderungen zum Materialeinsatz und Umgang mit Abfall

Der Materialeinsatz umfasst den Einsatz von Rohstoffen, Halbzeugen, Vorprodukten und Hilfsstoffen. Er stellt einen zentralen Stellhebel für die ökologische Nachhaltigkeit von Produktionsprozessen dar. Die rechtlichen Anforderungen zum Materialeinsatz lassen sich zwei Perspektiven zuordnen:

- **Material als chemischer Stoff:** Der Einsatz von Chemikalien wird auf europäischer Ebene seit dem Inkrafttreten der REACH-Verordnung (EG) Nr. 1907/2006 im Jahr 2007 geregelt. Ziel ist es, den Schutz von Mensch und Umwelt im Umgang mit chemischen Stoffen und Stoffgemischen sicherzustellen.
- **Material als Abfall:** Im Lebenszyklus von Produkten entsteht am Ende Abfall. Die Anforderungen zu seiner Vermeidung, Verwertung und ordnungsgemäßen Entsorgung sind im Kreislaufwirtschaftsgesetz (KrWG) geregelt. Es verfolgt das Ziel, eine ressourcenschonende, stofflich orientierte Kreislaufwirtschaft zu fördern.

Für genehmigungsbedürftige Anlagen nach dem Bundes-Immissionsschutzgesetz (BImSchG) sind auch der Verbrauch und die Art der eingesetzten Rohstoffe ein Bewertungskriterium im Rahmen der Bestimmung des Standes der Technik. Hierzu wird auf die in Europa abgestimmten BVT-Merkblätter (beste verfügbare Techniken bzw. Best Available Technologies, BAT) verwiesen, die unter anderem Kriterien zum Rohstoffeinsatz, zur Energieeffizienz und zum Abfallmanagement enthalten. Auch in der Ökodesign-Richtlinie 2009/125/EG vom 21.10.2009 ist der Materialeinsatz als Umweltaspekt definiert, insbesondere im Hinblick auf Ressourceneffizienz und Recyclingfähigkeit. In der praktischen Umsetzung der Verordnungen lag der Fokus bislang auf der energieverbrauchsrelevanten Nutzung während der Betriebsphase. Seit 2019 werden schrittweise produktspezifische Anforderungen an Reparierbarkeit, Ersatzteilverfügbarkeit und Demontierbarkeit eingeführt. Mit der neuen Ökodesign-Verordnung (EU) 2024/1781 wurde dieser Ansatz auf weitere Produktgruppen ausgeweitet[10]. Die konkrete Nachweisführung, etwa über technische Dokumentation, den Digitalen Produktpass oder gegebenenfalls ein CE-Konformitätsverfahren, wird künftig in den jeweiligen delegierten Rechtsakten festgelegt.

4.3.1 REACH-Verordnung (EG) 1907/2006

Die REACH-Verordnung (EG) 1907/2006 (Registration, Evaluation, Authorisation and Restriction of Chemicals) regelt seit dem 01.06.2007 den europaweiten Umgang mit chemischen Stoffen. Sie verfolgt neben dem Schutz von Mensch und Umwelt auch das Ziel,

[10] European Commission 2025

einen einheitlichen Binnenmarkt für Chemikalien zu schaffen und faire Wettbewerbsbedingungen zu gewährleisten.

Im Zentrum von REACH steht die Verpflichtung, dass Hersteller und Importeure chemischer Stoffe diese registrieren lassen müssen, sofern sie in einer Menge von mehr als einer Tonne pro Jahr in Verkehr gebracht werden. Die Registrierung umfasst Informationen zur Identität des Stoffes, zu physikalisch-chemischen Eigenschaften und zu Expositionspfaden sowie eine Risikobewertung. Auf Grundlage dieser Daten erfolgt gegebenenfalls eine Bewertung durch die Europäische Chemikalienagentur (ECHA) und in Einzelfällen eine Zulassungspflicht oder Beschränkung der Verwendung. Nachgeschaltete Anwender, wie z. B. verarbeitende Unternehmen, sind verpflichtet, die vorgeschlagenen Verwendungsbedingungen und Sicherheitsvorkehrungen einzuhalten. Sie erkennen registrierungspflichtige oder beschränkte Stoffe anhand der Sicherheitsdatenblätter, die ihnen von ihren Lieferanten zur Verfügung gestellt werden müssen.

REACH trägt indirekt zu einem nachhaltigeren Materialeinsatz bei, indem besonders besorgniserregende Stoffe (Substances of Very High Concern, SVHC) sowie anderweitig gefährliche oder umweltschädliche Stoffe reguliert oder substituiert werden. Dadurch sinkt das Risiko, dass solche Stoffe in Abfallströme gelangen und dort zu Recyclinghemmnissen oder Emissionsquellen werden. Eine gesetzliche Verbindung zur Abfallklassifizierung – etwa zur Einstufung als gefährlicher Abfall – besteht jedoch nicht unmittelbar.

REACH verfolgt keine expliziten Ziele zur Ressourcenschonung oder zur Förderung der Kreislaufwirtschaft. Die Verordnung konzentriert sich auf den sicheren Umgang mit Chemikalien über den gesamten Lebenszyklus hinweg, nicht aber auf Kriterien wie Langlebigkeit, Wiederverwendbarkeit oder Rezyklateinsatz.

4.3.2 Kreislaufwirtschaftsgesetz (KrWG)

Das Kreislaufwirtschaftsgesetz (KrWG) wurde am 27.09.2009 erlassen und verfolgt das Ziel, die Kreislaufwirtschaft zur Schonung natürlicher Ressourcen zu fördern sowie den Schutz von Mensch und Umwelt bei der Abfallerzeugung und -bewirtschaftung sicherzustellen. Die aktuelle Fassung des KrWG geht auf die Neufassung vom 24.02.2012 zurück und wurde zuletzt im Rahmen der Umsetzung der europäischen Abfallrahmenrichtlinie (2018/851/EU) zum 28.10.2020 novelliert.

Im Mittelpunkt steht die Abfallhierarchie (§ 6 KrWG), die eine klare Rangfolge vorgibt:

1. Abfallvermeidung
2. Vorbereitung zur Wiederverwendung
3. Recycling (stoffliche Verwertung)
4. sonstige Verwertung (z. B. energetisch oder als Füllmaterial)
5. Abfallbeseitigung

Dabei ist vorrangig die Option zu wählen, die den höchsten Schutz für Umwelt und Gesundheit sowie die nachhaltigste Ressourcennutzung gewährleistet. Neben der reinen Kreislaufführung sollen insbesondere auch Schadstoffanreicherungen im Wertstoffkreislauf vermieden werden, um das Recycling ökologisch sinnvoll zu gestalten.

Das KrWG schreibt eine Verwertungspflicht für Abfälle vor, sofern ein tatsächlicher oder potenzieller Markt für die daraus gewonnenen Stoffe oder Energieträger existiert. Voraussetzung ist die technische Machbarkeit und eine wirtschaftliche Zumutbarkeit, wobei letztere gegeben ist, wenn die Kosten der Verwertung nicht „außer Verhältnis" zu denen der Beseitigung stehen (§ 7 Abs. 4 KrWG). Für bestimmte Abfallarten bestehen konkrete Recyclingquoten, insbesondere für folgende:

- **Siedlungsabfälle:** Seit dem 01.01.2020 müssen mindestens 50 Gew.-%, ab dem 01.01.2025 mindestens 55 Gew.-%, dem Recycling zugeführt werden. Weitere Anhebungen auf 60 % (ab 2030) und 65 % (ab 2035) sind auf EU-Ebene beschlossen und voraussichtlich auch national umzusetzen.
- **Bau- und Abbruchabfälle:** Hier gilt eine Recyclingquote von mindestens 70 Gew.-%, sofern es sich um unbelastetes Material handelt.

Diese Regelungen spiegeln die Anforderungen der EU-Abfallrahmenrichtlinie und flankieren nationale Initiativen zur Förderung der ressourcenschonenden Kreislaufwirtschaft.

Produktverantwortung im KrWG

Das Kreislaufwirtschaftsgesetz (KrWG) nimmt Hersteller, Verarbeiter und Händler verstärkt in die Verantwortung, um eine funktionierende Kreislaufwirtschaft zu gewährleisten. Mit der Novelle vom 28.10.2020 wurden die Anforderungen an die sogenannte Produktverantwortung deutlich ausgeweitet. Ziel ist es, den gesamten Lebenszyklus eines Produkts – von der Herstellung über die Nutzung bis hin zur Entsorgung – ressourcenschonend und umweltverträglich zu gestalten (§ 23 KrWG). Die erweiterten Anforderungen umfassen insbesondere folgende:

- **Nachhaltiges Produktdesign:** Produkte sollen so gestaltet sein, dass sie ressourceneffizient, langlebig, mehrfach verwendbar und reparierbar sind sowie nach Gebrauch einer hochwertigen Verwertung oder umweltverträglichen Beseitigung zugeführt werden können.
- **Einsatz von Sekundärrohstoffen:** Verwertbare Abfälle – insbesondere Rezyklate – sollen vorrangig bei der Herstellung neuer Erzeugnisse eingesetzt werden.
- **Schonung kritischer Rohstoffe und Reduktion gefährlicher Stoffe:** Der Einsatz solcher Stoffe soll möglichst gering gehalten und so gekennzeichnet werden, dass sie bei der Verwertung oder Beseitigung identifiziert, gegebenenfalls zurückgewonnen und umweltgerecht entfernt werden können.

- **Förderung der Wiederverwendung:** Die Wiederverwendung von Produkten und Produktteilen wird durch den Aufbau und die Unterstützung entsprechender Reparatur- und Wiederverwendungssysteme gestärkt.
- **Informationspflichten:** Produkte müssen mit Hinweisen zu Rückgabe-, Wiederverwendungs-, Verwertungs- und Beseitigungsmöglichkeiten versehen sein, etwa über Kennzeichnungen oder Pfandsysteme.
- **Rücknahme- und Entsorgungspflichten:** Hersteller und Vertreiber müssen Produkte zurücknehmen und die daraus entstehenden Abfälle umweltgerecht verwerten oder beseitigen, gegebenenfalls auch auf eigene Kosten und Organisation.

Für bestimmte Produktgruppen gelten zusätzliche, konkretisierende Regelungen:

- **Elektro- und Elektronikgeräte:** Die erweiterte Produktverantwortung ist im Elektro- und Elektronikgerätegesetz (ElektroG) geregelt. Es enthält quantitative Vorgaben zur Wiederverwendung und Verwertung von Altgeräten, die von erstbehandelnden Betrieben einzuhalten und zu dokumentieren sind.
- **Altfahrzeuge:** Die Altfahrzeug-Verordnung legt ebenfalls verbindliche Quoten für das Recycling und die Verwertung stillgelegter Fahrzeuge fest.

Diese Vorgaben flankieren die Ziele der EU-Kreislaufwirtschaftsstrategie und stärken die verbindliche Einbindung von Produktverantwortlichen in ein nachhaltiges Ressourcenmanagement.

Abfallvermeidungsmaßnahmen und Förderung nachhaltiger Stoffströme

Mit der Novelle des Kreislaufwirtschaftsgesetzes (KrWG) vom 28.10.2020 wurde die Bedeutung der Abfallvermeidung deutlich gestärkt. Ziel ist es, die Entkopplung von wirtschaftlichem Wachstum und Abfallerzeugung voranzutreiben, also eine steigende Wertschöpfung bei gleichzeitig sinkendem Ressourcenverbrauch und Abfallaufkommen zu erreichen. Im Mittelpunkt stehen Abfallvermeidungsprogramme, die sowohl auf Bundes- als auch auf Länderebene erstellt und regelmäßig fortgeschrieben werden müssen (§ 33 KrWG). Sie sollen die Wahrnehmung der Produktverantwortung durch alle Akteure fördern und enthalten darüber hinaus folgende konkrete Maßnahmen:

- Maßnahmen zur Förderung nachhaltiger Produktions- und Konsummodelle, beispielsweise durch wirtschaftliche oder steuerliche Anreize, durch die Unterstützung von Sharing- und Reuse-Modellen (z. B. Mietsysteme, Tauschbörsen) und durch Informationskampagnen für Verbraucher
- Maßnahmen zur Vermeidung von Abfällen entlang industrieller Wertschöpfungsketten, insbesondere bei industriellen Fertigungsprozessen, bei der Gewinnung mineralischer Rohstoffe, bei Bau- und Abbrucharbeiten jeweils unter Berücksichtigung der besten verfügbaren Techniken (BVT)

- Maßnahmen zur Reduktion von Lebensmittelabfällen, zum Beispiel durch verbesserte Logistik, Lebensmittelspenden und Informationsarbeit zur Haltbarkeit und Resteverwertung
- Maßnahmen zur Vermeidung von Umwelt- und Meeresmüll, durch Maßnahmen zur Förderung biologisch abbaubarer Materialien sowie zur Verringerung von Littering (Vermüllung öffentlicher Räume) und zur Verringerung des Eintrags von Kunststoffabfällen in Gewässer

Das Kreislaufwirtschaftsgesetz gemeinsam mit flankierenden Gesetzen und Verordnungen trägt umfassend zur Förderung eines nachhaltigen Materialeinsatzes bei. Dies geschieht sowohl auf der Input- als auch auf der Outputseite. Zu den zentralen Instrumenten zählen folgende:

- Abfallvermeidungsprogramme mit Suffizienzansätzen, die bereits bei der Produktentwicklung und Materialwahl ansetzen
- die Pflicht zur Abfallverwertung, sofern sie technisch möglich und wirtschaftlich zumutbar ist sowie ein Markt für das Verwertungsprodukt vorhanden ist
- konkrete Verwertungsquoten, z. B. für Siedlungsabfälle, Bauschutt, Elektroaltgeräte und Fahrzeuge
- erweiterte Anforderungen an die Produktverantwortung der Hersteller, Verarbeiter und Händler zum Gelingen der Kreislaufwirtschaft: Hervorzuheben sind die Anforderungen an die Langlebigkeit, die Reparierbarkeit, den Einsatz von Recyclingmaterialien (Rezyklaten) und das Vermeiden kritischer oder gefährlicher Stoffe

Lücken des Kreislauf- und Abfallrechts

Trotz der fortschrittlichen Regelungen im KrWG bestehen weiterhin relevante Lücken, die einem vollständig nachhaltigen Materialeinsatz entgegenstehen:

- **Unzureichende Trennungspflichten:** Die getrennte Sammlung von Abfällen ist laut KrWG nicht verpflichtend, sofern organisatorische, technische oder wirtschaftliche Gründe dagegensprechen. Eine klare Vorgabe besteht nur für die Abtrennung gefährlicher Abfälle. Die Praxis zeigt jedoch, dass eine hochwertige, neuwertäquivalente Wiederverwendung sowie eine qualitativ hochwertige stoffliche Verwertung mit dem Ziel, Primärrohstoffe vollständig zu ersetzen, nur bei sortenreiner Trennung der Altprodukte, Altstoffe und Abfälle realisierbar ist. Dies gilt besonders für organische Materialien wie Kunststoffe, deren verfahrenstechnische Sortierung technische Grenzen hat und wirtschaftlich häufig nicht mit der energetischen Verwertung konkurrieren kann.
- **Unklare Vorgaben zum Rezyklateinsatz:** Für Produkte, die nicht aus biogenen Rohstoffen hergestellt werden können, sollte die Verwendung von Sekundärrohstoffen und Rezyklaten möglichst umfassend erfolgen, idealerweise zu 100 %. Zwar

fordert das KrWG im Rahmen der erweiterten Produktverantwortung den bevorzugten Einsatz verwertbarer Abfälle bis hin zu Rezyklaten, es fehlen jedoch konkrete Vorgaben zur Herkunft, Qualität und zum zeitlich ansteigenden Rezyklatanteil. Eine mögliche Maßnahme wäre eine Hinweispflicht für Materialhersteller zur Angabe des Rezyklatanteils aus Post-Consumer-Abfällen. Dadurch könnten verarbeitende Unternehmen ihre Produktverantwortung besser wahrnehmen und die Rezyklatanteile in ihren Produkten transparent bilanzieren. Erste Schritte in diese Richtung sind für den Kunststoffeinsatz im Verpackungsbereich durch Mindestvorgaben für Rezyklatanteile und eine verpflichtende Kennzeichnung bereits untersucht worden.[11]

4.4 Umgang mit Emissionen in die Luft

Das deutsche Immissionsschutzrecht hat bewirkt, dass vorrangig lokal oder regional wirkende Belastungen durch Immissionen in Luft, Boden und Wasser auf ein umweltverträgliches Maß minimiert wurden. Es ist vorwiegend quellenbezogen gestaltet und regelt die von einer genehmigungsbedürftigen Anlage ausgehenden emissionsbedingten Umwelteinwirkungen sowie die Genehmigung dieser Anlagen. Die gesetzlichen Anforderungen zum Schutz vor schädlichen Umwelteinwirkungen durch Luftverunreinigungen, die Grenzwerte dafür und deren Ermittlung werden

- im Bundes-Immissionsschutzgesetz (BImSchG),
- in der Technischen Anleitung zur Reinhaltung der Luft (TA Luft) und
- für bestimmte Anlagen in den zugehörigen Verordnungen zur Durchführung des Bundes-Immissionsschutzgesetzes (BImSchV)

geregelt.

Die Emissionen global wirkender Treibhausgase werden im Immissionsschutzrecht mit Verweis auf gesetzliche Vorgaben berücksichtigt, die ihren Ursprung in Initiativen auf EU-Ebene haben. Folgende sind als relevant zu nennen:

- das Klimaschutzgesetz (KSG) zur Gewährleistung der Erfüllung nationaler Klimaschutzziele und des Einhaltens europäischer Zielvorgaben
- das Treibhausgas-Emissionshandelsgesetz (TEHG) für Anlagen, die geeignet sind, in großen Mengen CO_2 und N_2H zu emittieren, bekannt durch die CO_2-Abgabe bei Flügen
- die Verordnung (EU) Nr. 517/2014, bekannt als die F-Gase-Verordnung zum zeitlich gestaffelten Ausphasen von fluorierten Treibhausgasen als Kältemittel

[11] UBA 2022

4.4.1 Bundes-Immissionsschutzgesetz (BImSchG) und zugehörige Verordnungen

Das Bundes-Immissionsschutzgesetz (BImSchG) bezweckt den Schutz des Menschen, der Umwelt sowie von Kultur- und Sachgütern vor schädlichen Umwelteinwirkungen und soll ihrer Entstehung vorbeugen. Es umfasst neben Luftverunreinigungen auch Schallemissionen, für die konkrete Anforderungen in der Technischen Anleitung zum Schutz gegen Lärm (TA Lärm) festgelegt sind. Mit der 43. BImSchV – der Verordnung über nationale Verpflichtungen zur Reduktion der Emissionen bestimmter Luftschadstoffe – bestehen seit 2018 gestaffelte Reduktionsziele für menschengemachte Emissionen verschiedener Luftschadstoffe. Treibhausgase sind nicht Gegenstand dieser Verordnung.

Das BImSchG und die zugehörige TA Luft gelten vorrangig für genehmigungsbedürftige Anlagen. Für nicht genehmigungsbedürftige Anlagen gelten spezielle Verordnungen, zu denen folgende zählen:

- die 1. BImSchV für kleine und mittlere Feuerungsanlagen
- die 44. BImSchV für mittelgroße Feuerungsanlagen ab 1 MW
- die 31. BImSchV zur Begrenzung von Emissionen flüchtiger organischer Verbindungen (VOC) aus Lackier- und Beschichtungsanlagen
- die 42. BImSchV zur Kontrolle von Verdunstungskühlanlagen, Nassabscheidern und Kühltürmen, insbesondere zur Vermeidung von Legionellenkontaminationen

Emissionen von Treibhausgasen werden im Rahmen des BImSchG durch Verweis auf das Treibhausgas-Emissionshandelsgesetz (TEHG) reguliert, sofern Anlagen unter dessen Geltungsbereich fallen. Begrenzungen von Treibhausgas-Emissionen sind nach dem BImSchG grundsätzlich möglich, wenn dies zur Vermeidung schädlicher Umwelteinwirkungen im Einwirkungsbereich der Anlage erforderlich ist. Für CO_2 gilt dabei jedoch eine Ausnahme: Dessen Emission allein gilt nicht als schädliche Umwelteinwirkung im Sinne des BImSchG.

4.4.2 Treibhausgas-Emissionshandelsgesetz (TEHG)

Das Treibhausgas-Emissionshandelsgesetz (TEHG) bildet den rechtlichen Rahmen für den Emissionshandel in Deutschland und setzt die Vorgaben der EU-Richtlinie 2003/87/EG über ein System für den Handel mit Treibhausgasemissionszertifikaten innerhalb der Europäischen Union (EU-ETS) um. Ziel ist es, die Emission von Treibhausgasen mit Fokus auf CO_2 durch marktwirtschaftliche Mechanismen kosteneffizient zu begrenzen und einen Anreiz zur klimafreundlicheren Produktion zu schaffen.

Das TEHG verpflichtet Betreiber von emissionsintensiven Anlagen zur Teilnahme am EU-ETS, sofern sie bestimmten Tätigkeiten nachgehen und eine Gesamtfeuerungswärmeleistung von mindestens 20 Megawatt (MW) aufweisen. Dazu zählen unter anderem große Energieerzeugungsanlagen, Raffinerien, Zementwerke, Metallhütten sowie Gießereien und Umformbetriebe. Seit der dritten Handelsperiode (2013–2020) wurde das System auf weitere Sektoren wie den Luftverkehr und die Aluminiumproduktion ausgedehnt und in der vierten Handelsperiode (2021–2030) verschärft, um die Klimaziele der EU zu erreichen.

Betreiber müssen jährlich eine der Höhe ihrer tatsächlichen Emissionen entsprechende Anzahl an Emissionszertifikaten beschaffen – entweder durch kostenlose Zuteilung oder durch Erwerb am Markt – und diese bis zum festgelegten Stichtag an die zuständige Behörde abgeben. Diese Zertifikate werden teilweise versteigert und teilweise kostenlos zugeteilt. Letzteres gilt insbesondere für energieintensive Industrien, bei denen ein Risiko der Verlagerung der Produktion ins Ausland (sogenanntes Carbon Leakage) besteht. Die kostenlose Zuteilung erfolgt auf Basis von Emissionsbenchmarks und Effizienzstandards. Werden die Emissionen reduziert oder der spezifische Energieeinsatz gesenkt, kann ein Unternehmen Überschüsse erzielen, die es im Markt verkaufen kann. Das TEHG fördert auf diese Weise indirekt Investitionen in Energieeffizienz, Prozessinnovationen sowie den Einsatz erneuerbarer Energien und klimafreundlicher Technologien. Gleichzeitig signalisiert der CO_2-Preis über den Marktmechanismus die Notwendigkeit zur Umstellung auf treibhausgasarme Produktionsweisen.

Ergänzend zum EU-ETS trat in Deutschland zum 01.01.2021 der nationale Emissionshandel nach dem Brennstoffemissionshandelsgesetz (BEHG) in Kraft. Dieser betrifft insbesondere die Verbrennung von Kraft- und Brennstoffen in den Bereichen Gebäude und Verkehr sowie in der nicht vom EU-ETS erfassten Industrie. Für kleinere Industrieanlagen, die nicht dem TEHG unterliegen, können daraus mittelbare Kostenanreize durch steigende Brennstoffpreise entstehen.

Das Treibhausgas-Emissionshandelsgesetz (TEHG) erfasst vor allem direkte CO_2-Emissionen aus großen, genehmigungspflichtigen Anlagen der Energie- und Grundstoffindustrie. Nicht abgedeckt sind viele stoffliche und prozessbedingte Emissionen, etwa aus kleineren Anlagen oder aus der Weiterverarbeitung emissionsintensiver Materialien wie Stahl, Zement oder Kunststoffen. Zwar greifen vereinzelt Regelungen aus dem BImSchG, doch fehlt eine systematische CO_2-Regulierung außerhalb des EU-ETS. Ein wesentlicher blinder Fleck betrifft die vorgelagerten Emissionen aus Vorprodukten, die nach dem GHG Protocol zu Scope 3 zählen. Diese machen häufig den Großteil des produktbezogenen CO_2-Fußabdrucks aus, unterliegen aber bislang weder einer Bepreisung noch einer Berichtspflicht im Rahmen des TEHG. Damit fehlt ein verbindlicher Hebel, um klimafreundliche Materialwahl oder zirkuläre Geschäftsmodelle zu fördern. Ein umfassender Klimaschutz würde daher eine Ausweitung der Regulierung auf Scope-3-Emissionen erfordern, beispielsweise durch produktbezogene CO_2-Kennzeichnung, Mindeststandards für Vorprodukte oder gezielte Anreize für CO_2-arme Materialien.

4.4.3 Klimaschutzgesetz (KSG)

Das am 12.12.2019 in Kraft getretene Klimaschutzgesetz (KSG) verpflichtet Deutschland auf verbindliche Klimaschutzziele. Aufgrund eines Urteils des Bundesverfassungsgerichts wurde das Gesetz 2021 novelliert und durch die Novelle von 2024 weiterentwickelt. Neu eingeführt wurde dabei das Etappenziel für 2035 (Tabelle 4.3).

Tabelle 4.3 Etappenziele des Klimaschutzgesetzes (KSG)

	1990	2030	2035	2040	2045	nach 2050
Etappenziel	0 % (Basisjahr)	-65 %	-77 %	-88 %	-100 %	negative THG-Emissionen

Bis 2023 wurde eine Reduktion der Treibhausgas-Emissionen um 46 % gegenüber 1990 erreicht.[12] Für den Industriesektor ist bis 2030 eine Reduktion um rund 36 % gegenüber 2020 vorgesehen, was einem jährlichen Minderungspfad von ca. 4,5 % entspricht.[13] Mit der Novelle von 2024 wurde die jährliche sektorbezogene Nachsteuerungspflicht durch einen vorausschauenden, sektorübergreifenden Gesamtansatz ersetzt. Wird in zwei aufeinanderfolgenden Jahren absehbar, dass das Gesamtziel für 2030 verfehlt wird, muss die Bundesregierung ein Klimaschutzprogramm mit zusätzlichen Maßnahmen vorlegen. Die sektorale Transparenz bleibt erhalten. Zudem wurde der Expertenrat für Klimafragen gestärkt. Er übernimmt nun neben der Prüfung der Zielerreichung auch eine beratende Rolle bei der Ausgestaltung von Klimaschutzprogrammen und der Bewertung von Prognosen.

Das KSG enthält keine direkten Verpflichtungen für produzierende Unternehmen. Dennoch wirken sich flankierende Regelwerke z. B. aus dem Energierecht oder dem Emissionshandel mittelbar auf Unternehmen aus, etwa durch Vorgaben zu Energieeffizienz, CO_2-Bepreisung oder Investitionsanreize für klimafreundliche Technologien.

4.4.4 F-Gase-Verordnung (EU) 2024/573

Die neue F-Gase-Verordnung (EU) 2024/573 vom 07.02.2024 ersetzt die bisherige Verordnung von 2014 und verschärft die Vorgaben zum schrittweisen Ausphasen fluorierter Kohlenwasserstoffe (HFKW). Diese werden vor allem als Kältemittel in Klimaanlagen, Kältemaschinen und Wärmepumpen eingesetzt, kommen aber auch in Schaltanlagen und medizinischen Anwendungen vor. Ziel ist eine Reduktion der in Verkehr gebrachten Menge auf 5,2 % des Treibhausgaspotenzials von 2015 bis zum Jahr 2030. Ab 2050 ist der Einsatz von HFKW vollständig untersagt. Die Verordnung sieht stufenweise Verbote vor, abhängig von Produkttyp, Treibhausgaspotenzial (GWP) und Füllmenge (Tabelle 4.4).

[12] Vgl. UBA 2024

[13] Vgl. UBA 2023

Häufig eingesetzte Kältemittel wie R134a (GWP 1430 CO_2-Äq.) oder R410A (GWP 2088 CO_2-Äq.) werden schrittweise durch natürliche, fluorfreie Alternativen wie R-744 (CO_2), R-717 (Ammoniak) oder R-290 (Propan) ersetzt.

Tabelle 4.4 Typische Kältemittel und ihre Erfassung in der F-Gase-VO

Kältemittel	Chemische Bezeichnung	GWP_{100}	F-Gase-VO
R-125	Pentafluorethan	3500	Verbot seit 2025
R-134a	1,1,1,2-Tetrafluorethan	1430	Neugeräte bis 2026, Service bis 2031, Verbot ab 2050
R-410A	Mischung aus 50 % R-32 und 50 % R-125	2088	
R-22	Chlordifluormethan	1810	
R-407C	Mischung aus 23 % R-32, 25 % R-125 und 52 % R-134a	1744	
R-32	Difluormethan	675	Neugeräte bis 2026, Service über 2031, Verbot ab 2050
R-1234yf	2,3,3,3-Tetrafluorpropen	4	zukunftsfähige F-Gase
R-290	Propan	3	
R-717	Ammoniak	0	
R-600a	Isobutan	3	

Wie bereits in der Vorgängerverordnung enthalten, gelten auch weiterhin Vorschriften zur Vermeidung von Emissionen während des Betriebs, der Befüllung und der Entsorgung. Dazu zählen folgende:

- Ab einer Füllmenge von 5 t CO_2-Äq. werden alle zwölf Monate und über 50 t CO_2-Äq. alle sechs Monate Dichtheitskontrollen durchgeführt. Bei noch höheren Füllmengen halbieren sich die Prüfintervalle weiter, mit Leckage-Erkennungssystem verdoppeln sie sich.
- Kennzeichnungs- und Dokumentationspflichten
- Ausbildungsanforderungen für mit HFKW arbeitendes Personal

Übergangsregelungen sehen für bestehende Kälteanlagen unter anderem Folgendes vor:

- **Ab 2025:** Kältemittel mit GWP > 2500 CO_2-Äq. dürfen nicht mehr nachgefüllt werden.
- **Ab 2032:** ortsfeste Kälteanlagen nur mit Kältemitteln < 750 CO_2-Äq.
- **Ab 2026:** Klimaanlagen und Wärmepumpen nur mit Kältemitteln < 2500 CO_2-Äq.

Diese Grenzwerte gelten nicht für recycelte oder aufgearbeitete Kältemittel.

Die neue F-Gase-Verordnung leistet durch das Ziel einer vollständigen Reduktion der HFKW bis 2050 einen erheblichen Beitrag zur Minderung klimaschädlicher Emissionen. Angesichts des rasanten Ausbaus von Kälte- und Wärmepumpentechnologien schließt die Verordnung wesentliche Regelungslücken. Die verbleibende Lücke zu einem vollständig nachhaltigen Kältemitteleinsatz kann als gering angesehen werden.

4.5 Nachhaltigkeitsberichterstattung anhand der CSRD-Richtlinie (EU) 2022/2464

Eine gesetzlich verankerte umweltbezogene Berichterstattung wurde erstmals 2014 mit der Non-Financial Reporting Directive (NFRD) der EU eingeführt. Große kapitalmarktorientierte Unternehmen mit mehr als 500 Mitarbeitern wurden dadurch verpflichtet, im Lagebericht eine Erklärung zu Environmental-, Social- und Governance-Aspekten (ESG-Aspekten) abzugeben. Die Richtlinie wurde 2017 in nationales Recht überführt, unter anderem durch eine Änderung des Handelsgesetzbuches HGB (§ 289b HGB).

Im Rahmen des Green Deals der Europäischen Union und mit dem Ziel, die Finanzierung nachhaltiger Investitionen durch mehr Transparenz zu erleichtern, wurde die ESG-Berichterstattung mit der Corporate Sustainability Reporting Directive (CSRD, Richtlinie (EU) 2022/2464) ausgeweitet und präzisiert. Sie verpflichtet schrittweise

- alle großen Unternehmen, die zwei der drei Kriterien erfüllen (mehr als 250 Mitarbeitende, mehr als 50 Mio. € Umsatz, mehr als 25 Mio. € Bilanzsumme), ab dem Geschäftsjahr 2025 zur Berichterstattung,
- kleine kapitalmarktorientierte Unternehmen (börsennotierte KMU) ab dem Geschäftsjahr 2026, sowie
- Nicht-EU-Unternehmen mit einem Nettoumsatz von mehr als 150 Mio. € in der EU und einer Niederlassung oder Tochtergesellschaft in der EU ab dem Geschäftsjahr 2028 (Bericht fällig ab 2029).

Die Schwellenwerte und Anwendungsfristen wurden Anfang Dezember 2025 angepasst und zeitlich gestreckt: Unternehmen sollen danach künftig nur noch dann verpflichtend berichten, wenn sie mehr als 1000 Mitarbeitende und einen Nettoumsatz von über 450 Mio. € aufweisen. Für bislang nicht berichtspflichtige Unternehmen, die nach der ursprünglichen CSRD erstmals berichtspflichtig geworden wären, wurde ein Aufschub um bis zu zwei Jahre vorgesehen.

Die konkreten Berichtsinhalte sind in den European Sustainability Reporting Standards (ESRS) als rechtlich bindende Ausführungsbestimmungen geregelt. Sie strukturieren die Berichtspflichten in die ESG-Bereiche und im Umweltbereich in fünf Unterthemen:

- **ESRS E1:** Klimawandel
- **ESRS E2:** Umweltverschmutzung

- **ESRS E3:** Wasser- und Meeresressourcen
- **ESRS E4:** Biodiversität und Ökosysteme
- **ESRS E5:** Ressourcennutzung und Kreislaufwirtschaft

Im Umweltbereich werden Unternehmen zur Offenlegung einer Vielzahl an qualitativen und quantitativen Angaben verpflichtet. Insgesamt umfasst die ESRS über 1100 Datenpunkte, davon 539 im Bereich Umwelt. Eine Wesentlichkeitsanalyse nach dem Prinzip der doppelten Wesentlichkeit dient der Eingrenzung des Berichtsumfangs auf relevante umweltbezogene Daten mit jährlichem Bezug (für Beispiele siehe Tabelle 4.5). Dabei müssen sowohl die potenziellen Auswirkungen des Unternehmens auf Umwelt und Gesellschaft als auch die finanziellen Risiken berücksichtigt werden, die sich aus ökologischen oder sozialen Entwicklungen ergeben können.

Tabelle 4.5 Beispiele für wesentliche umweltbezogene Daten im Nachhaltigkeitsbericht

Kategorie	Unterkategorie	Quantitative Angaben
1. Treibhausgas-Emissionen (GHG) (ESRS E1)	direkte Emissionen (Scope 1)	Tonnen CO_2-Äquivalent (t CO_2-Äq.)
	indirekte Emissionen aus Energieverbrauch (Scope 2)	Tonnen CO_2-Äquivalent (t CO_2-Äq.)
	indirekte Emissionen entlang der Wertschöpfungskette (Scope 3)	Tonnen CO_2-Äquivalent (t CO_2-Äq.)
2. Energieverbrauch (ESRS E5)	gesamter Energieverbrauch	MWh oder kWh
	Aufschlüsselung des Energieverbrauchs nach Energiequellen	MWh oder kWh
	Zielerreichung und Maßnahmen	z. B. jährlicher Anteil in Prozent der Energieverbrauchsreduktion, z. B. jährliche Steigerung des Anteils erneuerbarer Energie in Prozent
3. Wasserverbrauch (ESRS E3)	Gesamtverbrauch unterteilt in Betriebsbereiche (Produktion, Kühlung etc.)	jeweils in m^3
	Wasserentnahme nach Quelle (Netz, Grundwasser, Oberflächenwasser etc.)	jeweils in m^3
	Ziele und Fortschritte zur Reduzierung des Wasserverbrauchs	z. B. jährlicher Anteil in Prozent der Wasserverbrauchsreduktion, z. B. jährlicher Anteil in Prozent des wieder- oder weiterverwendeten Wassers

Tabelle 4.5 Beispiele für wesentliche umweltbezogene Daten im Nachhaltigkeitsbericht (*Fortsetzung*)

Kategorie	Unterkategorie	Quantitative Angaben
4. Abfallmanagement (ESRS E5)	Gesamtmenge des erzeugten Abfalls	Tonnen (t)
	Unterteilung in Abfallarten (gefährlich, nicht gefährlich, Schrott, Verpackungsabfälle, Restmüll etc.)	jeweils in Tonnen (t)
	Unterteilung in Abfallverwertung und -entsorgung (Recycling, Verbrennung, Deponierung etc.)	jeweils in Tonnen (t)
	Abfallrecyclingquote	Prozent
	Ziele und Fortschritte zur Abfallvermeidung	z. B. jährlicher Anteil in Prozent der Abfallreduktion, z. B. jährliche Erhöhung der Recyclingquote in Prozent
5. Biodiversität (ESRS E4)	Flächenerhalt von geschützten Gebieten	m^2
6. Luft- und Wasserverunreinigungen (ESRS E2)	Luftverunreinigungen (THG, VOC, SO_2, NO_x etc.)	kg oder t
	Wasserverunreinigungen (Schwermetalle, N, P, CSB etc.) und Abwasserbehandlung	jeweils in kg oder t m^3
	Ziele und Fortschritte zur Reduktion von Umweltbelastungen	z. B. jährlicher Anteil in Prozent der Reduktion

Aktuell werden die Angaben zum Klimawandel (ESRS E1) in Form der Treibhausgas-Emissionen (THG) als verpflichtend angesehen. Die Querschnittsstandards ESRS 1 und ESRS 2 legen dafür methodische Grundprinzipien und allgemeine Berichtsinhalte fest, die für alle Unternehmen gelten. Gemäß ESRS 1 sollten die Informationen und Daten relevant, vollständig, kohärent, konsistent und verständlich sein. ESRS 2 regelt allgemeine Angaben, die immer anzuwenden sind:

- Governance, zum Beispiel wie nachhaltigkeitsbezogene Leistungen in Anreizsysteme eingebunden werden
- Analyse der Stakeholder, deren Interessen und ihre Berücksichtigung
- Management der Auswirkungen, Risiken zum Beispiel durch Klimaveränderungen und Chancen, sowie die ergriffenen Maßnahmen zur Ermittlung, Behandlung und Anpassung

- Wesentlichkeitsanalyse aus der internen und externen Perspektive zur Feststellung der zu berichtenden Themen
- Entwicklung von Strategien, Zielen und Maßnahmen zu deren Erreichung
- Berichterstattung nach der CSRD und Kommunikation der Nachhaltigkeit nach innen und außen

Der Umsetzungsaufwand der Berichterstattung nach ESRS E1 lässt sich erheblich verringern, wenn das Unternehmen bereits

- seine Emissionen gemäß dem GHG Protocol systematisch erfasst (insbesondere Scope 1–3),
- Klimaziele in Anlehnung an die Science Based Targets initiative (SBTi) formuliert hat (siehe Abschnitt 5.5), sowie
- ein zertifiziertes Umwelt- oder Energiemanagementsystem betreibt, z. B. nach ISO 14001, ISO 50001 oder dem EMAS-System.

Diese Managementsysteme liefern nicht nur relevante Daten und Dokumentationen, sondern folgen einem strukturierten PDCA-Zyklus (Plan–Do–Check–Act), der Unternehmen bei der kontinuierlichen Verbesserung ihrer Nachhaltigkeitsleistung über die bloße Erfüllung der Berichtspflicht hinaus unterstützt.

Die CSRD trägt durch standardisierte Offenlegungspflichten wesentlich zur Transparenz entlang der Wertschöpfungskette und zur Umsetzung europäischer Klimaziele bei. Zwar richtet sich die Berichterstattung primär an mittelgroße und große Unternehmen, die indirekten Auswirkungen auf Zulieferer nehmen jedoch zu, da diese zunehmend ESG-Daten für die Scope-3-Berichterstattung bereitstellen müssen.

VSME Standard für KMU

Vor dem Hintergrund der zunehmenden Anforderungen der CSRD und der indirekten Berichtspflichten für Zulieferer wurde der VSME-Standard („Voluntary Sustainability Reporting Standard for non-listed SMEs“) entwickelt.[14] Er verfolgt das Ziel, nicht-börsennotierten KMU einen strukturierten, standardisierten und praktikablen Rahmen für die freiwillige Nachhaltigkeitsberichterstattung bereitzustellen. Durch die Harmonisierung der Angaben sollen Transparenz und Vergleichbarkeit entlang der Wertschöpfungsketten verbessert und der administrative Aufwand für KMU minimiert werden. Gleichzeitig unterstützt der Standard die systematische Dokumentation von ESG-Maßnahmen und die Weiterentwicklung unternehmensspezifischer Nachhaltigkeitsstrategien.

Primäre Zielgruppe sind nicht-börsennotierte KMU, die freiwillig über Umwelt-, Sozial- und Governance-Aspekte berichten oder von größeren, CSRD-pflichtigen Unternehmen zur Bereitstellung entsprechender Informationen aufgefordert werden. Der

[14] European Commission 2025a

Standard ist branchenübergreifend anwendbar und ermöglicht auch Unternehmen, deren Berichtspflicht nach CSRD verschoben wurde, einen pragmatischen Einstieg in die ESG-Berichterstattung ohne die Komplexität eines vollumfänglichen CSRD-Reports.

Die Erstellung eines VSME-Nachhaltigkeitsberichts basiert auf den Grundsätzen von Relevanz, Vollständigkeit, Klarheit, Nachprüfbarkeit und Vergleichbarkeit. Das Basismodul umfasst ein kompaktes Set zentraler ESG-Indikatoren (siehe Tabelle 4.6). Diese Indikatoren sollen eine standardisierte, vergleichbare und überprüfbare Datengrundlage schaffen. Das Zusatzmodul ermöglicht freiwillige, vertiefte Angaben, branchenspezifische Kennzahlen und strategische Initiativen. Berichte sollen konsistent über die Zeit erstellt und für relevante Stakeholder verständlich aufbereitet werden. Daten und Methoden müssen dokumentiert sein, um Nachprüfbarkeit und Transparenz zu gewährleisten.

Tabelle 4.6 Angaben gemäß Basismodul des VSME-Standards

Indikator	Bereich	Inhalt	Beispiele
B1	Allgemein	Grundlagen für die Erstellung	Angaben zum Unternehmen, Berichtsgrenzen
B2	Allgemein	Nachhaltigkeitsstrategie und -maßnahmen	Ziele, Richtlinien und Maßnahmen für mehr Nachhaltigkeit
B3	Umwelt	Energie und Treibhausgasemissionen	Energieträger erneuerbar/nicht erneuerbar, THG-Emissionen gemäß GHG-Protocol für Scope 1 und 2
B4	Umwelt	Luft-, Wasser- und Bodenverschmutzung	Schadstoffmengen, die an Behörden gemeldet werden
B5	Umwelt	Biodiversität	Flächen in geschützten Gebieten, Gesamtfläche, versiegelte Fläche
B6	Umwelt	Wasser	Wasserentnahme, Wasserverbrauch
B7	Umwelt	Kreislaufwirtschaft	Abfälle gefährlich/nicht gefährlich, zur Wiederverwendung und zum Recycling
B8	Soziales	Arbeitskräfte allgemein	Anzahl Beschäftigte nach Vertragsart, Geschlecht, Land Fluktuation bei ≥ 50 Beschäftigten
B9	Soziales	Gesundheitsschutz und Sicherheit	Zahl und Quote meldepflichtiger Arbeitsunfälle, Todesfälle aufgrund arbeitsbedingter Ursachen
B10	Soziales	Vergütung, Tarifbindung und Schulung	Gender Pay Gap in Prozent, Anteil tariflich Beschäftigter, Schulung je Beschäftigtem, aufgeteilt nach Geschlecht
B11	Governance	Korruption und Bestechung	Anzahl von Verstößen bzw. Betrag der Geldstrafen

Der VSME-Standard stellt ein praxisnahes und standardisiertes Instrument zur freiwilligen ESG-Berichterstattung für KMU dar. Er eignet sich besonders für Unternehmen, die perspektivisch selbst unter die CSRD fallen oder als Zulieferer in die Berichterstattung ihrer Kunden eingebunden werden. Der Standard unterstützt die systematische Erfassung und Dokumentation der relevanten ESG-Daten anhand definierter Basiskriterien. Bei Bedarf können Unternehmen zudem freiwillige Zusatzinformationen bereitstellen, etwa wenn Geschäftspartner weitergehende Nachweise verlangen.

Die Berichterstattung lässt sich in bestehende Management- und Controlling-Prozesse einbinden, was die Effizienz der Datenerhebung und die Nachvollziehbarkeit der Informationen fördern kann. Die konsequente Anwendung des Standards erhöht die Transparenz von Unternehmen entlang ihrer Wertschöpfungskette in Bezug auf Nachhaltigkeit und bietet zugleich eine Grundlage für die Weiterentwicklung der Nachhaltigkeitsstrategie sowie für eine konsistente Stakeholderkommunikation.

5 Umweltbezogene Managementnormen

Gesetzliche Vorgaben sind verpflichtend einzuhalten. Normen werden dagegen grundsätzlich freiwillig angewendet. Allerdings verweisen viele umweltbezogene Gesetze ausdrücklich auf bestimmte Normen oder erkennen deren nachweisliche Anwendung als Erfüllung der gesetzlichen Anforderungen an. Beispiele hierfür sind das Energiedienstleistungsgesetz (EDL-G) und das Energieeffizienzgesetz (EnEfG), die unter anderem auf die Normen ISO 50001 und DIN EN 16247-1 Bezug nehmen.

Umweltbezogene Normen unterstützen Unternehmen systematisch bei der Einhaltung gesetzlicher Vorgaben, bei der Datenerhebung zu Umweltaspekten und bei der strukturierten Verbesserung ihrer Umweltleistung. Insbesondere in Verbindung mit der Corporate Sustainability Reporting Directive (CSRD) und den European Sustainability Reporting Standards (ESRS) gewinnen sie zunehmend an Relevanz. Viele Anforderungen der umweltbezogenen Normen decken sich nämlich mit denen der ESRS, etwa im Hinblick auf Governance, Zieldefinition oder Maßnahmenmanagement. Diese Überschneidungen sind in einer vom Deutschen Institut für Normung (DIN) veröffentlichten Gegenüberstellung dokumentiert.[1)]

Umweltbezogene Normen lassen sich grob in folgende zwei Kategorien einteilen:

- Normen zur Messung und Bilanzierung von Umweltauswirkungen, wie sie in Kapitel 3 dargestellt wurden
- umweltbezogene Managementnormen zur Gestaltung und Steuerung von Umwelt- und Energieaspekten über Managementsysteme im Unternehmen (Tabelle 5.1)

Die heute etablierten umweltbezogenen Managementnormen leiten sich konzeptionell von der Qualitätsmanagementnorm ISO 9001 ab und folgen dem PDCA-Zyklus (Plan – Do – Check – Act). Sie verfolgen das Ziel, die umweltbezogene oder energiebezogene

---

[1] Vgl. DIN e. V. 2023

Leistung eines Unternehmens standortübergreifend zu verbessern. Dabei geben sie strukturierte Anforderungen für die Einführung, Umsetzung, Überwachung und fortlaufende Verbesserung eines Managementsystems vor. Die zunehmende Verbreitung der Normen entfaltet auch Wirkungen entlang der Wertschöpfungskette, da sie Anforderungen an die Berücksichtigung von Umweltaspekten in Vorleistungen und in der Zusammenarbeit mit Lieferanten stellen. Sie tragen somit zur unternehmensübergreifenden Nachhaltigkeitssteuerung bei.

Tabelle 5.1 Wesentliche Normen für die Gestaltung umweltbezogener Managementsysteme

Bezeichnung	Titel
DIN EN ISO 14001:2015	Umweltmanagementsysteme – Anforderungen mit Anleitung zur Anwendung
EMAS	Eco-Management and Audit Scheme (EMAS) EG-Verordnung (Nr. 1221/2009)
ISO 46001:2019	Water efficiency management systems – Requirements with guidance for use
DIN EN ISO 50001:2018	Energiemanagementsysteme – Anforderungen mit Anleitung zur Anwendung

5.1 Umweltmanagementsysteme (ISO 14001)

Die ISO 14001:2015 legt international anerkannte Anforderungen an ein Umweltmanagementsystem (UMS) fest. Sie richtet sich an Organisationen, die ihre Umweltauswirkungen systematisch identifizieren, überwachen, steuern und minimieren möchten. Ziel ist es, die umweltbezogene Leistung fortlaufend zu verbessern, gesetzliche Verpflichtungen einzuhalten und Umweltaspekte in unternehmerische Entscheidungsprozesse zu integrieren. Die Norm dient als praxisnaher Leitfaden für

- die Festlegung und Umsetzung umweltbezogener Ziele,
- die Einbindung von Umweltbelangen in betriebliche Prozesse,
- die Messung und Bewertung der Umweltleistung sowie
- die Durchführung interner und externer Audits zur Überprüfung der Systemwirksamkeit.

Die ISO 14001 ist mit über 300 000 Zertifikaten weltweit die am weitesten verbreitete Umweltnorm (Tabelle 5.2). Aufgrund der Struktur der Hauptkapitel (High-Level Structure) ist sie kompatibel mit anderen Managementsystemnormen und orientiert sich am PDCA-Zyklus, der eine systematische und kontinuierliche Verbesserung gewährleistet. Für 2026 ist die Veröffentlichung einer neuen Version geplant.

Tabelle 5.2 Weltweite Verbreitung von Managementnormen[2] und EMAS[3] im Vergleich (Zahlen gelten für Organisationen)

Managementnorm	Anzahl im Jahr 2023
Qualitätsmanagementsysteme nach ISO 9001	837 978 Zertifikate
Umweltmanagementsysteme nach ISO 14001	300 410 Zertifikate
Energiemanagementsysteme nach ISO 50001	24 924 Zertifikate
registrierte Organisationen nach EMAS	4053 Registrierungen

Zentrale Anforderungen der Norm sind folgende:

- **Kontextanalyse:** Identifikation externer und interner Faktoren, die für das Umweltmanagement relevant sind
- **bedeutende Umweltaspekte:** Ermittlung der Umweltauswirkungen betrieblicher Tätigkeiten, z. B. Energieverbrauch, Abfallaufkommen, Emissionen oder Wasserverbrauch, entlang des Lebensweges
- **Rechtskonformität:** Verpflichtung zur Einhaltung relevanter Umweltvorschriften
- **Zielsetzung:** Ableitung messbarer Umweltziele auf Basis der Umweltaspekte
- **Maßnahmenplanung:** Definition und Umsetzung von Programmen zur Zielerreichung
- **Leistungsüberwachung:** systematische Überprüfung und Bewertung von Maßnahmen und Zielerreichung
- **Verantwortung und Ressourcen:** Einbindung der obersten Leitung, Schulung der Mitarbeitenden, Dokumentation und Kommunikation
- **kontinuierliche Verbesserung:** regelmäßige interne Audits, Managementbewertungen und Anpassung der Umweltstrategie

Zur Umsetzung bietet die ergänzende ISO 14004:2016 praxisnahe Hinweise. Weitere unterstützende Normen sind z. B. die ISO 14005 (Stufenweise Einführung) oder die ISO 14006 (Ökodesign), die in Tabelle 5.3 aufgeführt werden.

[2] Vgl. ISO 2023

[3] Vgl. European Commission 2023

Tabelle 5.3 Ergänzende Managementnormen zur ISO 14001

Bezeichnung	Titel
DIN EN ISO 14004:2016	Umweltmanagementsysteme – Allgemeine Leitlinien zur Verwirklichung
DIN EN ISO 14005:2020	Umweltmanagementsysteme – Leitlinien für einen flexiblen Ansatz zur phasenweisen Verwirklichung
DIN EN ISO 14006:2020	Umweltmanagementsysteme – Leitlinien für die Einbeziehung von Ökodesign
EN ISO 14009:2020	Umweltmanagementsysteme – Leitlinien zur Berücksichtigung der Materialzirkulation in der Gestaltung und Entwicklung

Die Einführung eines zur ISO 14001 konformen Umweltmanagementsystems wird durch ein externes Audit einer akkreditierten Zertifizierungsstelle überprüft. Nach erfolgreicher Zertifizierung erfolgt eine Rezertifizierung im Dreijahreszyklus, die durch jährliche Überwachungsaudits flankiert wird, welche zur Überprüfung der Wirksamkeit des Managementsystems und der Verbesserung der Umweltleistung dienen.

Ein zertifiziertes System nach ISO 14001 kann unter anderem folgende Vorteile bieten:

- Nachweis der systematischen Einhaltung umweltrechtlicher Anforderungen
- Grundlage für die Berichterstattung nach der Corporate Sustainability Reporting Directive (CSRD), insbesondere ESRS E1 (Klimawandel) und ESRS E2 (Verschmutzung)
- Unterstützung bei der Bilanzierung von Scope-1- und Scope-2-Emissionen nach dem GHG Protocol
- Vorbereitung auf Anforderungen des Lieferkettensorgfaltspflichtengesetzes (LkSG)
- verbesserte Bewertung bei ESG-Ratings oder im Rahmen öffentlicher Ausschreibungen
- Möglichkeit zur Integration mit weiteren Normen (z. B. ISO 9001, ISO 50001) im Rahmen eines integrierten Managementsystems (IMS)

Durch die Einbindung externer Umweltaspekte (z. B. Vorprodukte, Transport, Entsorgung) entfaltet das System auch eine regelnde Wirkung in der Lieferkette und kann zur Erhöhung der Umwelttransparenz entlang des Produktlebensweges beitragen.

5.2 Eco-Management and Audit Scheme (EMAS)

Das EMAS (Eco-Management and Audit Scheme) ist kein Normungsdokument im klassischen Sinne, sondern basiert auf der EU-Verordnung (EG) Nr. 1221/2009 „über die freiwillige Teilnahme von Organisationen an einem Gemeinschaftssystem für Umweltmanagement und Umweltbetriebsprüfung“. Es handelt sich um ein rechtsverbindliches Umweltmanagementsystem auf europäischer Ebene, das speziell darauf ausgelegt ist, die Umweltleistung von Organisationen transparent, glaubwürdig und überprüfbar zu verbessern.

EMAS wurde bereits 1993 eingeführt, also noch vor der ersten Ausgabe der ISO 14001. Die Anforderungen der ISO 14001 wurden zuletzt im Jahr 2017 vollständig in EMAS integriert, wodurch ein registriertes EMAS-System automatisch die Anforderungen der ISO 14001 erfüllt. Eine zusätzliche Zertifizierung nach ISO 14001 ist bei EMAS-Teilnahme also nicht erforderlich. Umgekehrt jedoch reicht ein ISO-14001-Zertifikat nicht aus, um eine EMAS-Registrierung zu erhalten. Darüber hinaus werden durch die Teilnahme an EMAS auch die Regelungen des Energiedienstleistungsgesetzes (EDL-G) erfüllt.

Im Unterschied zur ISO 14001 enthält EMAS weitergehende Anforderungen:

- Nachweis der Einhaltung aller umweltrelevanten Rechtsvorschriften und Mechanismen zur fortlaufenden Überwachung der Rechtskonformität
- Verpflichtung zur kontinuierlichen Verbesserung der tatsächlichen Umweltleistung, nicht nur des Managementsystems
- Veröffentlichung einer regelmäßig aktualisierten und öffentlich zugänglichen Umwelterklärung, die durch einen staatlich zugelassenen Umweltgutachter validiert wird

Durch die externe Validierung der Umwelterklärung ist EMAS ein besonders glaubwürdiges Instrument für die Stakeholder-Kommunikation und Nachhaltigkeitsberichterstattung.

5.3 Water Efficiency Management Systems (ISO 46001)

Die ISO 46001:2019 ist eine international anerkannte Norm für das Wasserressourcenmanagement in Organisationen. Sie richtet sich an Unternehmen aller Größen und Branchen und legt Anforderungen an ein Managementsystem fest, welche die effiziente und nachhaltige Nutzung von Wasser sicherstellen sollen. Die Norm verfolgt das Ziel, Organisationen bei der systematischen Planung, Durchführung, Überwachung und Verbesserung ihrer wasserbezogenen Leistung zu unterstützen.

ISO 46001 ist – analog zu ISO 14001 und ISO 50001 – nach dem PDCA-Zyklus aufgebaut und berücksichtigt unter anderem folgende Aspekte:

- die Identifikation wasserrelevanter Risiken und Chancen (z. B. Wasserknappheit, Betriebssicherheit, Kosten)
- die Ermittlung des Wasserverbrauchs einschließlich interner und externer Wasserquellen sowie Abwassermengen

- die Festlegung von Effizienzzielen und Maßnahmen zur Reduktion oder Wiederverwendung
- die Erfüllung gesetzlicher und freiwilliger Anforderungen (z. B. Grenzwerte, Berichtsstandards, Kundenanforderungen)
- eine regelmäßige Bewertung der Wirksamkeit des Wassermanagementsystems

Die Norm liegt derzeit nur in englischer und französischer Sprachfassung vor. Sie wird international in wasserintensiven Branchen wie Lebensmittelverarbeitung, Chemie, Textilien, Halbleiter und Energieerzeugung zunehmend als Ergänzung zu bestehenden Umweltmanagementsystemen eingesetzt. Angesichts wachsender regulatorischer Anforderungen im Bereich Wassermanagement etwa im Kontext des ESRS E3 der Corporate Sustainability Reporting Directive (CSRD) und des zunehmenden öffentlichen Interesses am Wasser-Fußabdruck kann die ISO 46001 auch für Unternehmen anderer Branchen eine strategisch sinnvolle Erweiterung bestehender Umwelt- oder Nachhaltigkeitsmanagementsysteme darstellen.

5.4 Energiemanagementsysteme (ISO 50001)

Die ISO 50001:2018 legt Anforderungen an ein Energiemanagementsystem (EnMS) fest, das Organisationen bei der systematischen Verbesserung ihrer energiebezogenen Leistung unterstützt. Ziel ist es, den Energieeinsatz und -verbrauch effizienter zu gestalten, Energiekosten zu senken und damit auch klimarelevante Emissionen zu reduzieren. Die Norm ist branchenübergreifend einsetzbar und folgt ebenfalls der High-Level Structure auf Basis des PDCA-Zyklus.

Ein wesentlicher Vorteil der ISO 50001 liegt in ihrer Verknüpfung von Energieverbrauchsdaten mit THG-Emissionen. Durch die

- normativ geforderte Erfassung des Energieeinsatzes nach Energieträgern,
- die Ermittlung signifikanter Energieverbrauchsbereiche (z. B. Prozesse, Infrastruktur), sowie
- die regelmäßige Analyse und Bewertung der energiebezogenen Leistung

können die THG-Emissionen von Organisationen systematisch aus Energieverbrauchsdaten abgeleitet werden, insbesondere für Scope 1 (z. B. fossile Brennstoffe) und Scope 2 (eingekaufte Energie). Die Umrechnung erfolgt auf Basis standardisierter Emissionsfaktoren. Umgekehrt lassen sich klimabezogene Zielvorgaben, wie z. B. Reduktionsziele im Sinne der Science Based Targets initiative (SBTi), in konkrete Energieeffizienzziele übersetzen. So kann die Wirksamkeit von Maßnahmen – etwa zur Senkung des Energieverbrauchs oder zur Umstellung auf erneuerbare Energien – gezielt bewertet und gesteuert werden.

Die ISO 50001 erfüllt zudem zentrale Anforderungen des ESRS E1 (Klimawandel) der Corporate Sustainability Reporting Directive (CSRD) zur Berichterstattung über Treibhausgas-Emissionen, Energieverbrauch und Klimaschutzmaßnahmen, sodass sich Synergien mit anderen Managementsystemen (z. B. ISO 14001) und der Nachhaltigkeitsberichterstattung nutzen lassen. Die Anforderungen der ISO 50001 werden in Abschnitt 5.6 ausführlich dargestellt.

5.5 Verankerung von Nachhaltigkeit im Unternehmen

Eine gesetzliche Anforderung an den Grad der Nachhaltigkeit einer Produktion besteht bislang nicht. Unternehmen mit mehr als 1000 Mitarbeitenden und mehr als 450 Mio. € Nettoumsatz sind jedoch durch die EU-Richtlinie zur Nachhaltigkeitsberichterstattung (CSRD) voraussichtlich ab 2027 verpflichtet, umweltbezogene Ziele und Strategien offenzulegen. Eine glaubwürdige Nachhaltigkeitsverankerung beginnt mit der Festlegung konkreter Umweltziele durch die Unternehmensleitung sowie deren interner wie externer Kommunikation. Ein zukunftsorientierter Ansatz besteht darin, langfristig die Vision eines 100 % ökologisch nachhaltigen Unternehmens zu formulieren – oder zumindest Etappenziele dahin. Dabei sollte Folgendes klar dargelegt werden:

- an welchen Umweltwirkungen (z. B. Treibhausgas-Emissionen, Ressourcenverbrauch, Wasser, Abfall) Nachhaltigkeit festgemacht wird
- welche Zielzustände (absolut oder relativ) zu welchem Zeitpunkt erreicht werden sollen
  - für das Unternehmen selbst
  - für die Energie- und Materialbereitstellung
  - für den gesamten Produktlebenszyklus

Um diese Zielsetzungen wissenschaftlich fundiert und überprüfbar zu gestalten, bietet sich die Orientierung an international anerkannten Rahmenwerken wie der Science Based Targets initiative (SBTi) an, die im folgenden Absatz näher erläutert wird.

Wissenschaftsbasierte Klimaziele (SBTi)

In der Unternehmenspraxis werden Nachhaltigkeitsziele aktuell vorrangig über die Treibhausgas-Emissionen (THG) definiert, basierend auf dem Greenhouse Gas Protocol (GHG-P). Die erforderliche Reduktionsdynamik orientiert sich am Pariser Klimaabkommen, das eine Begrenzung der Erderwärmung auf 1,5 °C über dem vorindustriellen Niveau vorsieht.

Die Science Based Targets initiative (SBTi) bietet ein wissenschaftlich fundiertes Rahmenwerk zur Herleitung entsprechender THG-Reduktionsziele für Scope 1, 2 und 3.

Die SBTi definiert auf Basis wissenschaftlicher Szenarien (unter anderem IPCC) die in Tabelle 5.4 dargestellten Standardpfade.[4]

Tabelle 5.4 Standardpfade der Science Based Targets initiative (SBTi)

Klimaszenario	Jährliche THG-Reduktion (2020–2035)	Anwendungsbereich
WB-1,5 °C	4,2 % linear	verpflichtend für Scope 1 & 2; empfohlen für Scope 3
WB-2 °C	2,5 % linear	Mindestanforderung für Scope 3

Unternehmen können sich bei der SBTi registrieren, eigene Reduktionsziele mit einem bereitgestellten Kalkulationstool berechnen und diese durch die SBTi validieren lassen. Grundlage sind aktuelle Emissionsdaten und ein definierter Zeithorizont. Die Methodik folgt in der Regel dem „Absolute Contraction Approach", bei dem eine jährliche absolute THG-Reduktion angestrebt wird. SBTi unterscheidet zwei zentrale Zielarten, die jeweils Teil eines vollständigen Klimaschutzpfads sind:

1. kurzfristiges Ziel (Near-Term Target)
   - Zeithorizont: mindestens 5 und maximal 10 Jahre[5]
   - für Scope 1 & 2: zwingend im Einklang mit dem 1,5-°C-Szenario
   - für Scope 3: mindestens anhand des 2-°C-Szenarios
   - Pflicht zur Zielsetzung in Scope 3, wenn > 40 % der Gesamtemissionen anfallen
   - Deckung von mind. 67 % der Scope-3-Emissionen
   - Eine CO_2-Kompensation ist ausgeschlossen, der Bezug von zertifiziertem Strom aus erneuerbaren Energien ist jedoch zulässig.
2. Zielsetzung anhand des Net-Zero-Standards
   - langfristiges Ziel (Long-Term Target):
     - Zieljahr: spätestens 2050
     - Reduktion aller Emissionen um mindestens 90 %[6]
     - Zielsetzung: Scope 3 ebenfalls im Einklang mit dem 1,5-°C-Szenario
     - Abdeckung von mindestens 90 % der Scope-3-Emissionen
   - Neutralisierung der Restemissionen:
     - Ausgleich verbleibender Emissionen durch dauerhafte CO_2-Entnahme und -Speicherung oder zertifizierte Kompensationsprojekte
     - nur für nicht vermeidbare Restemissionen zulässig

---

4 Vgl. SBTi 2019, S. 13 ff.

5 Vgl. SBTi 2024a, S. 8 ff.

6 Vgl. SBTi 2024b, S. 7 ff.

Für kleine und mittlere Unternehmen (KMU) mit weniger als 10 000 t CO_2-Äquivalenten jährlich bietet die SBTi ein vereinfachtes Validierungsverfahren an. Hierbei sind kurzfristige Ziele für Scope 1 und 2 verpflichtend sowie Scope-3-Emissionen zu erfassen und offenzulegen.

Die Webseiten der SBTi bieten eine öffentlich zugängliche Datenbank, in der die validierten und veröffentlichten Klimaziele der teilnehmenden Unternehmen einsehbar sind. Im Rahmen der internen und externen Kommunikation der eigenen THG-Reduktionsziele sollte das Unternehmen Transparenz schaffen, indem es erläutert, welche Maßnahmen zur Zielerreichung vorgesehen sind. Insbesondere ist darzulegen, in welchem Zeitraum und in welchem Umfang eine Emissionsminderung durch den Einsatz von Grünstrom-Zertifikaten oder CO_2-Kompensation erfolgen soll. Auf dieser Grundlage lassen sich anschließend konkrete Reduktionsziele für den Energieverbrauch aus fossilen Quellen ableiten. Aus den Reduktionszielen können wiederum betriebliche Nachhaltigkeitsziele für den Produktionsstandort entwickelt werden.

Neben dem Klimawandel sollten auch weitere Umweltaspekte in Zielsysteme überführt werden, wenn diese durch die Wesentlichkeitsanalyse gemäß Corporate Sustainability Reporting Directive (CSRD) als bedeutend eingestuft wurden oder durch ein Umweltmanagementsystem nach ISO 14001 systematisch erfasst und bewertet werden. In produzierenden Unternehmen können weiterführende Ziele Bezug auf Wasserverbrauch und -effizienz, Abfallvermeidung und Kreislaufwirtschaft oder auf Ressourcenschonung entlang der Wertschöpfungskette nehmen.

5.6 Einführung eines Nachhaltigkeitsmanagements im Unternehmen

Die Einführung und fortlaufende Umsetzung von Nachhaltigkeitsprinzipien im Unternehmen – insbesondere in der Produktion – erfolgt in der Praxis meist durch Managementsysteme gemäß den Normen ISO 14001 (Umweltmanagementsysteme) oder ISO 50001 (Energiemanagementsysteme), wobei letztere für Nicht-KMU in bestimmten Fällen gesetzlich vorgeschrieben ist. Wird ein Managementsystem entsprechend der Anforderungen der jeweiligen Norm aufgebaut und betrieben, kann sich das Unternehmen zertifizieren lassen. Alternativ ist auch eine Validierung im Rahmen des europäischen EMAS-Systems möglich. Die Zertifizierung wird in der Regel alle drei Jahre durch externe Audits überprüft.

Im Folgenden werden die Schritte zur Einführung und Aufrechterhaltung eines Managementsystems exemplarisch anhand der ISO 50001 beschrieben – orientiert am PDCA-Zyklus (Plan – Do – Check – Act). Diese Vorgehensweise lässt sich in Bezug auf die formalen Anforderungen vollständig und hinsichtlich der Datenerhebung sinngemäß auch auf andere Umweltaspekte wie Wasserverbrauch oder Abfallaufkommen übertragen und somit auch auf die Umsetzung der ISO 14001 anwenden. Die Darstellung erfolgt praxisnah, maßgeblich für die formalen Anforderungen bleibt jedoch stets die aktuelle Fassung der ISO 50001.

5.6.1 Planung

(1) Anwendungsbereich festlegen sowie relevante Parteien und deren Anforderungen an das Energiemanagementsystem bestimmen (Normkapitel 4)

Im ersten Schritt zur Einführung eines Energiemanagementsystems (im Folgenden EnMS) ist der Anwendungsbereich festzulegen. Dabei sind alle Standorte der rechtlichen Unternehmenseinheit zu berücksichtigen, an denen Energie verbraucht wird. Die Summe des jährlichen Energieverbrauchs über alle Standorte bildet die Bezugsgröße (100 %). In absteigender Reihenfolge des Verbrauchs sollten diejenigen Standorte in das EnMS einbezogen werden, die zusammen mindestens 90 % des Gesamtenergieverbrauchs ausmachen. Energieverbrauchsarme Standorte – etwa Lager oder Büros – mit einem gemeinsamen Anteil von weniger als 10 % können begründet vom System ausgeschlossen werden. Für die interne und externe Kommunikation empfiehlt sich eine grafische Darstellung des Geltungsbereichs, beispielsweise über einen Lageplan, der die Systemgrenzen sowie die Standorte der Energieanschlüsse (z. B. Strom, Gas) visualisiert. Die Festlegung des Anwendungsbereichs sollte mindestens einmal jährlich, etwa im Rahmen der Managementbewertung, überprüft und bei Bedarf angepasst werden.

Zu Beginn ist ebenfalls eine Analyse des Kontextes der Organisation durchzuführen – also der internen und externen Einflussfaktoren, die das EnMS betreffen können (Tabelle 5.5). Hierzu gehören beispielsweise gesetzliche Entwicklungen, technologische Trends, Kundenanforderungen oder interne organisatorische Veränderungen. Wird ein Einfluss als relevant eingestuft, sind daraus resultierende Risiken und Chancen zu ermitteln und Maßnahmen zu deren Behandlung zu planen. Für diese Umfeldanalyse kann von Beginn an die Methodik der Wesentlichkeitsanalyse gemäß ESRS 1 (CSRD) angewendet werden, um Synergien zu nutzen und Doppelarbeit zu vermeiden.[7]

Ein zentraler Bestandteil der ISO 50001 ist die systematische Berücksichtigung energiebezogener rechtlicher Anforderungen. Unternehmen müssen diese Anforderungen kennen, ihre Relevanz bewerten und deren Einhaltung nachweislich sicherstellen. Dazu sollte im Sinne eines wirksamen Compliance-Managements ein klar definierter Prozess eingerichtet werden. Dieser muss gewährleisten, dass

- relevante Rechtsvorschriften regelmäßig auf Aktualität überprüft werden,
- ihre Anwendbarkeit auf das Unternehmen bewertet und
- die Einhaltung der Anforderungen dokumentiert und überprüft wird.

---

[7] Für ein Beispiel zur praktischen Umsetzung vgl. Bayrisches Landesamt für Umwelt 2025

Dieser Prozess sollte mit bestehenden Compliance-Prozessen im Unternehmen abgestimmt werden, um Effizienz und Konsistenz zu gewährleisten.

Tabelle 5.5 Beispiele für externe und interne Faktoren zur Analyse des Umfelds

Externe Faktoren	Interne Faktoren
politisch/rechtlich: ▪ Änderung der Klimaziele auf EU-Ebene und nationaler Ebene ▪ Änderungen energiebezogener Regulierungen **normativ:** ▪ Änderungen der energiebezogenen Normen **wirtschaftlich:** ▪ Entwicklung der Energiekosten gestiegen ▪ Förderprogramme im Bereich Energieeffizienz ▪ konjunkturelle Einbrüche **technologisch:** ▪ Entwicklung der Energie- und Querschnittstechnologien ▪ externe Einflüsse auf die Gestaltung der eigenen Produkte ▪ ...	**Strategie:** ▪ strategische Vorgaben und deren Änderungen z. B. zur Klimastrategie **Wirtschaftlichkeit:** ▪ geänderte Amortisationszeiten für Investitionen in Energieeffizienz ▪ wirtschaftliche Situation des Standorts ▪ Eigentumsverhältnisse zu Gebäuden und Infrastruktur **Wissen:** ▪ Kompetenz in puncto Energiemanagement ▪ Kompetenz in puncto Querschnittstechnologien **Produkte:** ▪ Änderungen der Produktgestalt **Produktion:** ▪ Wertschöpfungstiefe ▪ Produktionstechnologien **Infrastruktur:** ▪ Effizienzpotenzial der Gebäudehülle ▪ Effizienzpotenzial der Haustechnik ▪ ...

(2) Verantwortung der Führung sicherstellen, Energiepolitik festlegen, Ziele verankern und Energieteam einrichten (Normkapitel 5)

Die Unternehmensführung spielt eine zentrale Rolle bei der Einführung, Aufrechterhaltung und Wirksamkeit eines Energiemanagementsystems (EnMS). Insbesondere bei Unternehmensgruppen mit mehreren Gesellschaften ist sicherzustellen, dass alle Geschäftsführungen die Einführung des EnMS aktiv mittragen und an ihren jeweiligen Standorten umsetzen.

Die Verpflichtung der Führung zeigt sich zunächst in der Formulierung einer Energiepolitik. Diese legt verbindlich fest, welche energiebezogenen Grundsätze das Unternehmen verfolgt. Sie kann sowohl unternehmensweite als auch produktspezifische Aussagen enthalten und idealerweise einen Bezug zum Klimaschutz herstellen. Obwohl die ISO 50001 in erster Linie die kontinuierliche Verbesserung der „energiebezogenen Leistung“ fordert, kann die Energiepolitik über diesen Zweck hinausgehen, z. B. durch die Förderung erneuerbarer Energien oder das Ziel einer absoluten Reduktion des Energieverbrauchs. Letzteres kann bei wachsendem Produktionsvolumen herausfordernd sein, ist aber entscheidend für eine wirksame Minderung der THG-Emissionen.

Aus der Energiepolitik sind messbare und nachvollziehbare energiebezogene Ziele abzuleiten. Diese sollten möglichst langfristig angelegt sein und auch mit Klimaschutzzielen wie denen der Science Based Targets initiative (SBTi) verknüpft sein, jedoch zumindest das Folgejahr abdecken. Dabei sollten Erwartungen zum Wachstum des Unternehmens sowie Potenziale zum Umstieg auf erneuerbare Energien berücksichtigt werden. Die Ziele sollten der S.M.A.R.T.-Formel genügen, d. h., sie sollten spezifisch, messbar, attraktiv, realistisch und terminiert sein.

Die energiebezogenen Ziele sollten klar kommuniziert und organisatorisch verankert werden. Dabei ist es entscheidend, Transparenz darüber herzustellen, welche Hauptverbraucher im Unternehmen welche Einsparpotenziale bieten und in welchem Maße sie zur Zielerreichung beitragen können. Ist diese Transparenz zu Beginn noch nicht gegeben, kann die Delegation konkreter Ziele an einzelne Bereiche oder Abteilungen auch nach Abschluss der energetischen Bewertung erfolgen. Diese liefert eine fundierte Grundlage für die Identifikation und Bewertung der wesentlichen Energieverbraucher und ermöglicht eine zielgerichtete Umsetzung der Energiepolitik.

Gemäß Norm ist ein Energieteam zu benennen, das die Einführung und Weiterentwicklung des EnMS koordiniert. In der Einführungsphase sollten dort Kompetenzen aus den Bereichen Managementsysteme, Beschaffung, Infrastruktur/Gebäude sowie Kennzahlen/Controlling vertreten sein.

Die Aufgaben des Energieteams umfassen folgende:

- Planung und Umsetzung von Maßnahmen zur Zielerreichung (monatlich bis quartalsweise)
- Monitoring der Energiekennzahlen wichtiger Verbraucher (laufend bis monatlich)
- Ableitung und Behandlung von Abweichungen (laufend bis monatlich)

In der operativen Phase kann das Energieteam durch Verantwortliche aus energieintensiven Bereichen ergänzt werden. Trotz des Wegfalls der Anforderung eines Energiebeauftragten seit der Novellierung der ISO 50001 im Jahr 2018 ist es aus praktischen Gründen ratsam, im Energieteam eine zentrale Koordinationsperson zu bestimmen.

Auch nach der Ernennung des Energieteams bleibt die Unternehmensführung verpflichtet, die Wirksamkeit des EnMS sicherzustellen. Dazu sollte das Energieteam regelmäßig und mindestens jährlich im Rahmen der Managementbewertung der Geschäftsführung über den Stand der Zielerreichung und der Maßnahmenumsetzung berichten. Die Berichte sollten auf geeigneten Energiekennzahlen basieren, mit denen der Fortschritt bei der Verbesserung der Energieeffizienz objektiv bewertet werden kann.

(3) Energetische Bewertung aufstellen und Hauptverbraucher (SEU) ermitteln (Normkapitel 6.3)

Die erste und zugleich aufwendigste Aufgabe bei der Einführung eines Energiemanagementsystems besteht für das Energieteam darin, eine energetische Bewertung zu erstellen. Ziel ist es, auf Basis einer quantitativen Analyse der Energieinputs und -verbraucher die Hauptverbraucher (Significant Energy Use, SEU) systematisch zu identifizieren. Für diese SEU sind im Anschluss Energiekennzahlen zu entwickeln und Maßnahmen zur Effizienzsteigerung sowie zur Sensibilisierung der verantwortlichen Mitarbeitenden zu planen.

Die energetische Bewertung beginnt mit der Erfassung des Energieverbrauchs nach Energieträgern für ein abgeschlossenes Kalender- oder Geschäftsjahr. Dieses dient als energetische Ausgangsbasis für die Bildung von Kennzahlen und die Bewertung künftiger Verbesserungen. Die Daten stammen in der Regel aus Strom- und Gasrechnungen des Energieversorgers oder aus Nebenkostenabrechnungen bei gemieteten Objekten. Selbst erzeugte Energie, wie etwa Strom aus Photovoltaik, ist ebenfalls zu berücksichtigen. Ausgenommen sind Zwischenformen wie Strom aus Blockheizkraftwerken (BHKW), dessen Energieinput bereits durch das zugeführte Erdgas erfasst ist.

Nicht zu berücksichtigen sind Energieverbräuche, die gemäß Scope 3 des Greenhouse Gas Protocol (GHG Protocol) außerhalb der Organisation stattfinden, z. B. durchgeleitete Energie an Dritte, Energieverbräuche in vermieteten Flächen, privat genutzte Dienstfahrzeuge oder Baustrom. Auch der Kraftstoffverbrauch von Mietwagen wird typischerweise der vorgelagerten Wertschöpfungskette zugeordnet. Da die Corporate Sustainability Reporting Directive (CSRD) auf dem GHG Protocol aufbaut, kann Energieverbrauch von Mietwagen im Energiemanagementsystem ausgeklammert werden, wenn eine harmonisierte Systemgrenze zur Nachhaltigkeitsberichterstattung angestrebt wird.

Die Energieinputs sollten in einer einheitlichen Energieeinheit (z. B. kWh) erfasst und optional um Energiekosten oder CO_2-Emissionen ergänzt werden. Ergebnis ist eine vollständige Übersicht über den Gesamtenergieverbrauch und die Anteile der einzelnen Energieträger.

Deutlich aufwendiger als die Erfassung der Energieinputs ist die Analyse der Energieverbraucher im Unternehmen. Ziel ist es, diese sinnvoll zu Verbrauchergruppen zu bündeln und auf dieser Basis die Hauptverbraucher (SEU) zu identifizieren. Verbrauchergruppen sollten möglichst alle Verbraucher zusammenfassen, die eine bestimmte Endenergieform in dieselbe Nutzenergie für ähnliche Zwecke umwandeln, z. B. folgende:

- Beleuchtung
- Heizung/Klimatisierung/Lüftung
- Druckluft

- Maschinen
- Kälteerzeugung
- IT-Infrastruktur

Je nach Infrastruktur- und Prozesstechnik kann diese Unterteilung fein- oder grobgranular erfolgen. Für nicht eindeutig zuordenbare Verbraucher kann eine Sammelgruppe „Sonstige“ eingerichtet werden. Diese sollte stets mit deutlich unter 10 % die kleinste Gruppe bleiben, um die Transparenz zu bewahren.

Die größte Herausforderung liegt in der quantitativen Erfassung des Energieverbrauchs je Verbraucher. Sie sollte strukturiert erfolgen, beispielsweise entlang folgender Gliederungsebenen:

- Endenergieträger (z. B. Strom, Gas, Öl)
- Gebäude oder Nutzungseinheit
- Hauptverteiler (NSHV)
- Unterverteiler
- Einzelverbraucher

Idealerweise ist jeder Verbraucher an einem eigenen Unterverteiler mit digital auslesbarem Zähler angeschlossen. Auch eine Zählung auf Ebene der NSHV-Felder je Gebäude oder Halle ist vorteilhaft, auch wenn darunter meist mehrere Verbrauchergruppen aggregiert werden. Im ungünstigsten Fall steht nur ein EVU-Zähler hinter dem Mittel- oder Niederspannungsanschluss zur Verfügung, der den gesamten Energieverbrauch mehrerer Gebäude umfasst. Für jeden Verbraucher können auch gleich Temperaturniveau und Abwärmenutzung erfasst werden. Das ist verpflichtend, wenn das Unternehmen gemäß Energieeffizienzgesetz (EnEfG) den Gesamtenergieverbrauch von 2,5 GWh pro Jahr überschreitet.

Wenn keine Zählerstruktur vorhanden ist, bestehen folgende Möglichkeiten zur Verbrauchsermittlung:

- **Nachrüsten von Zählern:** empfehlenswert bei einzelnen Verbrauchern mit hohem Verbrauchspotenzial, z. B. Stromschienen für Maschinenparks
- **Temporäre Messung mit Datenlogger:** Diese Messung ist besonders geeignet bei Verbrauchern mit stark schwankender Leistungsaufnahme, wie Maschinen, Druckluftanlagen oder Kälteanlagen. Bei saisonalen Effekten sollten Messungen über mehrere Jahreszeiten erfolgen.
- **Leistungsmessung und Auswertung der Einschaltdauer:** möglich bei Anlagen, die über integrierte Messsysteme zu Betriebsstundenzählern und Laststufen verfügen

- **Ablesen der Nennleistung und Schätzung der Laufzeit:** gängige Methode für Beleuchtungssysteme, sofern diese nicht automatisiert geregelt sind (z. B. durch Präsenz- oder Tageslichtsensoren)
- **Schätzung über Anschlussleistung und Betriebsdauer:** Dies ist die letzte Option bei fehlender Messtechnik. Je nach Komplexität und Fehlerrisiko sollte eine Plausibilitätsprüfung (bei Maschinen beispielsweise über rückgemeldete Fertigungsaufträge) erfolgen.

Bei Heiz- oder Kälteanlagen, die mehrere Gebäude oder Prozesse versorgen, ist eine Nachrüstung mit Wärme- oder Kältemengenzählern dringend zu empfehlen, wenn diese nicht bereits vorhanden sind. Nur so kann eine belastbare Zuweisung zu Verbrauchergruppen und letztlich eine Identifikation von SEU erfolgen.

Die Verbrauchswerte pro Verbraucher müssen in Summe zu den Werten der übergeordneten Zählerinfrastruktur passen. Ziel ist es, dass die Summe aller Verbraucher den gesamten Energieinput des Standorts abbildet. Auf dieser Grundlage können die prozentualen Anteile der einzelnen Verbrauchergruppen am Gesamtverbrauch bestimmt werden.

Zur Identifikation der Hauptverbraucher (SEU) werden alle Verbrauchergruppen nach absteigendem Energieanteil sortiert. Unternehmen entscheiden dann selbst, bis zu welchem Schwellenwert Verbrauchergruppen als SEU definiert werden (z. B. alle Gruppen, die gemeinsam 50 bis 80 % des Energieverbrauchs abdecken). Neben dem hohen Energieverbrauchsanteil sollten sich die SEU auch durch ein relevantes Einsparpotenzial auszeichnen, um technisch mögliche und wirtschaftlich abbildbare Ziele und Maßnahmen zur Erhöhung ihrer Energieeffizienz entwickeln zu können.

Die energetische Bewertung sollte mindestens einmal jährlich aktualisiert werden, z. B. im Rahmen der Managementbewertung oder vor dem Überwachungsaudit. Die ISO 50001 gibt dafür keine festen Fristen vor, fordert aber eine regelmäßige Überprüfung und Anpassung.

(4) Energiekennzahlen (EnPI) für SEU festlegen und überwachen (Normkapitel 6.4, Normkapitel 6.5 und Normkapitel 6.6)

Für jeden Hauptverbraucher (SEU) sind geeignete Energiekennzahlen (Energy Performance Indicators, EnPI) zu entwickeln. Sie fungieren als zentrales Steuerungselement bzw. als Dashboard des Energiemanagementsystems und sind fester Bestandteil des PDCA-Zyklus zur kontinuierlichen Verbesserung der Energieeffizienz.

Im ersten Schritt sind die wesentlichen Treiber für den Energieverbrauch eines SEU zu bestimmen. Die Norm bezeichnet diese als „relevanten Variablen“, auf die der Energieverbrauch normalisiert (d. h. bezogen) wird. Für die Heizung wird als relevante Variable üblicherweise die Witterung in Form der Heizgradtage verwendet. Der Stromverbrauch der Produktionsinfrastruktur kann auf Umsatz, Mitarbeiterstunden oder Fertigungsauftragsstunden bezogen werden. Zur Überprüfung der Relevanz dieser Variablen sollte eine Regressionsanalyse auf einem Datensatz vergangener Energieverbräuche durchgeführt werden. Dabei sollte das Bestimmtheitsmaß R^2 möglichst nahe bei 1, mindestens jedoch über 0,5 liegen.[8] Bei unzureichender Korrelation können weitere Variablen ergänzt werden, z. B. die Produktionsauslastung zusätzlich zur Witterung bei beheizten Produktionshallen.

Die energetische Ausgangsbasis bildet den Referenzzeitraum für die spätere Bewertung der Energieeffizienz. Für jeden SEU sollte daraus ein mathematisches Modell (Erwartungswertformel) abgeleitet werden, das typischerweise auf der Regressionsgleichung basiert. In der laufenden Überwachung wird monatlich der Ist-Energieverbrauch, der Wert der relevanten Variablen und der erwartete Energieverbrauch aus dem Modell erfasst. Differenzen zwischen Ist- und Erwartungswert machen Veränderungen in der Energieeffizienz sichtbar. Diese Darstellung sollte grafisch erfolgen (z. B. als Liniendiagramm), ergänzt um ein Kommentarfeld, in dem Abweichungen ab einer festgelegten Schwelle erläutert werden können.

Für die EnPI-Überwachung ist ein strukturierter Datenerfassungsprozess für die Energieverbrauchswerte und die relevanten Variablen aufzusetzen (Tabelle 5.6):

- Energieverbrauchswerte
  - **Messstelle:** Wo wird gemessen?
  - **Zählernummer:** Welcher Zähler wird verwendet?
  - **Messintervall:** Wie häufig wird gemessen?
  - **Verantwortlichkeit und Dokumentation:** Wer liest aus, wohin wird dokumentiert?
- relevante Variablen
  - Datenquellen
  - Frequenz der Erhebung
  - Verantwortlichkeit und Dokumentation

Die Zähler sind regelmäßig auf Wiederholbarkeit und Genauigkeit zu prüfen, entweder durch Abgleich mit einem übergeordneten geeichten EVU-Zähler oder durch Vergleichsmessung mit einem kalibrierten Messgerät.

Neben den relevanten Variablen beeinflussen auch statische Variablen den Energieverbrauch langfristig. Beispiele sind Gebäudeveränderungen, die Erneuerung der Infrastruktur und strukturelle Änderungen der Prozesse oder des Produktspektrums. Wenn solche Änderungen auftreten und die EnPI dadurch nicht mehr mit der Ausgangsbasis vergleichbar sind, müssen die Energetische Ausgangsbasis (EnB) neu festgelegt und gegebenenfalls die Formel zur Ermittlung des Erwartungswerts angepasst werden.

[8] Vgl. DIN ISO 50006:2025-02

Tabelle 5.6 Beispiel für Festlegungen zur Energiedatensammlung für SEU

SEU	Relevante Variable(n)	Formel für Erwartungswert	Messstelle	Relevante Variable aus	Messintervall	Verantwortlicher	Statische Variable
Heizung in Halle 1	HG18	EnPI = a • HG18 + b	Wärmemengenzähler der Übergabestation	Daten der Wetterstation xyz	monatlich	Haustechnik	Dämmung, Fläche, Nutzung
Druckluftanlage	Fertigungsauftragsstunden (FAUF-h)	EnPI = a • FAUF-h + b	Stromzähler der Druckluftstation	ERP-System	monatlich	Haustechnik	Struktur des Druckluftverbrauchs
...	...	...	...	...	...	...	...

(5) Festlegen energiebezogener Ziele und Aufstellen von Aktionsplänen mit Maßnahmen (Normkapitel 6.2)

Ausgehend von den auf Geschäftsführungsebene beschlossenen energiebezogenen Zielen besteht der nächste Schritt darin, für zumindest alle identifizierten Hauptverbraucher (SEU) konkrete Verbesserungsmaßnahmen zu entwickeln. Diese werden zunächst mit klaren Verantwortlichkeiten, Terminen und Methoden zur Erfolgskontrolle versehen. Im nächsten Schritt werden die Maßnahmen von den Verantwortlichen technisch und wirtschaftlich bewertet. Dazu gehören folgende Aspekte:

- eine Abschätzung der voraussichtlichen jährlichen Energieeinsparung
- eine darauf aufbauende Abschätzung der jährlichen Emissionseinsparungen
- die Kalkulation der voraussichtlichen jährlichen Kosteneinsparung
- die Schätzung einmaliger Investitions- oder Umsetzungskosten
- die Berechnung der statischen Amortisationszeit.

Diese Informationen dienen der Geschäftsführung als Entscheidungsgrundlage. Im Sinne des Energieeffizienzgesetzes (EnEfG) gilt eine Maßnahme als wirtschaftlich, wenn sie innerhalb von 50 % der vorgesehenen Nutzungsdauer laut AfA-Tabelle des Bundesministeriums der Finanzen (BMF), jedoch maximal innerhalb von fünfzehn Jahren, einen positiven Kapitalwert erzielt. Für Unternehmen mit einem durchschnittlichen Gesamtenergieverbrauch > 2,5 GWh/a innerhalb der letzten drei Jahre wird ausdrücklich auf die Vorgaben des EnEfG zur Wirtschaftlichkeitsbewertung verwiesen (siehe Abschnitt 4.1.3).

Der resultierende Aktionsplan mit energiebezogenen Zielen und zugehörigen Maßnahmen bildet das zentrale Steuerungselement des Energieteams. Er sollte

- mindestens jährlich aktualisiert werden,
- als Fahrplan für die unterjährige Umsetzung dienen, sowie
- zur Berichterstattung an die Geschäftsführung genutzt werden.

Für jede Maßnahme ist eine Methode zur Erfolgskontrolle zu definieren:

- Für SEU-bezogene Ziele bietet sich der bestehende EnPI als Kontrollinstrument an. Im Idealfall ist keine zusätzliche Kennzahl erforderlich.
- Für Maßnahmen außerhalb der SEU, z. B. organisatorische oder messbezogene Ziele, sollte eine temporäre oder technische Kennzahl festgelegt werden (z. B. Anzahl zusätzlicher Zähler, gemessene Verbraucher in %).
- Für technische Einzelmaßnahmen, die keine SEU betreffen, kann der Erfolg pragmatisch durch Vorher-nachher-Messung erfasst werden (z. B. temporäre Energiemessung vor/nach Umstellung auf Pumpen mit Frequenzwandler).

Der Aktionsplan ist mindestens einmal jährlich zu aktualisieren, z. B. im Rahmen der Managementbewertung oder zur Vorbereitung des internen Audits. Er dient dem Energieteam als operativer Umsetzungsplan und der Geschäftsführung als Entscheidungs- und Kontrollinstrument.

(6) Ressourcen, Kompetenz und Kommunikation (Normkapitel 7)

Die Anforderungen im Normkapitel 7 finden sich sinngemäß in allen Managementsystemnormen wieder und betreffen insbesondere die Themen Kompetenz, Bewusstsein, Kommunikation sowie die Dokumentation. Auf die Anforderungen zur Dokumentenlenkung gemäß Normkapitel 7.5 wird hier nicht weiter eingegangen, weil diese in Unternehmen mit zertifiziertem Qualitätsmanagement in der Regel beachtet werden und umgesetzt sind.

Bereits in der Einführungsphase sollte sichergestellt sein, dass das Energieteam über die erforderliche fachliche und normative Kompetenz verfügt. Dies betrifft insbesondere folgende Kompetenzen:

- Kenntnisse zur ISO 50001, zur energetischen Bewertung und zu den SEU
- Grundlagen der Energiedatenerfassung und -analyse
- Wissen über Querschnittstechnologien (Druckluft, Wärme, Kälte, Beleuchtung etc.)
- Kenntnis der betrieblichen Infrastruktur und der Prozesse
- Kenntnis der technischen Anforderungen aus der Ökodesign-Richtlinie (2009/125/EG) und deren Durchführungsverordnungen

Der Kompetenzaufbau sollte in einer systematischen Qualifikationsplanung organisiert werden, die folgende Punkte umfasst:

- Soll-Ist-Vergleich der Qualifikationen
- Planung konkreter Schulungsmaßnahmen (Inhalte, Anbieter, Termine)
- Dokumentation der Teilnahme (z. B. Schulungsnachweis)
- Bewertung der Wirksamkeit (z. B. Minitests, Praxisprojekt)

Nach der Initialphase ist die Schulungsplanung auf operative Schlüsselpersonen auszuweiten, die maßgeblich den energieeffizienten Betrieb beeinflussen (z. B. Schichtleiter, Anlagenführer, Instandhalter). Ergänzend oder alternativ können gezielte Inhouse-Workshops an Maschinen oder Anlagen stattfinden, die neben der Wissensvermittlung auch die Sensibilisierung und praktische Anwendung fördern.

Die gesamte Belegschaft ist über die Einführung des Energiemanagementsystems und die daraus resultierenden Verpflichtungen zu informieren. Dies umfasst die Energiepolitik des Unternehmens, die energiebezogenen Ziele und den möglichen Beitrag jedes Einzelnen zum energieeffizienten Betrieb.

Typische Formate zur Sensibilisierung sind folgende:

- Kick-off-Meetings oder Betriebsversammlungen bei Systemeinführung
- wiederkehrende Kurzformate im Rahmen der jährlichen Arbeitsschutzunterweisung
- Aushänge, Intranet-News und interne Newsletter
- Energiespartipps am schwarzen Brett oder in der Kantine

Im Zuge der Sensibilisierung entwickelt die Belegschaft in vielen Unternehmen wertvolle Ideen. Ein bestehendes Vorschlagswesen oder KVP-System kann genutzt werden, um diese strukturiert zu erfassen, zu bewerten und zu würdigen.

Die externe Kommunikation richtet sich an Firmen und Personengruppen, die regelmäßig im Unternehmen tätig sind. Dazu zählen insbesondere Fremdfirmen wie Reinigungs- und Sicherheitsdienste sowie und Wartungs- und Servicepersonal für Infrastruktur und Anlagen. Diese sind über ihre Verantwortung zur Energieeffizienz zu unterrichten, idealerweise im Rahmen bestehender Sicherheitsunterweisungen, ergänzt um konkrete energiebezogene Hinweise wie beispielsweise folgende:

- Melden von ständig eingeschalteter Beleuchtung, ständig offenen Fenstern, laufender Lüftung und Klimatisierung nach Betriebsende
- Mitteilen wahrnehmbarer Druckluftleckagen
- Melden von Maschinen im Leerlaufzustand
- Melden sonstiger abnormaler Betriebszustände nach Betriebsende

Externes Servicepersonal sollte ermutigt werden, eigene Ideen zur Effizienzsteigerung einzubringen (z. B. Hinweise auf veraltete Anlagentechnik und mögliche Einsparpotenziale bei der Regelung).

5.6.2 Umsetzung

(7) Energieeffizienter Betrieb und Umsetzung geplanter Maßnahmen (Normkapitel 8.1 und Normkapitel 8.2)

Für die Umsetzung der Anforderungen aus dem Energiemanagementsystem im täglichen Betrieb gilt es, sicherzustellen, dass Prozesse, Maschinen und Anlagen vor allem als Hauptverbraucher (SEU) unter Beachtung definierter Betriebskriterien energieeffizient betrieben werden. Zunächst ist zu prüfen, ob für die SEU und deren zugehörige Prozesse oder Anlagen konkrete Betriebskriterien vorliegen, wie zum Beispiel Sollwerte, Grenzwerte und Betriebsparameter, die den „Normalbetrieb" definieren. Diese Kriterien müssen dem verantwortlichen Betriebspersonal (z. B. Maschinenbediener, Einrichter, Instandhalter) bekannt, verständlich und zugänglich sein. Ist dies gegeben, dann sind die Prozesse konform zu den Kriterien zu betreiben, regelmäßige Kontrollen und Dokumentationen der Werte durchzuführen und bei Abweichungen entsprechende Korrekturmaßnahmen einzuleiten.

Bei einer Druckluftanlage sollte z. B. festgelegt sein, bei welchem Sollwert für Druck (zum Beispiel 7 bar) und bei welcher Druckluftkennzahl (zum Beispiel < 15 kWh/m^3) sich diese im normalen Betrieb befindet und welche Abweichung noch zu tolerieren ist. Diese Werte müssen dem zuständigen Personal bekannt sein. Es muss festgelegt sein, wer vom unterwiesenen Personal zu bestimmten Zeitpunkten diese Werte kontrolliert und dokumentiert, regelmäßige Wartungen durchführt und bei Abweichungen entsprechende Maßnahmen ergreift. In Betrieben mit eingeführter Total Productive Maintenance (TPM) empfiehlt es sich, dieses Prinzip auf technische Gebäudeausrüstungen auszuweiten.

Wenn SEU-relevante Prozesse im Rahmen von Contracting-Modellen oder verlängerter Werkbank an externe Dienstleister ausgelagert sind, sollten auch dort klare Kriterien für den energieeffizienten Betrieb festgelegt sein. Das umfasst auch deren Überwachung und regelmäßige Berichterstattung. Entsprechende Vereinbarungen können vertraglich vereinbarte Kennzahlen, Mindestanforderungen an den Wirkungsgrad, monatliche Energieberichte oder Energieeffizienz-Boni als Steuerungsinstrument beinhalten.

Werden neue Prozesse, Anlagen oder Gebäude eingeführt bzw. bestehende Strukturen wesentlich verändert, sind

- bestehende Erkenntnisse zur Energieeffizienz,
- Anforderungen an Messbarkeit und Regelung, und
- die Voraussetzungen zur energetischen Bewertung

verbindlich zu berücksichtigen. Energiebezogene Anforderungen sollten bereits in Lastenheften, Leistungsverzeichnissen, Vergabeunterlagen und sonstigen Planungsdokumenten nachvollziehbar dokumentiert und gegenüber externen Partnern wie Planern, Lieferanten und Installateuren klar kommuniziert werden. So wird sichergestellt, dass bereits bei der Investition in neue Infrastruktur und Technologien der künftige energieeffiziente Betrieb gewährleistet und dokumentiert ist.

(8) Beschaffung: Energieeffizienz in der Lieferkette verankern (Normkapitel 8.2)

Ein zentrales Element eines wirksamen Energiemanagementsystems ist die Berücksichtigung von Energieeffizienzkriterien bei der Beschaffung von Vorleistungen, die selbst Energie verbrauchen oder den Energieverbrauch der Hauptverbraucher (SEU) beeinflussen. Zu den energiebezogenen Vorleistungen zählen in erster Linie Maschinen, Anlagen und Geräte (inklusive Miete oder Leasing), Gebäudeausstattungen und Produktionsmaterialien, wenn sie im Rahmen der Inbetriebnahme oder Nutzung den Energieverbrauch der SEU wesentlich beeinflussen. Auch energieverbrauchsrelevante Fremdleistungen wie beispielsweise vormontierte Baugruppen, Werkstückträger und Prüfstände sind im Sinne der Scope-3-Bilanzierung nach dem GHG-Protocol in die Betrachtung einzubeziehen.

Das Energieteam sollte klare Kriterien festlegen, ab wann eine Beschaffung energiebezogen zu bewerten ist. Mögliche Kriterien sind die Leistungsgrenze (z. B. > 2 kW Nennleistung) und der zu erwartende Jahresenergieverbrauch (z. B. > 1000 kWh/a). Für Beschaffungen oberhalb dieser Schwelle sind im Rahmen der Beschaffungsanforderung folgende Informationen zu dokumentieren:

- die spezifischen Energieeffizienzkriterien (z. B. Energieverbrauch pro Nutzleistung)
- der Bezug auf relevante Normen oder Ökodesign-Verordnungen (z. B. VO 2013/812/EU für elektrische Motoren)
- die Vergleichbarkeit der Angebote anhand energiebezogener Leistungsdaten
- gegebenenfalls die Gesamtbetriebskostenrechnung (Total Cost of Ownership) inklusive Energieverbrauch

Diese Kriterien sind bei der Angebotsbewertung nachweislich zu berücksichtigen und im Vergabeprozess zu dokumentieren.

Ein wesentliches Ziel der ISO 50001 besteht darin, die Prinzipien des Energiemanagements entlang der Lieferkette wirksam werden zu lassen. Daher sollte bei Ausschreibungen und Bestellungen von Vorleistungen mit Energieverbrauch ein entsprechender Hinweis aufgenommen werden, z. B.: „Im Rahmen unseres Energiemanagementsystems gemäß ISO 50001 wird Energieeffizienz als zusätzliches Bewertungskriterium im Beschaffungsprozess berücksichtigt. Bitte geben Sie die energiebezogenen Leistungsdaten Ihres Produkts/Angebots an.“ Optional können Lieferanten auch verpflichtet werden, verbrauchsrelevante Datenblätter, Produktzertifikate, Effizienzkennzahlen oder Nachweise zur Konformität mit Ökodesign-Vorgaben vorzulegen.

Da die Beurteilung der Energieeffizienz technischer Produkte spezielles Know-how erfordert, sollte das Energieteam

- Kriterienkataloge für Standardbeschaffungen erarbeiten (z. B. von Pumpen, Lüfter, Beleuchtung),
- den Einkauf bei der Angebotsbewertung unterstützen, sowie
- Schulungen zu für das Ökodesign relevante Produktgruppen und deren EU-Verordnungen organisieren.

Die Einbindung der Energieeffizienz in die Beschaffung trägt nicht nur zur Erfüllung der ISO 50001 bei, sondern reduziert langfristig Betriebskosten und unterstützt die Dekarbonisierung der Lieferkette gemäß CSRD und GHG-Protocol.

5.6.3 Überprüfung, Korrektur und Verbesserung

(9) Überwachung, Messung, Analyse und Bewertung der Hauptverbraucher (SEU) sowie Bewertung des Einhaltens energiebezogener rechtlicher Anforderungen (Normkapitel 9.1)

Ein zentraler Bestandteil der kontinuierlichen Verbesserung im Rahmen eines Energiemanagementsystems nach ISO 50001 ist das regelmäßige Überprüfen, Bewerten und gezielte Korrigieren von Abweichungen. Dies betrifft sowohl die energiebezogene Leistung der Organisation als auch die Funktionsfähigkeit des Systems selbst.

Die energiebezogene Leistung ist im laufenden Betrieb systematisch zu überwachen. Im Fokus stehen dabei insbesondere die Hauptverbraucher (SEU) anhand ihrer Energiekennzahlen (EnPI) und Maßnahmen aus dem Aktionsplan. Die Überwachung der SEU erfolgt im Idealfall laufend oder kurzzyklisch anhand der festgelegten Kriterien für den normalen Betrieb. Die Überwachung kann manuell oder automatisiert erfolgen. Bei Anlagen mit Energiemonitoring-Systemen kann eine kontinuierliche Beobachtung mit automatischer Benachrichtigung bei Abweichungen erfolgen.

Für die Analyse der Energiekennzahlen sollte mindestens einmal pro Monat ein Vergleich der Istwerte mit den Erwartungswerten, Zielwerten oder historischen Verläufen stattfinden. Dabei sind Abweichungen, die eine intern definierte Toleranz überschreiten, zu analysieren und zu bewerten. Bei erheblichen Abweichungen, die eine geringere Energieeffizienz zur Folge haben, sind geeignete Korrekturmaßnahmen zu ergreifen. Sowohl die Bewertungsergebnisse als auch die Korrekturmaßnahmen sind zu dokumentieren.

Auch die Maßnahmen aus dem Aktionsplan unterliegen einer regelmäßigen Überwachung. Neben dem reinen Umsetzungsstatus ist jeweils die Zielerreichung anhand zuvor definierter Methoden zur Erfolgskontrolle zu bewerten. Diese Bewertungen können sinnvollerweise in regelmäßige Energieteam-Meetings eingebunden werden, gegebenenfalls mit Beteiligung der Geschäftsführung.

Zusätzlich zur Leistungsmessung ist die Einhaltung energiebezogener rechtlicher Anforderungen regelmäßig zu überprüfen. Dazu zählt insbesondere die Aktualität der Vorschriften und ihre konkrete Umsetzung im Unternehmen. Auch dies ist zu bewerten und nachvollziehbar zu dokumentieren.

(10) Interne Auditierung und Managementbewertung (Normkapitel 9.2 und Normkapitel 9.3)

Die interne Auditierung des Energiemanagementsystems erfolgt mindestens einmal jährlich. Dabei wird geprüft, ob das System wirksam funktioniert und ob es den Anforderungen der Norm, den unternehmensinternen Vorgaben, der Energiepolitik und den gesteckten Zielen entspricht. Ein besonderer Fokus liegt auf der Frage, ob durch das System tatsächlich eine Verbesserung der Energieeffizienz erreicht wurde. Die Anforderungen an interne Audits entsprechen weitgehend jenen aus anderen Managementnormen wie ISO 9001 oder ISO 14001. In Unternehmensgruppen mit mehreren Standorten kann es sinnvoll sein, Energieteamleiter als interne Auditoren zu qualifizieren und standortübergreifend einzusetzen.

Ergänzend zum Audit ist einmal jährlich eine Managementbewertung durchzuführen. Ziel ist es, die Eignung und Wirksamkeit des Energiemanagementsystems im Lichte der strategischen Ausrichtung des Unternehmens zu beurteilen. Die Managementbewertung sollte alle relevanten Aspekte des Systems aufgreifen. Dazu zählen unter anderem folgende:

- Gültigkeit und Aktualität der Energiepolitik
- Veränderungen im Kontext der Organisation sowie neue Chancen und Risiken
- Status offener Maßnahmen aus früheren Managementbewertungen, Audits und Aktionsplänen
- Ergebnisse der EnPI-Bewertung auf Unternehmensebene und bezogen auf die SEU
- Abweichungen und ergriffene Korrekturmaßnahmen
- die Bewertung der rechtlichen Konformität
- konkrete Verbesserungspotenziale

Die Managementbewertung sollte auf einer strukturierten Dokumentation basieren, zu der auch konkrete Entscheidungen zum Änderungsbedarf oder zu Verbesserungsmöglichkeiten gehören. Sie ist durch die Geschäftsführung zu unterzeichnen und als gelenktes Dokument aufzubewahren.

(11) Korrekturmaßnahmen und kontinuierliche Verbesserung (Normkapitel 10)

Normkapitel 10 schließt den PDCA-Zyklus ab und fokussiert sich auf den Umgang mit Nichtkonformitäten sowie auf die kontinuierliche Verbesserung. Nichtkonformitäten können bei Audits, in der Überwachung oder bei der Bewertung von Maßnahmen festgestellt werden. Für jede relevante Abweichung ist eine Ursachenanalyse durchzuführen und zu dokumentieren, z. B. anhand eines A3- oder 8D-Reports. Die daraus abgeleiteten Korrekturmaßnahmen sind umzusetzen und ihre Wirksamkeit im Nachgang zu überprüfen.

Die kontinuierliche Verbesserung betrifft nicht nur technische Maßnahmen wie den Austausch ineffizienter Anlagen, sondern auch organisatorische und strategische Aspekte, etwa die Erweiterung des EnMS, verbesserte Schulungen oder angepasste Kommunikationsprozesse. Das Ziel besteht darin, sowohl die energiebezogene Leistung als auch die Effektivität und Effizienz des Energiemanagementsystems insgesamt fortlaufend zu steigern.

5.7 Beitrag zur vollständigen Nachhaltigkeit

Managementsysteme wie die ISO 14001 oder die ISO 50001 zielen auf die kontinuierliche Verbesserung der Umwelt- bzw. Energieeffizienz ab. Sie definieren jedoch keine ökologisch fundierten Zielgrößen und geben auch keine absoluten Reduktionsvorgaben vor. Zielwerte im Sinne eines globalen CO_2-Budgets oder ökologischer Belastungsgrenzen müssen daher über ergänzende Instrumente wie zum Beispiel die Science Based Targets initiative (SBTi) gesondert erarbeitet und in das System integriert werden. Ein implementiertes Energiemanagementsystem kann somit zur Steigerung der Energieeffizienz beitragen, garantiert jedoch nicht zwangsläufig eine absolute Reduktion des Energieverbrauchs auf ein ökologisch tragfähiges Niveau. Ebenso wenig wird sichergestellt, dass Investitionsentscheidungen oder die Entwicklung neuer Produkte grundsätzlich im Einklang mit langfristigen Umweltzielen stehen.

Umweltbezogene Managementsysteme sind in erster Linie darauf ausgerichtet, Umweltaspekte innerhalb bestehender Geschäftsmodelle zu verbessern. Im Bereich des Energiemanagements äußert sich dies beispielsweise darin, dass betriebliche Prozesse gezielt effizienter gestaltet werden. Ein solcher Effizienzgewinn führt jedoch nicht automatisch zu einer absoluten Reduktion des Energieverbrauchs – insbesondere dann nicht, wenn gleichzeitig das Produktionsvolumen steigt. Zudem kann ein wirtschaftlich orientierter Fokus auf Maßnahmen mit kurzer Amortisationszeit dazu führen, dass tiefgreifende oder langfristig notwendige strukturelle Veränderungen nicht umgesetzt werden.

Nachhaltigkeit im umfassenden Sinne erfordert strategische Ansätze, die über die Anforderungen normkonformer Managementsysteme hinausgehen. Hierzu zählt auch die

Berücksichtigung von Maßnahmen, deren Nutzen sich nicht unmittelbar in wirtschaftlichen Kennzahlen abbilden lässt. Eine erweiterte Wesentlichkeitsanalyse ermöglicht es, neben unternehmensinternen Risiken auch ökologische und gesellschaftliche Auswirkungen des unternehmerischen Handelns systematisch zu erfassen. Daraus können sich Anforderungen oder Chancen ergeben, Geschäftsmodelle, Produktportfolios oder Lieferketten im Sinne einer langfristigen ökologischen Tragfähigkeit weiterzuentwickeln.

6 Nachhaltigkeitsorientierter Energieeinsatz im Produktionsbetrieb

6.1 Analyse und Bewertung der Einsparpotenziale am Standort

Der Weg zu einem nachhaltigen Energieeinsatz im Unternehmen beginnt mit einer fundierten und systematischen Analyse der energetischen Ausgangssituation. Auf Basis einer umfassenden Erhebung und Bewertung der bestehenden Energieverbräuche lassen sich technische und organisatorische Verbesserungspotenziale strukturiert identifizieren und gezielt erschließen. Die Analyse stellt dabei kein isoliertes Instrument dar, sondern fungiert als integraler Bestandteil eines kontinuierlichen Verbesserungsprozesses. Verfahren wie die Energiewertstrom-Methode oder die Lastganganalyse ermöglichen eine datengestützte Bewertung von Energieflüssen, decken ineffiziente Betriebszustände auf und schaffen eine belastbare Grundlage für die Ableitung von Maßnahmen zur Effizienzsteigerung. In Verbindung mit einem systematischen Umwelt- oder Energiemanagementsystem wird die Analyse zu einem strategischen Steuerungsinstrument. Damit leistet sie einen wesentlichen Beitrag zur ökologischen Optimierung betrieblicher Prozesse und bildet eine zentrale Voraussetzung für eine an den Prinzipien der vollständigen Nachhaltigkeit ausgerichtete Produktionsweise.

Energiewertstrom-Methode

Die Energiewertstrom-Methode wurde als systematischer Ansatz zur Analyse und Optimierung des Energieeinsatzes in der Produktion entwickelt. Sie überträgt die Prinzipien der Wertstromanalyse – bekannt aus der Lean Production – auf die energetische Betrachtung von Produktionssystemen. Ziel ist es, den Energieeinsatz in der Fertigung ganzheitlich zu erfassen, Einsparpotenziale zu identifizieren und gezielte Maßnahmen zur Steigerung der Energieeffizienz abzuleiten.[1)]

---

[1] Erlach 2013

Im ersten Schritt erfolgt eine vollständige Aufnahme aller relevanten Energieverbraucher und deren Verbrauchsdaten im Produktionsprozess. Dabei werden nicht nur Hauptverbraucher, sondern auch periphere Systeme wie Druckluft, Kühlung, Beleuchtung und IT-Infrastruktur berücksichtigt. Auf Basis dieser Analyse wird ein Soll-Konzept zur energieeffizienten Gestaltung des Produktionssystems erarbeitet. Hierbei kommen Gestaltungsrichtlinien zum Einsatz, die systematisch auf die Vermeidung energetischer Verluste und die Reduzierung unnötiger Energieverbräuche abzielen. Die Visualisierung eines energieoptimierten Soll-Zustands dient als Zielbild und Orientierung für die spätere Umsetzung technischer und organisatorischer Maßnahmen.

Die folgenden acht Gestaltungsrichtlinien des Energiewertstromdesigns zielen auf eine umfassende energetische Optimierung der Produktion:

1. **Auf den optimalen Betriebspunkt ausrichten:** Die Auslegung und der Betrieb von Maschinen sowie Anlagen sollen so erfolgen, dass diese möglichst nahe an ihrem energetisch optimalen Arbeitspunkt betrieben werden. Dies bedeutet auch, dass Überdimensionierungen vermieden und Lastprofile möglichst gleichmäßig gestaltet werden. Der Energieeinsatz soll dem tatsächlichen Produktionsbedarf und dem Kundentakt entsprechen.

2. **Energiebedarf unter Normallast reduzieren:** Der Energiebedarf während der regulären Betriebszeit wird durch den Einsatz effizienter Komponenten und Technologien gesenkt. Beispiele sind LED-Beleuchtung, drehzahlgeregelte Pumpen oder energieeffiziente Steuerungstechnik.

3. **Energieverbrauch bei Produktionsunterbrechungen minimieren:** Produktionsprozesse sollten möglichst unterbrechungsfrei ablaufen. Wenn Unterbrechungen durch Rüstvorgänge oder Pausen unvermeidbar sind, sollte der Energieverbrauch durch automatische Energiesparmodi oder temporäres Abschalten von Peripheriesystemen wie Späneförderer und Kühlmittelpumpen minimiert werden.

4. **Verluste im Stand-by sowie beim An- und Abschalten reduzieren (Grundlastabsenkung):** Betriebsmittel sollen außerhalb der Nutzungszeiten zuverlässig und ohne Betriebsrisiken abgeschaltet werden können. Dabei ist sicherzustellen, dass nach dem Wiedereinschalten keine Qualitätseinbußen oder Anfahrprobleme entstehen. Auch die Grundlast von Dauerverbrauchern wie Klimatisierung und Lüftung ist zu hinterfragen.

5. **Eingesetzte Energie mehrfach nutzen:** Energie, die einmal eingesetzt wurde, sollte möglichst verlustarm wiederverwendet werden – sei es in Form von Abwärmenutzung (z. B. durch Wärmerückgewinnung), Rückspeisung elektrischer Energie (z. B. Bremsenergie) oder durch Nutzung in nachgelagerten Prozessen. Ziel ist es, die Auskopplung und Umwandlung von Restenergien intelligent zu nutzen.

6. **Lastprofil durch Spitzenlastmanagement glätten:** Hohe Leistungsspitzen verursachen nicht nur hohe Energiekosten, sondern belasten auch das Netz. Durch das

zeitlich versetzte Einschalten energieintensiver Verbraucher, prioritätsgesteuertes Lastmanagement oder automatisierte Abschaltungen (Peak Shaving) können Lastspitzen geglättet werden.

7. **Abarbeitungsreihenfolge energieorientiert optimieren:** Besonders bei thermischen Prozessen sollte die Reihenfolge der Produktionsaufträge so gewählt werden, dass Energieverluste durch Aufheiz- oder Abkühlvorgänge minimiert werden. Eine intelligente Produktionsplanung kann hier unnötige Energieverbräuche verhindern.
8. **Energiebereitstellung und Energiebedarf synchronisieren:** Die Bereitstellung von Nutzenergie (z. B. Druckluft, Wärme, Kälte) sollte exakt dem tatsächlichen Bedarf angepasst werden. Dies lässt sich unter anderem erreichen durch stufenlos regelbare Aggregate, dezentrale Systeme mit kurzen Leitungswegen oder den Einsatz von Speichern, um Lastspitzen abzufedern.

Die Energiewertstrom-Methode verbindet eine systematische Analyse des Energieeinsatzes mit anwendungsorientierten Gestaltungsrichtlinien und ermöglicht es Unternehmen dadurch, Energieeinsparungen sowohl technisch fundiert als auch wirtschaftlich tragfähig umzusetzen. Zugleich bietet sie einen strukturierten Ansatz, um strategische Nachhaltigkeitsziele methodisch auf die operative Ebene zu übertragen. Durch die Verknüpfung von technischen und organisatorischen Maßnahmen werden konkrete Handlungsoptionen zur Effizienzsteigerung ableitbar, die im betrieblichen Kontext planbar, steuerbar und überprüfbar sind. Die Methode trägt damit wesentlich zur Integration energiebezogener Nachhaltigkeitsaspekte in das Produktionssystem bei.

Lastganganalyse und Grundlastreduzierung

Ergänzend zur strukturellen Analyse des Energieeinsatzes in der Produktion ermöglicht die Lastganganalyse eine zeitbezogene Bewertung der Verbrauchsmuster. Dabei wird der zeitliche Verlauf des Energiebezugs über einen definierten Zeitraum erfasst und ausgewertet. Durchgeführt wird sie in der Regel für den Strombezug. Dabei wird typischerweise im 15-Minuten-Takt erfasst, wie viel Leistung zu welchem Zeitpunkt verbraucht wird, z. B. im Tages-, Wochen- oder Jahresverlauf. Ziel der Analyse ist es, Lastspitzen und Grundlasten zu identifizieren, um durch gezielte technische und organisatorische Maßnahmen den Energieverbrauch zu optimieren und Leistungskosten zu senken.

Für die Lastganganalyse kommen Zähler mit registrierender Leistungsmessung (RLM-Zähler) oder Smart Meter zum Einsatz. RLM-Zähler sind für Stromkunden mit einem Jahresverbrauch über 100 000 kWh gesetzlich vorgeschrieben. Mit dem Gesetz zum Neustart der Digitalisierung der Energiewende wurde zudem ein verpflichtender Smart-Meter-Rollout beschlossen: Ab 2025 müssen Verbraucher ab 6000 kWh Jahresverbrauch sowie Erzeuger mit mehr als 7 kW installierter Leistung solche Zähler nutzen. Alternativ lässt sich ein temporärer Lastgang mithilfe nachgerüsteter Messtechnik (z. B. Stromzangen, Datenlogger, Spannungsabgriff) selbst ermitteln. Die Auswertung zeigt typischerweise ein wiederkehrendes Muster des Energieverbrauchs an Arbeitstagen, Wochenenden und Feiertagen auf (siehe Beispiel in Bild 6.1).

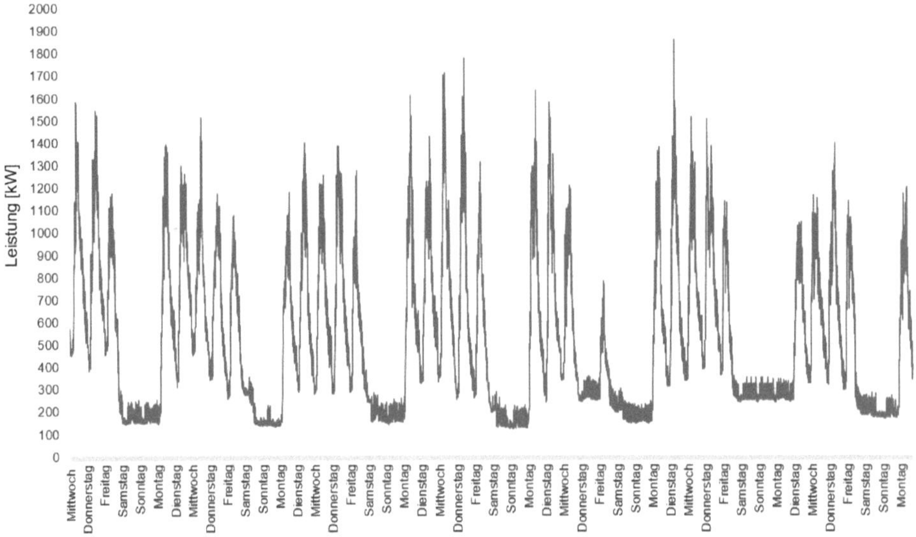

Bild 6.1 Lastgang einer Produktion über mehrere Tage

Die 15-Minuten-Werte des Leistungsbezugs stellen eine gemittelte Leistung dar, sodass kürzere Lastspitzen durchaus höher ausfallen können. Nach einer absteigenden Sortierung der Leistungswerte und ihrer grafischen Darstellung lassen sich die Zeitdauern der Leistungswerte ablesen (siehe Beispiel in Bild 6.2). Diese Dauerlinie für die Leistung (für ein Jahr auch Jahresdauerlinie genannt) erlaubt eine differenzierte Analyse:

- Die Spitzenwerte definieren den leistungsbezogenen Anteil am Strompreis. Das Leistungsentgelt für das Folgejahr wird in der Regel auf Basis der 15-Minuten-Lastspitze des abgelaufenen Abrechnungsjahres festgelegt. Die Dauerlinie erlaubt eine Abschätzung, wie lange hohe Leistungen wirklich gebraucht werden. Kurze hohe Leistungsspitzen können durch Maßnahmen des Spitzenlastmanagements (Peak Shaving) wie beispielsweise das versetzte Einschalten (Bild 6.3), die Priorisierung oder den automatischen Lastabwurf abgesenkt werden. Das kann bereits in der Produktionsplanung im Rahmen der Feinsteuerung berücksichtigt werden. In jedem Falle ist ein Monitoring des Lastgangs mit einer Signalisierung vor Erreichen der Lastgrenze erforderlich. Eine weitere Möglichkeit besteht im Einsatz von Speichertechnologien, wenn sie die Höhe und Geschwindigkeit der Lastwechsel technisch ermöglichen und wirtschaftlich betrieben werden können. Auf den Energieverbrauch hat das Spitzenlastmanagement keinen Einfluss.

- Die niedrigen Werte am Ende der Dauerlinie bilden die sogenannte Grundlast ab. Hierbei handelt es sich um elektrische Leistung, die auch nachts, an Wochenenden und an Feiertagen bezogen wird. Häufig steckt dahinter unnötiger Dauerverbrauch, beispielsweise nicht abgeschaltete Anlagen, Druckluftverluste, dauerhafte Beleuchtung oder Lüftung und eingeschaltete IT ohne Nutzung. Die Absenkung der Grundlast bewirkt, dass prinzipiell die gesamte Dauerlinie mit dem Effekt der Energie- und Kosteneinsparung abgesenkt wird, die kaum Auswirkungen auf den Betrieb hat. Dieser Effekt nimmt bei sinkender Auslastung des Betriebs zu.

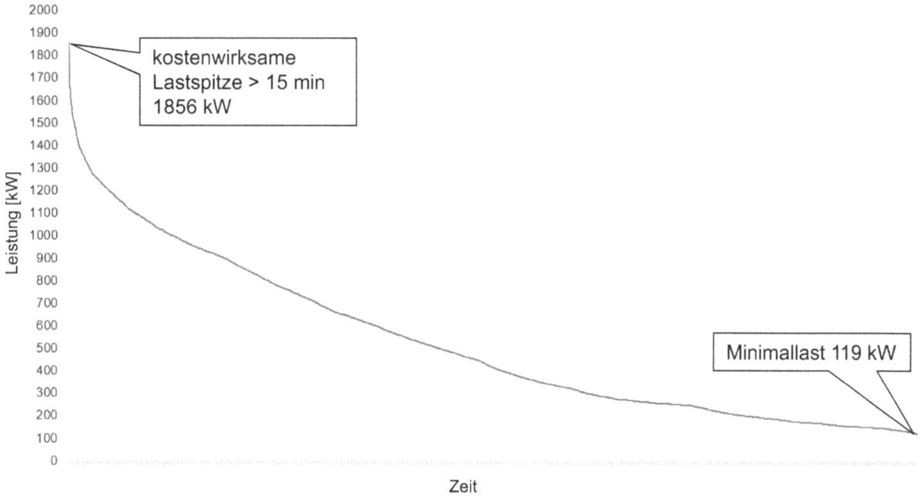

Bild 6.2 Aus dem Lastgang in Bild 6.1 abgeleitete Dauerlinie für die Leistung über der Zeit

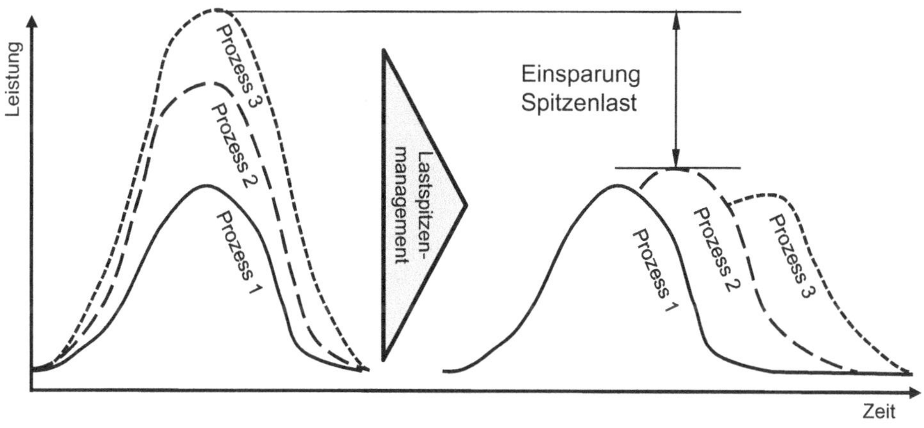

Bild 6.3 Prinzipdarstellung zur Verteilung von Lastspitzen durch versetztes Schalten von Prozessen

6.2 Organisatorische Maßnahmen und Verhalten

Die Einführung eines umweltbezogenen Managementsystems bildet zusammen mit Instrumenten wie der Energiewertstrom-Methode und der Lastganganalyse eine strukturierte Grundlage zur systematischen Identifikation von Energieeinsparpotenzialen. Viele dieser Potenziale lassen sich durch organisatorische Maßnahmen mit vergleichsweise geringem Aufwand erschließen. Insbesondere das verhaltensbasierte oder systematische Abschalten nicht benötigter Verbraucher führt zu messbaren Effekten sowohl in Bezug auf Kosten als auch auf ökologische Zielgrößen.

Bereits die gezielte Information der Belegschaft über individuelle Einflussmöglichkeiten sowie eine regelmäßige Sensibilisierung zeigen häufig erste Wirkungen: Anlagen werden eigenverantwortlich abgeschaltet, und Mitarbeitende bringen eigene Ideen zur Effizienzsteigerung ein. Solche partizipativen Prozesse fördern nicht nur das Energiebewusstsein, sondern auch die Integration von Nachhaltigkeitsprinzipien in die betriebliche Alltagskultur. Verhaltensbasiertes oder systematisches Abschalten nicht benötigter Verbraucher kann Folgendes beinhalten:

- Abschalten von Maschinen und Anlagen in Abhängigkeit von der Ausschaltdauer und Wiederanlaufzeit
- Deaktivieren von Lüftungs- und Klimaanlagen, sofern raumklimatische und steuerungstechnische Bedingungen dies zulassen
- Stilllegen von Infrastruktursystemen wie Druckluft-, Kälte- und Wärmeerzeugung während produktionsfreier Zeiten, sofern dadurch keine Schäden oder Standzeitverluste zu erwarten sind
- Ausschalten der Beleuchtung nach Ende der Rahmenarbeitszeit
- Abschalten der PC-Infrastruktur außerhalb betrieblicher Notwendigkeit (z. B. Remote-Zugriff)
- visuelle Hinweise wie „Licht ausgeschaltet?“ an Türen oder Lichtschaltern
- manuelle Abschaltung wenig genutzter Geräte (z. B. Beamer) anhand von Raumchecklisten oder Erinnerungen

Zur gezielten Reduzierung der Grundlast empfiehlt sich eine systematische Begehung während produktionsfreier Zeiträume wie z. B. am Wochenende, um nicht abgeschaltete Verbraucher zu identifizieren. Zu den typischen Grundlastverursachern zählen folgende:

- Beleuchtung, insbesondere in Neben- und Verkehrsbereichen
- Maschinen und Anlagen im Stand-by-Modus
- Druckluftsysteme inklusive Leckagen oder unnötiger Verbraucher

- Kälteanlagen und Umwälzpumpen
- raumlufttechnische Anlagen (RLT-Anlagen) einschließlich Heiz- und Kühlbetrieb

Vor dem manuellen oder automatisierten Abschalten solcher Systeme ist jeweils zu prüfen, ob betriebliche Erfordernisse wie z. B. Samstagsarbeit, Dauertests oder zeitkritische Anlaufprozesse berührt werden. Besonders bei der Beleuchtung empfiehlt sich eine zeitgesteuerte Steuerung orientiert an Rahmenarbeitszeiten, verbunden mit klarer interner Kommunikation. Organisatorische Maßnahmen bilden damit einen zentralen Bestandteil eines ganzheitlichen Energiemanagements. Sie schlagen die Brücke zwischen strategischen Zielen und operativem Handeln und tragen dazu bei, technische, wirtschaftliche und verhaltensbezogene Ansätze in einem integrierten Nachhaltigkeitsverständnis zusammenzuführen.

6.3 Eliminierung der Treibhausgase aus den Verbrennungsprozessen am Standort

In der verarbeitenden Industrie entsteht Kohlendioxid nahezu ausschließlich durch die Verbrennung fossiler Brennstoffe zur Bereitstellung von Wärme oder mechanischer Energie. Letztere wird teilweise in Kraft-Wärme-Kopplungsanlagen (KWK) erzeugt. Eine vollständige Dekarbonisierung dieser Prozesse erfordert den Ersatz fossiler Energieträger durch klimaneutrale Alternativen wie Biomethan oder regenerativ erzeugten Wasserstoff (H_2). Seit 2023 sind neue KWK-Anlagen nur noch förderfähig und ab einer Leistung von 10 MW genehmigungsfähig, wenn sie wasserstofffähig ausgelegt sind.

Mobile Verbrennungsmotoren z. B. in Flurförderzeugen oder betrieblichen Fahrzeugen lassen sich durch batterieelektrische Antriebe ersetzen. In vielen Anwendungen ist diese Umstellung bereits technisch möglich und wirtschaftlich darstellbar.

Die weitgehend emissionsfreie Bereitstellung von Niedertemperaturwärme für Heizzwecke und zur Warmwassererzeugung am Standort kann durch unterschiedliche Technologien oder deren Kombination je nach Region und verfügbarer Infrastruktur bereits heute wirtschaftlich rentabel erfolgen:

- Nutzung geothermischer Energiequellen
- Einsatz von solarthermischen Anlagen zur direkten Wärmeerzeugung
- Nutzung von Umweltwärme über elektrisch betriebene Wärmepumpen bei Einsatz regenerativ erzeugten Stroms
- Einsatz nachwachsender Brennstoffe wie Holz oder Holzpellets, sofern regional verfügbar oder innerbetrieblich anfallend

- Bezug von Fernwärme, sofern diese aus erneuerbaren Quellen oder effizienter KWK stammt
- Ersatz fossiler Gase durch Anbindung an ein Wasserstoffnetz

Ein zentrales Handlungsfeld stellen prozesswärmeintensive Anwendungen dar, etwa in Gießereien und den Betrieben der Massivumformung. In der Gießereitechnik wird die Schmelzleistung heute etwa zur Hälfte in koksbetriebenen Kupolöfen und zur Hälfte in elektrischen Induktionsöfen erbracht, wobei sich der Trend zunehmend zugunsten der Induktion verschiebt.[2)] Optimierte Heißwindkupolöfen mit Abwärmenutzung benötigen trotz technischer Verbesserungen weiterhin rund 100 kg Koks pro Tonne Flüssigeisen, was die Begrenztheit ihrer Emissionsminderungspotenziale verdeutlicht. Zwar existieren koksfreie Kupolofentechnologien, doch haben sie sich bislang nicht durchgesetzt. Eine Umstellung auf Wasserstoffbetrieb erscheint technisch möglich, wäre jedoch aufgrund der aktuellen Kostenstruktur gegenüber Induktionsöfen wirtschaftlich nachteilig. Letztere bieten zudem betriebliche Vorteile durch kürzere Schmelzzeiten und höhere Flexibilität, was ihre Eignung für eine nachhaltige Materialbereitstellung unterstreicht.

In der Massivumformung wurde in vielen Betrieben bereits auf elektrische Induktionserwärmung umgestellt, zumindest bei kleinen und mittleren Bauteilen. Herausforderungen bestehen weiterhin in Grobwalzwerken ohne eigene Gießstrecke, in denen große Brammen oder Knüppel bisher ausschließlich gasbefeuert erwärmt werden können.

Zur Bereitstellung von Hochtemperaturwärme steht bislang die Umstellung von Erdgas auf regenerativ erzeugten Strom oder Wasserstoff unter wirtschaftlichem Vorbehalt. Thermische Energie aus Erdgas ist derzeit in der Regel deutlich günstiger als aus Strom, insbesondere bei industriellen Großverbrauchern mit direkter Gasnutzung. Zudem übersteigt der CO_2-Emissionsfaktor des aktuellen Strommixes in manchen Regionen noch den von Erdgas – vor allem dann, wenn der Anteil fossiler Stromerzeugung hoch ist. Eine Verbesserung der ökologischen Gesamtbilanz kann daher nur dann erreicht werden, wenn die Umstellung auf klimaneutrale Energiequellen mit einer gleichzeitigen Steigerung des energetischen Wirkungsgrads der Prozesse einhergeht.

Entsprechendes gilt für den Einsatz von Wasserstoff, dessen Klimabilanz stark von der Herstellungsart abhängt: Grauer Wasserstoff, der mittels Dampfreformierung aus Erdgas gewonnen wird, verursacht neun bis 10 kg CO_2 pro kg Wasserstoff.[3)] Bei blauem Wasserstoff werden diese Emissionen durch CO_2-Abscheidung (CCS) zumindest teilweise vermieden, allerdings ist die Technologie technisch und regulatorisch noch nicht vollständig etabliert. Nur grüner Wasserstoff, der durch Elektrolyse mit 100 % erneuerbarem Strom erzeugt wird, ist nahezu klimaneutral. Seine Herstellung ist derzeit noch mit hohen Kosten verbunden, die langfristig durch stärkere Verbreitung und bei geringeren

[2] Vgl. Bosse 2017 und Krause 2022

[3] Vgl. Matthes/Brauer 2025, S. 18

Stromkosten deutlich sinken können. Ein wirtschaftlicher Betrieb ist aktuell meist nur gegeben, wenn überschüssiger erneuerbarer Strom genutzt und gleichzeitig auch der bei der Elektrolyse anfallende Sauerstoff wirtschaftlich verwertet werden kann.

6.4 Beschaffung und Erzeugung von Energie aus erneuerbaren Quellen

Der Einsatz von erneuerbar erzeugtem Strom (EE-Strom) in der industriellen Produktion liegt aus Sicht der Nachhaltigkeitsstrategie nahe, da er die CO_2-Bilanz eines Unternehmens rechnerisch maßgeblich verbessern kann. Die Beschaffung kann in vielen Fällen kurzfristig umgesetzt werden und erfordert keine Änderungen der Produktionsprozesse. Allerdings ist der tatsächliche Klimaeffekt der reinen Umstellung auf zertifizierten EE-Strom begrenzt. Hintergrund ist, dass der physische Strommix in Deutschland durch den Ausbaustand der erneuerbaren Energien im nationalen Energiesystem bestimmt wird. Dieser Ausbau wird nicht durch den zusätzlichen Kauf von Tarifen für grünen Strom beschleunigt. Strom, der über Herkunftsnachweise als erneuerbar gekennzeichnet wird, kann nicht mehrfach vermarktet werden. Daher erwerben Stromversorger häufig Herkunftsnachweise aus dem Ausland, um EE-Strom zu deklarieren. Problematisch ist hierbei, dass nicht in allen Erzeugerländern lückenlos verhindert wird, dass derselbe Stromanteil mehrfach bilanziert wird (Doppelvermarktung).[4]

In Deutschland regelt das Herkunftsnachweisregister des Umweltbundesamtes die eindeutige Zuordnung: Für jede gelieferte Megawattstunde EE-Strom muss ein entsprechender Herkunftsnachweis entwertet werden. Dies stellt sicher, dass ein Zertifikat nur einmal genutzt wird. Allerdings bedeutet die Deklaration eines Strombezugs als EE-Strom nicht automatisch, dass im gleichen Maße Treibhausgas-Emissionen global reduziert werden. Nur wenn der Strombezug unmittelbar mit dem Zubau neuer erneuerbarer Erzeugungskapazitäten verbunden ist (zum Beispiel durch Power Purchase Agreements mit zusätzlichen Anlagen), entsteht ein realer zusätzlicher Klimanutzen.

Die Eigenerzeugung von EE-Strom wirkt emissionsmindernd, da sie den Bezug von Strom aus dem öffentlichen Netz reduziert. In produzierenden Unternehmen bieten sich insbesondere Photovoltaikanlagen (PV) und in geringerem Umfang auch Kleinwindkraftanlagen sowie KWK-Anlagen an. PV-Anlagen lohnen sich wirtschaftlich vor allem dann, wenn ein hoher Anteil des erzeugten Stroms sich mit dem Lastprofil deckt und selbst verbraucht wird. Die Einspeisevergütung für nicht selbst genutzten Strom sinkt tendenziell mit zunehmender Verbreitung von PV-Anlagen. Häufig ist die nutzbare Dach- oder Grundstücksfläche das begrenzende Element. Bei älteren Werkhallen kann zudem die Tragfähigkeit der Dachkonstruktion den Aufbau einer PV-An-

4 Vgl. Böck 2023

lage erschweren. In solchen Fällen können Freiflächenanlagen eine Alternative sein. PV-Anlagen werden zunehmend mit Batteriespeichern kombiniert, um die Eigenverbrauchsquote zu erhöhen. Bei der Dimensionierung sollten künftige Verbraucher wie Ladestationen für Elektrofahrzeuge oder elektrisch betriebene Wärmeerzeuger (zum Beispiel Wärmepumpen) berücksichtigt werden.

Kleinwindkraftanlagen bis zu einer Gesamthöhe von etwa 50 m sind für die Eigenerzeugung grundsätzlich ebenfalls geeignet, haben sich in der Industriepraxis jedoch bislang nur in Einzelfällen etabliert. Gründe sind neben den Investitionskosten vor allem Standortfaktoren wie Windangebot, Genehmigungsverfahren und Schallemissionen.

KWK-Anlagen, insbesondere in Form von Blockheizkraftwerken (BHKW), werden in produzierenden Unternehmen traditionell gasbefeuert betrieben. Sie nutzen die Abwärme der Stromerzeugung für betriebliche Wärmebedarfe und erreichen so einen deutlich höheren Gesamtwirkungsgrad als die getrennte Erzeugung von Strom und Wärme. Wirtschaftlich sinnvoll sind BHKW insbesondere bei gleichmäßig hoher Wärmegrundlast mit höheren Temperaturbedarfen, wie sie beispielsweise in Lackieranlagen auftreten. BHKW werden in der Regel wärmegeführt betrieben, d. h., sie erzeugen Strom nur dann, wenn gleichzeitig ein Wärmebedarf besteht. Zwar führt diese gekoppelte Erzeugung zu einer Effizienzsteigerung, dennoch übersteigen die verbleibenden Treibhausgas-Emissionen gasbetriebener BHKW aufgrund des mittlerweile hohen Anteils erneuerbarer Energien im deutschen Strommix in vielen Fällen die Emissionen aus Netzstrom. Klimawirksam können BHKW daher nur noch betrieben werden, wenn sie mit erneuerbaren Energieträgern wie Biomethan oder regenerativ erzeugtem Wasserstoff betrieben werden. Förderprogramme und Genehmigungsauflagen setzen daher zunehmend voraus, dass neue BHKW wasserstofffähig ausgelegt sind.

Bei der Eigenstromerzeugung sind verschiedene Melde- und Abrechnungspflichten zu beachten. Jede Anlage muss im Marktstammdatenregister eingetragen und beim Netzbetreiber gemeldet werden. Bei Einspeisung erfolgt dort auch die Abrechnung. Gegenüber dem Hauptzollamt ist die Eigenversorgung anzuzeigen, da Stromsteuerfreiheit nur unter bestimmten Bedingungen besteht. Für den Eigenverbrauch kann zudem die EEG-Umlage relevant sein, insbesondere bei Weitergabe an Dritte. Einnahmen aus Einspeisung oder Weitergabe sind beim Finanzamt steuerlich zu erfassen.

Neben der Stromerzeugung am Standort kann auch der Bezug von Fernwärme oder in selteneren Fällen von Fernkälte eine Rolle spielen. Diese Energien werden außerhalb des Unternehmens erzeugt und fallen im Rahmen der Treibhausgasbilanz nach Scope 2 des GHG Protocol an. In der Praxis bestehen Fernwärme- und Fernkälteverträge meist langfristig und sind technisch an die lokale Infrastruktur gebunden, sodass die Emissionsminderung stark vom Energieträgermix des Versorgers abhängt. Wird Fernwärme zum Beispiel in KWK-Anlagen erzeugt, kann sie wie bereits beschrieben durch den Einsatz von Biomethan oder Wasserstoff emissionsärmer bereitgestellt werden.

6.5 Erhöhung der Energieeffizienz der Produktionsprozesse

Die Energieeffizienz eines Produktionsprozesses kann als Verhältnis der Nutzenergie (beispielsweise mechanische Arbeit in Form von Kraft × Weg) zur eingesetzten Endenergie (beispielsweise elektrische Energie) definiert werden. Dabei kann zwischen zwei Stufen der Nutzenergie unterschieden werden:

- **physikalisch notwendige Nutzenergie:** die theoretisch erforderliche Energiemenge, um einen definierten Prozess durchzuführen (zum Beispiel das Erwärmen eines Körpers ohne Verluste)
- **technologisch notwendige Nutzenergie:** die Energiemenge, die aufgrund der verwendeten Technologie tatsächlich erforderlich ist, um den gewünschten Prozessoutput zu erzielen

Der *Wirkungsgrad der Technologie* ergibt sich aus dem Verhältnis von physikalisch notwendiger zu technologisch notwendiger Nutzenergie. Er beschreibt, wie effizient eine Technologie oder ein Verfahren im Vergleich zum theoretischen Optimum arbeitet.

Der *Wirkungsgrad der Technik* ergibt sich aus dem Verhältnis von technologisch notwendiger Nutzenergie zur eingesetzten Endenergie. Er beschreibt, wie effizient die eingesetzte Anlagentechnik die Arbeit verrichtet.

Beispiel: Wasserkocher

Zur Veranschaulichung der Wirkungsgrade soll das Erhitzen von einem Liter Wasser von 20 °C auf 100 °C ohne Änderung des Aggregatzustands dienen. Mehrere Messungen des Stromverbrauchs zwischen Steckdose und Netzanschluss des Wasserkochers ergeben 0,106 kWh an *eingesetzter Endenergie.*

Die *physikalisch notwendige Nutzenergie* wird gemäß der Formel

$$Q = m \cdot c \cdot \Delta T$$

mit $c = 4{,}18$ kJ/(kg · K), $m = 1$ kg und $\Delta T = 80$ K berechnet. Das Ergebnis beträgt $Q = 334{,}4$ kJ = 0,0929 kWh.

Die *technologisch notwendige Nutzenergie* von 381,6 kJ ergibt sich aus der Umrechnung der gemessenen elektrischen Arbeit in Wärme, da der elektrische Wirkungsgrad der Widerstandserwärmung definitionsgemäß 100 % beträgt.

Wirkungsgrade (siehe auch Tabelle 6.1):

- **Technologie:** 334,4 kJ/381,6 kJ = 87,6 %
- **Technik:** 381,6 kJ/381,6 kJ = 100 %
- **Gesamtwirkungsgrad:** 87,6 %

Die Verluste von ca. 12,4 % entstehen aus der Wärmeabgabe über die Behälterwand, aus der Verdunstung über die Wasseroberfläche und aus einem erhöhten Wärmeübergangswiderstand durch Kalkablagerungen am Heizelement.

Tabelle 6.1 Wirkungsgrade am Beispiel des Wasserkochers

Energieform	Formelzeichen	Wasserkocher	Einzelwirkungsgrade	Gesamtwirkungsgrad
physikalisch notwendige Nutzenergie	Q_{nutz} oder W_{nutz}	$Q_{nutz} = 334{,}4$ kJ	technologisch: $\eta = \frac{Q_{nutz}}{Q_{tech}} = 87{,}6\ \%$	$\eta = \frac{Q_{nutz}}{Q_{in}} = 87{,}6\ \%$
technologisch notwendige Nutzenergie	Q_{tech} oder W_{tech}	$Q_{tech} = 381{,}6$ kJ	technisch: $\eta = \frac{Q_{tech}}{Q_{in}} = 100\ \%$	
eingesetzte Endenergie	Q_{in} oder W_{in}	$Q_{in} = 0{,}106$ kWh = 381,6 kJ		

Übertragung auf Produktionsprozesse

Für eine Technologie verkörpert die technologisch notwendige Nutzenergie die Energiemenge, die bei idealen Parametern erforderlich ist, um den geplanten Prozessoutput zu erzielen. Abweichungen von den idealen Parametern führen zu unnötigem Energieverbrauch:

- **Beispiel Zerspanung:** Suboptimale Schnittparameter in einem CNC-Programm können dazu führen, dass für das gleiche Zeitspanvolumen mehr mechanische Energie aufgebracht werden muss.
- **Beispiel Warmumformung:** Die überhöhte Erwärmung eines Werkstücks vor dem Umformprozess verursacht unnötige Wärmeverluste und erhöht den Energiebedarf, ohne den Prozessoutput zu verbessern.

Um die Energieeffizienz von Produktionsprozessen zu erhöhen, bietet sich folgender Ablauf an:

1. Zunächst ist die physikalisch notwendige Nutzenergie zu ermitteln, also die theoretisch minimale Energiemenge, die zur Erreichung des gewünschten Prozessoutputs erforderlich ist.
2. Danach ist die am Werkstück tatsächlich technologisch notwendige Nutzenergie zu bestimmen.
3. Dann ist zu hinterfragen, ob alternative Technologien – wie etwa Erwärmung mittels Induktion anstelle von Gasfeuerung bei Warmumformung – die notwendige Energie senken können.

4. Im Anschluss sind technologische Verluste, z. B. durch suboptimale Prozessführung, zu reduzieren.
5. Als Letztes sind technische Verluste durch unnötige Wartezeit oder ineffiziente Anlagentechnik zu minimieren, um die eingesetzte Endenergie möglichst verlustfrei in Nutzenergie umzuwandeln.

6.5.1 Werkzeugmaschinen zur Zerspanung

Die mechanische Bearbeitung von Werkstücken lässt sich grundsätzlich in die Zerspanung und die Blechbearbeitung unterteilen. Die theoretische Nutzenergie für das Zerspanen entspricht der spezifischen Schnittkraft k_c in Abhängigkeit von der Spanhöhe. Bei Stahlwerkstoffen liegt sie beim Schruppen bei etwa 2 J/mm^3 Späne, während sie beim Schlichten mit rund 3 J/mm^3 um etwa das 1,3-Fache höher ausfällt.[5]

Die technologisch notwendige Nutzenergie ergibt sich aus der Bearbeitung auf einer konventionellen Drehmaschine durch die kombinierte Spindel- und Vorschubbewegung. Sie wird bei großer Spanhöhe für das Schruppen mit etwa 4 J/mm^3 angegeben und steigt stark an, wenn die Spanhöhe sehr gering ist.[6] Für die eingesetzte Endenergie liegen die Werte bei rund 10 J/mm^3 Späne für die Schruppbearbeitung auf einer CNC-Maschine, sodass der Gesamtwirkungsgrad bei ca. 20 % liegt (Tabelle 6.2). Beim Schlichten erhöht sich dieser Wert um etwa den Faktor 4. Bei sehr kleinen Zeitspanvolumina kann der Wert aufgrund der dominierenden Grundlast der Maschine sehr groß werden. Die Grundlast hängt wesentlich vom Umfang der Zusatzaggregate und der eingesetzten Automatisierungseinrichtungen ab.

Tabelle 6.2 Wirkungsgrade für die Schruppbearbeitung beim Drehen von Stahl

Energieform	*W*/Spanvolumen	Einzelwirkungsgrade	Gesamtwirkungsgrad
physikalisch notwendige Nutzenergie	2 J/mm^3	technologisch: $\eta = \frac{W_{nutz}}{W_{tech}} = 50\ \%$	$\eta = \frac{Q_{nutz}}{Q_{in}} = 20\ \%$
technologisch notwendige Nutzenergie	4 J/mm^3	technisch: $\eta = \frac{W_{tech}}{W_{in}} = 40\ \%$	
Endenergie der Maschine	10 J/mm^3		

Bezogen auf die Dichte von Stahl (7,85 g/cm^3) ergeben sich aus 10 J/mm^3 für das Schruppen 0,354 kWh Strom je kg Späne. Mit dem Emissionsfaktor für Strom im Jahr 2021 von 0,435 kg CO_2/kWh[7] resultiert daraus ein Ausstoß von 0,154 kg CO_2 pro kg Späne. Der

[5] Vgl. Lochmann 2012, S. 381

[6] Vgl. Redecker 2016, S. 101 ff. und Degner et al. 2019, S. 116 ff.

[7] BAFA 2025

Primärenergiefaktor für den nicht erneuerbaren Anteil (PEF_{ne}) von 1,8 nach GEG führt zu einem nicht erneuerbaren Primärenergieverbrauch (PEV_{ne}) von 2,29 MJ/kg Späne. Für die Schlichtbearbeitung ergeben sich jeweils etwa vierfache Werte. Die Gesamtemissionen und der Primärenergiebedarf eines konkreten Bauteils lassen sich durch gewichtete Anteile von Schrupp- und Schlichtbearbeitung hochrechnen.

Die Maschinenbearbeitung erfordert zusätzlich zur eigentlichen Zerspanung auch Energie für die Betriebsinfrastruktur, wie zum Beispiel Beleuchtung, Druckluft, IT-Systeme sowie Raumheizung bzw. -klimatisierung. Für den Strombedarf der Schruppbearbeitung kann in der Praxis oft mit einer Verdoppelung auf rund 20 J/mm^3 Späne gerechnet werden. Bei einem Zweischichtbetrieb mit mittlerer Auslastung liegt der Infrastrukturfaktor typischerweise bei etwa 80 %, sodass der Gesamtstrombedarf (Maschine + Infrastruktur) auf ca. 25 J/mm^3 ansteigt. Dieser Wert ist stark von den betrieblichen Gegebenheiten abhängig und wäre durch Messen, Hochrechnen oder Abschätzen für den konkreten Fall zu ermitteln.

Ansätze zur Effizienzsteigerung bei Bestandsmaschinen

Die Energieeffizienz und zugleich die Produktivität kann bei vorhandenen Maschinen in erster Linie

- durch hohe Schnittgeschwindigkeiten und Spanquerschnitte,
- durch die Minimierung des Strombedarfs mittels Senkung der Nebenzeiten,
- durch die Optimierung der CNC-Programme hinsichtlich Bearbeitungsparametern, Leerlaufbewegungen und An-/Ausschaltzeitpunkten der Achsen, sowie
- durch die Nutzung vorhandener Energiesparfunktionen der Maschinensteuerung (beispielsweise automatische Abschaltung von Achsen oder Nebenaggregaten)

gesteigert werden.

Nebenaggregate wie Kühlschmiermittel-Aufbereitung oder Späneförderer können im Stand-by-Betrieb sogar mehr Energie verbrauchen als die Maschine selbst. Deren Steuerung sollte daher in die Optimierungsbetrachtung einbezogen werden. Weitere Potenziale bei Bestandsmaschinen bestehen in der Nachrüstung von Frequenzumrichtern für Lüfter und Pumpen, was je nach Teillastanteil den Strombedarf dieser Aggregate um 30–50 % reduzieren kann. Falls eine zentrale Prozesskühlung vorhanden ist, lässt sich der Stromverbrauch der Maschine durch Austausch des Kühlaggregats gegen einen Wärmetauscher um etwa 6–7 % senken.[8)]

Ein geeigneter Startpunkt für die Effizienzsteigerung sind Workshops an den Bestandsmaschinen gemeinsam mit Programmierern, Einrichtern und Bedienern. Sie dienen der Sensibilisierung aller Beteiligten, der Sammlung von Ideen und der Festlegung konkreter Maßnahmen.

---

[8] Vgl. Redecker 2016, S. 96 ff.

Effizienzkriterien bei Neubeschaffung

Bei der Beschaffung neuer Bearbeitungsmaschinen und Nebenaggregate sollten Energieeffizienzkriterien von Beginn an berücksichtigt werden, insbesondere folgende:

- energieeffiziente elektrische Antriebe (Wirkungsgrad ca. 80 %) anstelle von hydraulischen Achsantrieben (ca. 45 %)
- Motoren mit Effizienzklasse IE4 (Wirkungsgrad ca. 95 % ab 20 kW Leistung)
- frequenzgeregelte Pumpen und Lüfter
- intelligent gestufte Energieeffizienzmodi ohne Beeinträchtigung der Bearbeitungsqualität oder Wiederanlaufzeiten
- minimaler Bedarf an Sperrluftzufuhr, die im Ruhezustand automatisch abgeschaltet wird
- geringer Kühlbedarf bei gleichzeitig stabiler Genauigkeit der Achsen; Kühlung sollte im Ruhezustand heruntergeregelt werden können
- Anschlussmöglichkeit für Kühlung und KSS-Kreislauf an zentrale Versorgungssysteme: Die erforderliche Vorlauftemperatur an der Maschine sollte so hoch wie möglich sein, um die zentrale Versorgung mit möglichst hoher Vorlauftemperatur betreiben zu können.
- Prüfung des Einsatzes von Minimalmengenschmierung (MMS) anstelle von Kühlschmierstoffen: Neben dem reduzierten KSS-Verbrauch kann dies den Strombedarf der Maschine inklusive Nebenaggregate um etwa 15 % senken.[9]

Über die Anwendung der aufgeführten Kriterien hinaus sollte der Energieverbrauch für den Bearbeitungszyklus eines Referenzwerkstücks ermittelt und als wesentliches Kriterium in den Angebotsvergleich aufgenommen werden. So kann die tatsächliche Energieeffizienz für den späteren Betrieb realistisch beurteilt werden.

6.5.2 Werkzeugmaschinen zur Blechbearbeitung

Die Verfahren der Blechbearbeitung lassen sich in die Hauptkategorien Trennen, Umformen und Fügen einteilen. Beim Trennen kommen in der industriellen Praxis vor allem mechanisches Schneiden (Stanzen) und thermisches Strahlschneiden mit dem Laser zum Einsatz. Für das Stanzen großer Stückzahlen werden Pressen mit teilespezifischen Verbundwerkzeugen eingesetzt, die häufig zusätzlich Umformoperationen integrieren. Laserschneidmaschinen dienen vor allem der flexiblen Fertigung und ermöglichen frei konturierte Schnitte in unterschiedlichen Blechdicken.

[9] Vgl. Grebner 2017, S. 112

Mechanisches Schneiden (Stanzen)

Die physikalisch notwendige Nutzenergie zum Stanzen entspricht der theoretisch berechneten Schneidenergie. Für ein 1 mm dickes Stahlblech mit einer Zugfestigkeit R_m von 300 N/mm² und einer Schnittlänge von 1000 mm beträgt der theoretische Kraftbedarf für das Stanzen ca. 180 kN unter Annahme einer theoretischen Scherfestigkeit $\tau = 0{,}6 \times R_m$. Die theoretisch notwendige Schneidenergie beträgt bei 1 mm Blechdicke 180 Nm bzw. 0,180 J/mm² Schnittfläche (Tabelle 6.3).

Die technologisch notwendige Nutzenergie berücksichtigt zusätzlich den Verschleißfaktor $K_{Ver} = 1{,}2$ und eine erhöhte Scherfestigkeit $\tau = 0{,}8 \times R_m$. Daraus resultiert ein technologisch notwendiger Kraftbedarf von 288 kN und eine entsprechende Schneidenergie von 288 Nm bzw. 0,288 J/mm² Schnittfläche. Diese setzt sich aus der mechanischen Energie und den Verlusten in der Schneidzone durch Verformung, Reibung, Wärme etc. zusammen.

Bei einer geeigneten mechanischen Exzenterpresse mit 300 kN Maximalbelastung wird in der Praxis für Materialstärken bis 3 mm ein Arbeitsvermögen von mindestens 1000 Nm bereitgestellt. Dies entspricht bei einer Schnittfläche von 1000 mm² einem spezifischen Stromverbrauch von 1 J/mm² Schnittfläche. Unter Berücksichtigung eines Gesamtwirkungsgrades der Maschine von etwa 80 % aufgrund von Verlusten durch Reibung, Mechanik und Motor steigt der spezifische Stromverbrauch auf etwa 1,25 J/mm². Wird zusätzlich ein primärenergetischer Faktor (PEF_{ne}) von 1,8 angesetzt, ergibt sich ein primärenergetischer Verbrauch (PEV_{ne}) von 2,25 J/mm². Die daraus resultierenden Treibhausgas-Emissionen (THG) betragen 0,151 mg CO_2-Äq/mm². Mit zusätzlichen Zuschlägen für Infrastruktur und Auslastung gemäß Abschnitt 6.5.1 erhöht sich der spezifische Stromverbrauch auf rund 3,5 J/mm² Schnittfläche.

Tabelle 6.3 Wirkungsgrade beim Stanzen von 1 mm dickem Stahlblech mit R_m = 300 N/mm²

Energieform	W/Schnittfläche	Einzelwirkungsgrade	Gesamtwirkungsgrad
physikalisch notwendige Nutzenergie	0,180 J/mm²	technologisch: $\eta = \frac{W_{nutz}}{W_{tech}} = 62{,}5\,\%$	$\eta = \frac{Q_{nutz}}{Q_{in}} = 14{,}4\,\%$
technologisch notwendige Nutzenergie	0,288 J/mm²	technisch:	
Endenergie der Maschine	1,25 J/mm²	$\eta = \frac{W_{tech}}{W_{in}} = 23{,}0\,\%$	

Hydraulische Pressen weisen gegenüber mechanischen Pressen einen etwa doppelt so hohen Energieverbrauch und entsprechende Emissionen auf.

Laserschneiden

Für die flexible Fertigung frei konturierter Schnitte werden überwiegend 2D-Laserschneidmaschinen eingesetzt. Beim gängigen Schmelzschneiden wird dazu der Werkstoff auf Schmelztemperatur erhitzt und anschließend mit einem Inertgas aus dem Schneidspalt ausgeblasen.

Energieverbrauch und Treibhausgas-Emissionen des Laserschneidens sollen an einem Beispiel aufgezeigt werden. Für dieselbe Bearbeitungsaufgabe wie beim Stanzen (Stahlblech 1 mm dick über eine Schnittlänge von 1000 mm schneiden) muss beim Laserschneiden zusätzlich der Schneidspalt eingerechnet werden. Bei einer typischen Spaltbreite von 0,2 mm ergibt sich ein Schneidvolumen von 200 mm^3. Die theoretische Schmelzenergie für Stahl beträgt etwa 1,01 MJ/kg, was 7,95 J/mm^3 entspricht, um den Werkstoff auf 1540 °C zu erhitzen. Ungeachtet des geringeren Energiebedarfs beim mechanischen Schneiden wird für die weitere Betrachtung der berechnete Wert des Laserschneidens als physikalisch notwendige Nutzenergie angesetzt (Tabelle 6.4).

Ein Faserlaser mit 1,06 µm Wellenlänge weist eine Absorption von ca. 40 % im Stahl auf. Unter Berücksichtigung thermischer Verluste (abhängig von Werkstoff, Blechdicke und Laserleistung) wird hier ein thermischer Wirkungsgrad von 50 % angenommen. Daraus resultiert eine technologisch notwendige Nutzenergie von 39,75 J/mm^3.

Bei einem Wirkungsgrad des Faserlasers von 30 % (Verhältnis von Strahlleistung zu elektrischer Leistungsaufnahme) ergibt sich daraus ein Strombedarf von 132,51 J/mm^3. Die dabei entstehende Verlustleistung muss abgeführt werden. Bei einer luftgekühlten Kältemaschine mit einer Energy Efficiency Ratio (EER) von 2,3 entstehen zusätzliche 40,33 J/mm^3 Strombedarf für die Kühlung. Die Bewegungseinheiten des Schneidkopfs sind auf einem ca. 400 kg schweren Trägerportal montiert. Bei einer Schnittgeschwindigkeit von 20 m/min und einem Wirkungsgrad der Antriebe von 75 % entstehen 100 J zusätzlicher Stromverbrauch, was auf das Schneidvolumen bezogen nur 0,01 J/mm^3 entspricht. Das Schneidgas (hier Stickstoff) wird mit einem Verbrauch von ca. 1 l/min eingesetzt, was bei 0,1 l/m Schneidweg einem zusätzlichen Strombedarf von 1,15 J/mm^3 entspricht. In Summe ergibt sich damit ein elektrischer Energiebedarf von 174 J/mm^3, bezogen auf die Schnittfläche von 34,8 J/mm^2. Unter Berücksichtigung eines primärenergetischen Faktors PEF_{ne} von 1,8 resultiert ein primärenergetischer Verbrauch PEV_{ne} von 313,2 J/mm^3. Die entsprechenden Treibhausgas-Emissionen (THG) betragen $21{,}03 \times 10^{-3}$ g CO_2-Äq./mm^3.

Bei einem Vergleich der Stromverbräuche für Stanzen und Laserschneiden ergeben sich, hochgerechnet auf einen Schnitt von 1000 mm Länge in 1 mm dickem Stahlblech, folgende Werte:

- **Exzenterpresse:** 1,25 kJ (= 0,35 Wh)
- **2D-Laserschneidmaschine:** 34,80 kJ (= 9,67 Wh)

Der Energiebedarf der Laserschneidmaschine liegt somit um den Faktor 28 höher. Ein direkter Vergleich ist jedoch nur eingeschränkt möglich: Lasermaschinen können beliebige Konturen schneiden und auch Materialstärken bis 20 mm in Losgröße 1 bearbeiten. Exzenterpressen eignen sich dagegen primär für dünne und mittlere Blechdicken in hohen Stückzahlen. Flexible Stanzmaschinen decken einen Teilbereich der Lasermaschinen-Leistungsfähigkeit ab, sind jedoch auf Blechdicken bis etwa 4 mm beschränkt. Für einen energieeffizienten Betrieb empfiehlt es sich, Stanz- und Laserschneidmaschinen kombiniert einzusetzen, um das Laserschneiden auf große Materialstärken zu beschränken.

Tabelle 6.4 Wirkungsgrade beim Laserschneiden von 1 mm dickem Stahlblech

Energieform	W/Schneidvolumen	Einzelwirkungsgrade	Gesamtwirkungsgrad
physikalisch notwendige Nutzenergie	7,95 J/mm³	technologisch: $\eta = \frac{W_{nutz}}{W_{tech}} = 20\,\%$	$\eta = \frac{Q_{nutz}}{Q_{in}} = 4{,}57\,\%$
technologisch notwendige Nutzenergie	39,75 J/mm³	technisch: $\eta = \frac{W_{tech}}{W_{in}} = 22{,}84\,\%$	
Endenergie der Maschine	174 J/mm³		

Effizienzkriterien

Die Energieeffizienz vorhandener Maschinen lässt sich durch die Minimierung des Strombedarfs in Nebenzeiten deutlich erhöhen. Dies betrifft insbesondere die Antriebe hydraulischer Pressen sowie den Laserbetrieb bei Laserschneidanlagen. Automatische Abschaltmodi sollten aktiviert oder, sofern nicht vorhanden, durch den Hersteller nachgerüstet werden. Auch die vorschriftsgemäße Wartung und Inspektion tragen zu einem energieeffizienten Betrieb bei.

Wenn bislang hydraulische Pressen im Einsatz sind, sollten bei einer Neubeschaffung Maschinen mit servoelektrischen Antrieben in die Auswahl einbezogen werden. Je nach Wirkungsgrad lässt sich dadurch die Leistungsaufnahme der Antriebe um rund 45 % und die der gesamten Maschine um etwa 30 % reduzieren. Bei Exzenterpressen kann die Umstellung vom Schwungradantrieb auf einen servoelektrischen Stößelantrieb sinnvoll sein, sofern der Vorteil flexibel einstellbarer Hubgeschwindigkeiten genutzt werden soll und keine sehr hohen Hubzahlen im Dauerbetrieb erforderlich sind.

Die Energieeffizienz in der Lasermaterialbearbeitung hängt in erster Linie von optimal eingestellten Prozessparametern beim Schneiden und Schweißen sowie vom Wirkungsgrad des Lasers ab. Zum Abführen der Verlustwärme sollte vorzugsweise ein wassergekühltes Kühlaggregat oder eine zentrale Prozesskühlung eingesetzt werden. Die derzeit beste verfügbare Technologie für das Blechschneiden und -schweißen ist der Faserlaser mit einem Wirkungsgrad von etwa 30 %. Diodenlaser erreichen Wirkungsgrade von über 40 %, sind jedoch aktuell nur in niedrigen Leistungsbereichen verfügbar. Darüber hinaus sollte die Maschinensteuerung über intelligente Abschaltmodi verfügen, um den Energieverbrauch möglichst eng an den tatsächlichen Nutzenergiebedarf der Laserleistung zu koppeln.

6.5.3 Reinigungsanlagen

Metallische Teile werden in der Regel nass gereinigt. Dies gilt nach der spanenden Bearbeitung, vor der Oberflächenbehandlung und bei hohen Sauberkeitsanforderungen beispielsweise für eine Montage im Reinraum. Der Energiebedarf von Reinigungsanlagen kann dabei die Summe der Energiebedarfe der im Prozess vorgelagerten Zerspanungsmaschinen übersteigen.

Bei den heute gängigen wässrigen Anlagen erfolgt die Reinigung ähnlich wie in einer Geschirrspülmaschine: Die Werkstücke werden in Körben mit tensidhaltigem, erwärmtem Wasser durch Spritzdüsen behandelt. Bei einer Verschmutzung mit Kühlschmierstoff und Restpartikeln wird die physikalisch notwendige Nutzenergie mit ca. 0,14 J/m^2 Bauteiloberfläche angegeben. Diese entspricht der Energiemenge, die rein theoretisch erforderlich ist, um die Bindungsenergie zwischen Verschmutzung und Oberfläche zu überwinden.[10] Die technologisch notwendige Nutzenergie fällt mit 0,64 J/m^2 deutlich höher aus. Sie enthält die kinetische Energie des Fluids, um die Sauberkeit innerhalb der vorgegebenen Prozesszeit zu erreichen.[11]

Der reale Energieverbrauch einer Reinigungsanlage übersteigt diese Werte um ein Vielfaches: Für das Reinigen von 50 kg Stahlbauteilen bei einer Baderwärmung um 40 K in einem 18,3 min langen Zyklus mit Waschen, Spülen und Trocknen wurde ein Verbrauch von 3,62 MJ/m^2 (= 1,006 kWh/m^2) elektrischer Energie ermittelt (Tabelle 6.5).[12] Das entspricht unter Berücksichtigung eines primärenergetischen Faktors PEF_{ne} von 1,8 einem primärenergetischen Verbrauch (PEV_{ne}) über 6,52 MJ/m^2 Bauteiloberfläche und daraus abgeleitet 0,047 kg CO_2-Äq./m^2 an Treibhausgas-Emissionen (THG). Als untere Grenze des Energieverbrauchs wird die Energiebilanz der Reinigungskammer angegeben, die etwa 60 % des Gesamtenergieverbrauchs der Anlage ausmacht. Weitere signifikante Verbraucher sind Badumwälzung, Pumpen, Trocknungssysteme sowie gegebenenfalls Filter- und Aufbereitungseinheiten.

---

[10] Vgl. Junge 2018, S. 164 ff.

[11] Junge 2018, S. 161 ff.

[12] Junge 2018, S. 138 ff.

Tabelle 6.5 Wirkungsgrade für eine Reinigungsanlage (81 kg Stahlbauteile bei 40 K Baderwärmung)

Energieform	W/Schnittfläche	Einzelwirkungsgrade	Gesamtwirkungsgrad
physikalisch notwendige Nutzenergie	0,14 J/m²	technologisch: $\eta = \frac{W_{nutz}}{W_{tech}} = 0{,}22\ \%$	$\eta = \frac{Q_{nutz}}{Q_{in}} = 3{,}87 \cdot 10^{-8}\ \%$
technologisch notwendige Nutzenergie	0,64 J/m²	technisch: $\eta = \frac{W_{tech}}{W_{in}} = 17{,}6 \cdot 10^{-4}\ \%$	
Endenergie der Maschine	3,62 MJ/m²		

Effizienzkriterien

Bei vorhandenen Reinigungsanlagen sollte zunächst die erforderliche Badtemperatur im Zusammenhang mit der Dauer des Reinigungszyklus und deren Auswirkung auf das Reinigungsergebnis kritisch überprüft werden. Dies kann durch ein gezieltes Versuchsdesign mit Messungen der erzielten Sauberkeit sowie des Energieverbrauchs erfolgen. Parallel sollte die Sauberkeit der Bäder regelmäßig überwacht und rechtzeitig aufbereitet werden, da verschmutzte oder gealterte Bäder oft zu höheren Temperaturen oder längeren Prozesszeiten zwingen. Unabhängig davon lässt sich der Energieverbrauch durch eine bedarfsgerechte Steuerung reduzieren, etwa durch Abschalten oder Leistungsabsenkung von Aggregaten während Leerlaufphasen. Die Anlage sollte stets nur voll beladen betrieben werden, um Stand-by-Funktionen und Abschaltregime optimal auszunutzen. Sensorbasierte Beladungserkennung kann hier helfen, unnötige Teilzyklen zu vermeiden.

Bei der Neubeschaffung einer Reinigungsanlage wird als größter Effekt die erforderliche Dimensionierung – so groß wie nötig und so klein wie möglich – mit möglichst geringen Leerlaufzeiten angegeben.[13)] Die Steuerung der Anlage sollte ein Stand-by-Konzept enthalten und die Möglichkeit bieten, das An- und Abschalten einzelner Aggregate mit Vor- und Nachlaufzeiten zu steuern. Darüber hinaus sollten folgende Energieeffizienzmaßnahmen berücksichtigt werden:

- Einsatz von frequenzgeregelten Pumpen mit energieeffizienten Motoren (mindestens IE4)
- optimiertes Düsenkonzept mit höherem Volumenstrom bei reduzierter Druckbeaufschlagung
- vollständige Isolation aller wärme- und kälteführenden Komponenten, da Wärmeverluste in die Umgebung oft den größten Anteil der Verluste darstellen[14)]

[13] Vgl. FiT 2017

[14] Vgl. Junge 2018, S. 158

- Abdichtung der Reinigungskammer, um Wärmeverluste durch Abluft zu minimieren
- Energierückgewinnung durch Wärmetauscher zwischen verschiedenen Medien sowie in Aufbereitungssystemen
- Nutzung von Abwärme aus anderen Prozessen zur Baderwärmung
- Hinterfragen der Notwendigkeit aktiver Kühlung, sofern diese vom Anbieter vorgesehen ist
- alternative Trocknungskonzepte wie Vakuum-, Heißluft- oder Drucklufttrocknung in Verbindung mit einer abgesenkten Badtemperatur
- Möglichkeit, Bäder bei längeren Stillständen automatisch abzusenken oder in einen Energiesparmodus zu versetzen
- Integration einer automatisierten Badpflege (Filtration, Ölabscheidung), um die Notwendigkeit häufiger Neuansätze zu reduzieren

Beim Angebotsvergleich mehrerer vergleichbarer Anlagen sollte die Reinigung einer Referenzbeladung mit Sauberkeitsmessung und Messung des Energieverbrauchs obligatorisch sein. Eine solche Messung sollte sowohl mit maximaler als auch mit teilweiser Beladung erfolgen, um den Einfluss der Auslastung auf den spezifischen Energieverbrauch zu erfassen.

6.5.4 Lackieranlagen

Sichtbare Gehäusebleche oder Metallbaugruppen werden zum Korrosionsschutz oder aus optischen Gründen häufig lackiert. Dazu werden die Teile nach der Reinigung in Lackierkabinen mittels Lackzerstäubung beschichtet. Dabei wird zwischen wasserbasierten oder High-Solid-Nasslacken und Pulverbeschichtungen unterschieden. Der Lack wird in einer Trocknerkammer getrocknet oder vernetzt. Bei erhöhten Anforderungen an die Lackfunktionen können zusätzliche Prozessschritte erforderlich sein, etwa eine Konversionsschicht, ein Füllerauftrag oder mehrere Lackschichten.

Das Lackieren kann als energieintensiver Prozess gelten, da die Energiekosten 5 bis 15 % der gesamten Lackierkosten ausmachen. Das gilt insbesondere, wenn ein hoher Luftaustausch in den Spritzkabinen oder hohe Ofentemperaturen für die Lackaushärtung erforderlich sind:[15] Entsprechende – und mittlerweile veraltete – Anlagen zur Lackierung von Metallteilen mit wasserbasiertem Lack weisen bei Vollauslastung einen primärenergetischen Verbrauch (PEV_{ne}) von rund 31 MJ/m² lackierter Fläche auf.[16] Das entspricht unter Annahme eines primärenergetischen Faktors PEF_{ne} von 1,8 etwa dem Fünffachen des flächenbezogenen Energieverbrauchs der in Abschnitt 6.5.3 beschriebenen Reinigungsanlagen.

[15] Vgl. Bayrisches Landesamt für Umwelt 2006b, S. 3

[16] Vgl. Bayrisches Landesamt für Umwelt 2006a, S. 6

Spritzlackieren

Eine eindeutige Trennung zwischen physikalisch notwendiger und technologisch notwendiger Nutzenergie, wie sie beispielsweise bei Reinigungsanlagen möglich ist, lässt sich für den Lackauftrag bislang nicht belastbar vornehmen. Der überwiegende Teil des Energieeinsatzes entfällt nicht auf die Lackabscheidung selbst, sondern auf prozess- und sicherheitstechnische Rahmenbedingungen wie Luftaustausch, Temperatur- und Feuchteregelung. Im Folgenden wird daher ausschließlich von Nutzenergie gesprochen.

Die für den Lackauftrag benötigte Nutzenergie hängt vom notwendigen Luftdruck und Luftstrom ab, die sich wiederum nach der Förderleistung des Sprühsystems richten. Bei einer angenommenen Förderleistung von 100 ml/min, einem dafür erforderlichen Luftstrom von 150 l/min bei 3 bar Austrittsdruck und isothermer Verdichtung ergibt sich eine Druckluftleistung von etwa 275 W. Wird weiterhin eine Lackierleistung von 1 m^2/min, ein Feststoffanteil im Lack von 50 % und eine resultierende Schichtdicke von 50 µm zugrunde gelegt, entspricht dies einer erforderlichen Nutzenergie von rund 0,005 kWh/m^2 Lackschicht, vergleichbar mit dem Betrieb des Wasserkochers für neun Sekunden.

Der elektrische Energiebedarf realer Anlagen für die Spritzlackierung umfasst zusätzlich Kompressorverluste, den Luftaustausch der Kabine sowie gegebenenfalls Förder- und Handhabungstechnik. Er beträgt bei industriellen Lackieranlagen bei Nennauslastung 0,3 bis 1 kWh/m^2 Lack.[17] Hinzu kommt der Energieverbrauch für die Erwärmung der ausgetauschten Kabinenluft, der stark vom Zu- bzw. Abluftanteil und von der Notwendigkeit einer definierten Luftfeuchte abhängt. Im ungünstigen Fall führt dies zu einem zusätzlichen thermischen Energiebedarf von 2 bis 3 kWh/m^2 lackierter Fläche. In Summe ergibt sich ein PEV_{ne} der Spritzlackierung zwischen 2,45 und 4,5 MJ/m^2. Die Emissionen aus dem Stromverbrauch liegen zwischen 131 und 435 g CO_2/m^2. Bei gasbeheizter Zuluft kommen 136–251 g CO_2/m^2 hinzu.

Die Energieeffizienz vorhandener Spritzlackierkabinen lässt sich vor allem durch eine hohe Flächenlackierleistung in der Kabinenlaufzeit und die Reduzierung der Kabinenbelüftung steigern. Mögliche Maßnahmen sind folgende:

- Automatisierte statt manueller Lackierung, um die Flächenleistung zu erhöhen: Durch die Automatisierung kann zusätzlich die Kabinenbeleuchtung abgeschaltet und die Luftsinkgeschwindigkeit von arbeitsschutzbedingten Werten auf technisch notwendige Werte gesenkt werden.
- Einsatz feststoffreicher High-Solid-Lacke und Spritzverfahren mit hohem Auftragswirkungsgrad (beispielsweise HVLP oder elektrostatische Zerstäuber), um die notwendige Luftsinkgeschwindigkeit zur Lösemittel- und Oversprayabführung zu reduzieren (Senkung von 0,5 auf 0,3 m/s spart bis zu 20 % Energie)[18]

---

[17] Vgl. Rentz et al. 2002, S. 337 ff., und Bayrisches Landesamt für Umwelt 2006b, S. 25 ff.

[18] Vgl. Bayrisches Landesamt für Umwelt 2006a, S. 16

Bei Erneuerung oder Neubeschaffung der Anlagen zur Spritzlackierung bestehen die wesentlichen Potenziale zur Steigerung der Energieeffizienz

- in der Umstellung auf automatisierte Lackierung und auf Umluftbetrieb, soweit die Feuchtigkeit bei Nassabscheidung und die Lösemittelkonzentration hinsichtlich Explosionsschutz das zulassen (ca. 50 % Einsparung der Wärmeenergie),
- in der Umstellung auf Trockenabscheidung für maximalen Umluftbetrieb und zur Reduzierung der Abfallmenge (ca. 90 % Einsparung der Wärmeenergie),
- in der Wärmerückgewinnung aus Abluft zum Vorwärmen der anteiligen Frischluft (ca. 50 % bis 75 % Einsparung der Wärmeenergie für Frischluft),
- im Einsatz hocheffizienter frequenzgeregelter Lüfterantriebe mit einer Steuerung und Sensorik, die Abschaltmodi je nach Betriebszeit und Drehzahlregelung beispielsweise in Abhängigkeit von Partikelmengen ermöglicht (rund 30 % Energieeinsparung für die Belüftung).[19)]

Der thermische Energieaufwand zur Aufbereitung der Kabinenluft entfällt beim Wechsel auf Pulverbeschichtung metallischer Bauteile, da keine lösemittelhaltigen Emissionen mehr anfallen.

Lacktrocknung

Je nach Lacktyp, gewünschter Trockenzeit und Oberflächenqualität erfolgt die Lacktrocknung in beheizten Trockenöfen. Dabei unterscheidet man die forcierte Trocknung zum Beispiel von 2-K-Lacken bei 70 bis 80 °C, und die Aushärtung von Nass- und Pulverlacken bei Temperaturen zwischen 100 und 200 °C.

Die physikalisch notwendige Nutzenergie für die Trocknung hängt von den thermischen Eigenschaften des Bauteils und der Lackschicht ab. Bei metallischen Werkstoffen ist der Energiebedarf aufgrund der guten Wärmeleitung meist von der Erwärmung des gesamten Bauteils bestimmt, insbesondere bei massiveren Bauteilen. Beispielsweise benötigt ein Blechteil mit 1 mm Dicke, das um 130 K erwärmt wird, dafür 0,512 MJ ($\approx$ 0,14 kWh/m^2) thermische Energie. Würde dagegen nur der Wasseranteil der Lackschicht erwärmt und verdampft werden (ohne Wärmeleitung ins Bauteil), sinkt die physikalisch notwendige Energie auf etwa ein Zehntel dieses Werts. Die Differenz zwischen diesem theoretischen Minimum und dem realen Verbrauch ergibt sich aus technologischen Anforderungen (zum Beispiel gleichmäßige Erwärmung, Prozessgeschwindigkeit) und technischen Verlusten (zum Beispiel Wärmeverluste an Luft, Bauteilträger oder Gehäusewände).

[19] Vgl. Bayrisches Landesamt für Umwelt 2006b, S. 26 ff.

Vergleich verschiedener Trocknungstechnologien

Die *induktive Trocknung* kann bei optimaler Kopplung zwischen Induktionsspule und Werkstück einen Wirkungsgrad von ca. 90 % erreichen. Das entspricht einer technologisch notwendigen Nutzenergie von 0,16 kWh/m^2, was mit dem physikalischen Minimum einschließlich Wärmeleitung ins Bauteil nahezu identisch ist. Moderne Mittelfrequenzanlagen erzielen zwischen Induktionsspule und Netzanschluss ebenfalls einen Wirkungsgrad von ca. 90 %, sodass sich ein Endenergiebedarf von 0,18 kWh/m^2 ergibt. Multipliziert mit dem Primärenergiefaktor (PEF_{ne} = 1,8) resultiert ein PEV_{ne} von 0,32 kWh/m^2 bzw. 1,15 MJ/m^2. Die THG- Emissionen betragen 78 g CO_2/m^2. Voraussetzung für den Einsatz der induktiven Trocknung von Lackschichten sind Bauteile, die gleichbleibende Geometrien für eine optimale Anordnung der Induktionsfelder aufweisen und aus elektrisch leitfähigen Werkstoffen bestehen, vorzugsweise aus Eisenwerkstoffen. Die Trocknung erfolgt hier indirekt: Das Bauteil wird induktiv erwärmt, wodurch die Lackschicht trocknet.

Die *Infrarotstrahlung* ist für das Trocknen eines gleichmäßigen Spektrums an dünnen, flachen Metallbauteilen ohne Schattenzonen geeignet. Trocknungsanlagen mit Infrarotstrahlern benötigen mit 0,33 kWh/m^2 etwas mehr als die doppelte elektrische Energie der Induktionstrocknung bei vergleichbaren Anwendungen.

Die *gasbeheizte Umlufttrocknung* ist weit verbreitet, da sie unabhängig von der Geometrie eine gleichmäßige Oberflächenerwärmung ermöglicht. Sie weist allerdings den geringsten Wirkungsgrad auf und benötigt im vergleichbaren Anwendungsfall 2,345 MJ thermisch/m^2. Die resultierenden Emissionen betragen 132 g CO_2/m^2. Trocknungsanlagen mit beheiztem Luftstrom arbeiten im anteiligen Umluftbetrieb. Der reale Energieaufwand beinhaltet neben dem Wärmeaustrag durch das Bauteil den Wärmeaustrag durch die Bauteilträger, die Schleusenluft, die anteilige Abluft und die Trocknerwände. Die Möglichkeiten zu Energieeinsparung sind für vorhandene Anlagen begrenzt:

- optimierte Brennerschaltung bei Produktionsunterbrechung
- Absenkung der Trocknungstemperatur durch den Einsatz von Lacken mit geringerer Aushärtungstemperatur, was zu einer proportionalen Einsparung des thermischen Energiebedarfs führt[20]

Bei Modernisierung der Trocknungsanlagen mit beheiztem Luftstrom kann die Wärmedämmung der Trocknerwände und die Abwärmenutzung der Abluft und der Brennerabgase maximiert werden, wodurch das Einsparpotenzial mit ca. 30 % angegeben wird.[21] Sofern diese noch nicht vorhanden sind und die Raumhöhe es zulässt, sollten Bodenschleusen (A-Schleusen) oder Klapp- bzw. Schiebetore vorgesehen werden, um den Wärmeaustrag zu minimieren.

---

[20] Vgl. Bayrisches Landesamt für Umwelt 2006a, S. 19

[21] Vgl. Bayrisches Landesamt für Umwelt 2006b, S. 46

Neue Trocknungsanlagen sollten für den emissionsfreien Betrieb ohne gasbeheizte Umluft ausgelegt werden. Die Herausforderung steigt mit zunehmender Trocknungstemperatur und Komplexität der Bauteilgeometrie. Dabei lassen sich die Ansätze und Einsparpotenziale wie folgt zusammenfassen:

- Umstellung auf Induktions- oder Infrarottrocknung mit den bereits beschriebenen Einsparpotenzialen
- Wasserbasierte Lacke mittels entfeuchteter Luft trocknen: Niedrigere Temperaturen und Trockenzeiten bei etwas erhöhtem Strombedarf können zu ca. 60 % weniger Gesamtenergiebedarf für die Trocknung führen.[22]
- Kompakte Trocknerbauformen wählen (zum Beispiel Rotationstrockner mit mehreren Ebenen): Reduziertes Volumen und reduzierte Oberfläche des Trockners führen zu einer Einsparung des Gesamtenergiebedarfs der Trocknung um mehr als 50 %.[23] Da zusätzlich von gasbeheizter Lufttrocknung auf Infrarottrocknung umgestellt wurde, konnte der Gesamtenergiebedarf um mehr als 75 % gesenkt werden.

Auslegung und Planung der gesamten Lackieranlage sollten ganzheitlich erfolgen und alle Anlagenteile von der Vorbehandlung über die Lackierung bis hin zur Trocknung umfassen. Dabei ist darauf zu achten, den Flächenbedarf und die Raumvolumina so groß wie nötig und gleichzeitig so kompakt wie möglich zu gestalten. Die Lüftungsanlage sollte von Anfang an in das Gesamtkonzept integriert werden, um unnötige Abwärme durch Querverluste zu minimieren. Die Anordnung der einzelnen Anlagenteile sollte eine Kaskadierung der Frischluft in Prozessrichtung sowie eine gezielte Nutzung der Abwärme gegenläufig zum Prozessfluss ermöglichen.

6.6 Erhöhung der Energieeffizienz in der Produktionsinfrastruktur

Produktionsgebäude benötigen eine technische Infrastruktur, die die notwendigen Nutzenergieformen bereitstellt und damit die Einhaltung der technischen Regeln für Arbeitsstätten gewährleistet.[24] Zu den wesentlichen Nutzenergieformen zählen insbesondere die Beleuchtung, die Sicherstellung einer angemessenen Raumtemperatur durch Heizung und Kühlung sowie eine technisch erzeugte Außenluftzufuhr, falls eine freie Lüftung nicht möglich oder nicht ausreichend ist. Darüber hinaus können je nach Art und Anforderungen der Produktionsanlagen zusätzliche Nutzenergieformen benötigt werden. In den meisten Fällen betrifft dies die Versorgung mit Druckluft. Selte-

---

[22] Vgl. Bayrisches Landesamt für Umwelt 2006a, S. 21

[23] Vgl. Bix/Derißen 2020, S. 12 ff.

[24] Vgl. BAuA 2021, insbesondere ASR 3.4, 3.5 und 3.6

ner werden Prozesskälte oder Hochtemperaturwärme nachgefragt, sofern diese nicht bereits von den Aggregaten der Produktionsanlagen selbst erzeugt werden.

Zur Erzeugung der verschiedenen Nutzenergieformen kommen in der Regel Querschnittstechnologien zum Einsatz. Dabei handelt es sich um technische Systeme, die in nahezu allen Industriebetrieben genutzt werden und grundlegende Energieformen wie Druckluft, Wärme, Kälte oder mechanische Antriebsleistung bereitstellen. Sie werden meist aus elektrischer Energie oder fossilen Brennstoffen (in der Regel Erdgas) gespeist. Obwohl ihr Betrieb und damit ihr Energieverbrauch idealerweise eng an den Gesamtbetrieb und insbesondere an die Auslastung der Produktionsprozesse gekoppelt sein sollte, zeigt die Praxis häufig, dass Querschnittstechnologien als produktionsunabhängige Grundlast betrieben werden. Dies führt nicht selten zu einem ineffizienten Energieeinsatz. Zudem übersteigt der Energieverbrauch dieser Systeme oftmals den der eigentlichen Produktionsmaschinen und -anlagen. Vor diesem Hintergrund ist es notwendig, die vorhandenen Einsparpotenziale im Zusammenhang mit den betrieblichen Anforderungen systematisch zu analysieren und darauf aufbauend geeignete Maßnahmen zur Verbesserung der Energieeffizienz sowohl der Querschnittstechnologien als auch der gesamten Produktionsinfrastruktur zu planen und umzusetzen.

6.6.1 Beleuchtung

In einem produzierenden Unternehmen liegt der Anteil der Beleuchtung am Gesamtstromverbrauch typischerweise bei etwa 5 bis 10 %. Insgesamt ist hier jedoch ein Rückgang des Verbrauchs durch die sukzessive Umstellung auf LED-Technologie zu beobachten.[25] Diese Umstellung wurde unter anderem durch das seit August 2023 geltende Verbot des Inverkehrbringens von T8- und T5-Leuchtstofflampen im Rahmen der RoHS-Richtlinie beschleunigt.

Für die Ermittlung der erforderlichen Nutzenergie beziehungsweise der erforderlichen Nutzleistung bei der Beleuchtung sollte zunächst die Beleuchtungsstärke am Arbeitsgegenstand unter Berücksichtigung der Mindestanforderungen für Arbeitsstätten bestimmt werden. Für die Hallengrundbeleuchtung beispielsweise sind gemäß den Arbeitsstättenregeln in der Regel 500 Lux (lx) erforderlich, wobei Montagearbeitsplätze mit mehr als 500 lx ausgeleuchtet werden sollten.[26]

Um eine Beleuchtungsstärke von 500 lx auf 1 m^2 Fläche zu erreichen, ist ein Lichtstrom von 500 Lumen (lm) notwendig. Dieser Wert hängt allerdings von der Reflexion und den Absorptionseigenschaften der umgebenden Oberflächen ab. Die 500 lm entsprechen einer theoretischen Nutzleistung von 0,732 W, basierend auf dem Normierungsfaktor von 683 lm/W. Dieser Wert ist bezogen auf monochromatisches grünes Licht mit einer Wellenlänge von etwa 555 Nanometern, bei dem das menschliche Auge am empfindlichsten

[25] Vgl. BMWI 2021, S. 48–50

[26] Vgl. BAuA 2021, ASR 3.4, S. 7

ist. Für weißes Licht, das aus einem Spektrum verschiedener Wellenlängen besteht, liegt die theoretische Lichtausbeute niedriger, typischerweise bei etwa 310 lm/W.[27] Daraus ergibt sich für 500 lx eine theoretische Nutzleistung von etwa 1,612 W.

Der tatsächliche Leistungsbedarf hängt vom eingesetzten Leuchtmittel ab. Für die Grundbeleuchtung einer 1000 m^2 großen Halle sind insgesamt etwa 500 000 lm erforderlich (Tabelle 6.6). Dies entspricht beispielsweise einer üblichen Installation mit 94 T8-Leuchten des Typs TL 58 W mit elektronischem Vorschaltgerät (EVG), Reflektor und einem eingeschwungenen Strahlverlust von ca. 20 %. Die Lichtausbeute von 92 lm/W resultiert in einer Lichtleistung pro Leuchte von rund 5336 lm und führt zu einer installierten Gesamtleistung von circa 5452 Watt. Im Vergleich dazu erfüllen LED-Leuchten mit gleicher Abmessung und Gehäuseform sowie einer Farbtemperatur von 4000 K diese Beleuchtungsanforderung mit einer Lichtausbeute von etwa 154 lm/W bei einem Leistungsbedarf von 35 Watt pro Leuchte. Dies führt zu einer installierten Gesamtleistung von etwa 3290 W, was etwa 60 % des Leistungsbedarfs der T8-Leuchten entspricht.[28] Trotz dieser Einsparung liegt der Leistungsbedarf der LEDs noch immer deutlich über der theoretisch möglichen Leistung einer verlustfreien Lichtquelle.

Tabelle 6.6 Vergleich der Leuchten für die Beleuchtung einer 1000 m^2 Halle mit 500 lx

Leuchtmittel	Lichtausbeute [lm/W]	Lichtstrom der Leuchte [lm]	Anzahl der Leuchten	Leistungsbedarf [W]
Weißes Licht einer verlustfreien Strahlungsquelle	310	500 (theoretische Leuchte)	1000 (theoretische Leuchte)	1613 *30 %*
LED-Leuchte mit 4000 K L*: 1500 mm, LP**: 35 W	154	5390	94	3290 *60 %*
T8-Leuchte TL mit EVG*** Reflektor: +33 %, Strahlverlust: -20 %, L: 1500 mm, LP: 58 W	92	5336	94	5452 *100 %*

* Länge
** Leistungsbedarf je Lampe
*** T8-Leuchte TL mit elektronischem Vorschaltgerät (nicht mehr erhältlich)

Neben der installierten Leistung des Leuchtmittels bestimmt vor allem die Einschaltdauer den tatsächlichen Energieverbrauch. Einflussfaktoren sind hier die betriebliche Rahmenarbeitszeit, die Tageslichtverhältnisse bei vorhandenen Fensteröffnungen sowie die Anwesenheit von Personen. Ältere Beleuchtungsanlagen erlauben zumeist nur eine raumbezogene Ein-/Aus-Schaltung. Diese können jedoch durch Zeitsteuerungen

---

27 Vgl. Murphy 2012, hier Mittelwert zwischen 250–370 lm/W

28 Für Angaben zu Leuchtentyp und Lichtausbeute vgl. Trilux 2021

nachgerüstet werden, um bei Normal- oder Zweischichtbetrieb die Beleuchtung am Ende der Arbeitszeit automatisch bis auf die Notbeleuchtung auszuschalten. Sollte eine Person noch anwesend sein, kann sie die für ihre Tätigkeit notwendige Beleuchtung erneut einschalten.

Moderne Beleuchtungssysteme sind häufig in Installationsbussysteme eingebunden, welche eine segmentweise Steuerung der Leuchten erlauben. Entlang einer Fensterfront kann durch Helligkeitssensoren das Tageslicht genutzt werden, indem Leuchten automatisch gedimmt oder geschaltet werden, um eine definierte Beleuchtungsstärke zu gewährleisten. Bei sporadischer oder unregelmäßiger Anwesenheit in bestimmten Räumen empfiehlt sich der Einsatz von Bewegungsmeldern, die Leuchten automatisch schalten. Für tischgebundene Arbeitsplätze oder Arbeitsbereichssysteme sind arbeitsplatz- oder bereichsbezogene Leuchten vorzusehen, während die Hallenbeleuchtung auf eine geringere Umgebungsbeleuchtungsstärke reduziert werden kann.

6.6.2 Heizung

Die Heizung dient der Raumtemperierung gemäß der Arbeitsstättenrichtlinie oder der Erreichung prozessspezifischer Temperaturen, beispielsweise in Messlaboren oder Reinräumen, häufig in Verbindung mit raumlufttechnischen Anlagen (RLT-Anlagen). Der Anteil der Heizung am Gesamtenergieverbrauch einer Produktionshalle kann signifikant sein, abhängig vom Zustand und von der Dämmung der Gebäudehülle, vom Wärmeeintrag aus Produktionsprozessen sowie von den Außentemperaturen im Jahresverlauf.

Die Raumtemperierung nach der Arbeitsstättenrichtlinie hat den Zweck, eine ausgeglichene Wärmebilanz des menschlichen Körpers sicherzustellen.[29] Welche Raumtemperatur als behaglich empfunden wird, hängt beim gesunden Menschen im Wesentlichen von der Bekleidung und der Schwere der Tätigkeit ab. Luftgeschwindigkeit und Luftfeuchte beeinflussen den behaglichen Bereich ebenfalls. Die empfundene bzw. örtliche Raumtemperatur setzt sich unter normalen Voraussetzungen aus der Lufttemperatur und der mittleren Strahlungstemperatur in etwa zu gleichen Anteilen zusammen.

Die erforderliche Nutzenergie für die Raumbeheizung hängt von der geforderten Rauminnentemperatur, den inneren Wärmelasten, der Außentemperatur, äußeren Wärmelasten sowie dem Wärmedurchgang der Raumumbauung ab. Ausgehend von einer gewünschten Raumtemperatur unterhalb der Körpertemperatur des Menschen, einem theoretischen Wärmedurchgang der Raumumbauung von 0 $W/(m^2 \cdot K)$ und fehlendem Luftwechsel müsste die Wärmeabgabe des Menschen nach außen abtransportiert werden, anstatt zu heizen.

---

[29] Vgl. BAuA 2021, ASR 3.5, S. 3

Die verfügbare Wohnfläche betrug im Jahr 2020 knapp unter 50 m^2 pro Kopf. Dieser Wert kann in etwa auch für Industriebetriebe inklusive aller Nebenflächen angesetzt werden. Unter der Annahme einer Wärmeabgabe des Menschen von 2,4 kWh pro Tag wären somit 17,5 kWh/(m^2 • a) abzutransportieren. In der Praxis muss in unseren Breiten jedoch geheizt werden: So muss in Passivhäusern trotz hoher Wärmedämmstandards Heizenergie in der Größenordnung der Wärmeabgabe eines Menschen mit einem Endenergieverbrauch von ca. 15 kWh/(m^2 • a) bereitgestellt werden. Passivhäuser liegen damit bei etwa einem Zehntel des Heizwärmebedarfs von Bestandsbauten und circa der Hälfte des Heizwärmebedarfs von aktuell errichteten Wohn- und Nichtwohngebäuden, also auch Produktionsgebäuden.

Bei der Warmwassererzeugung muss die Temperatur aus hygienischen Gründen auf mindestens 60–70 °C im Speicher bzw. 55–60 °C bei Durchlauferhitzern sichergestellt werden, um das Wachstum von Legionellen zu verhindern. In Warmwasserspeichern wird üblicherweise 70 °C angestrebt, da Legionellen sich besonders zwischen 25 °C und 45 °C vermehren, während Temperaturen ab etwa 60 °C ihr Wachstum stark einschränken oder die Bakterien abtöten. Die Trinkwasserverordnung (TrinkwV) empfiehlt dabei mindestens 60 °C im Speicher. 70 °C gelten in der Praxis als sicherer Richtwert, um auch Leitungsverluste auszugleichen. Durchlauferhitzer erhitzen das Wasser nur kurzzeitig, sodass 55–60 °C in der Regel ausreichen, um die Vermehrung von Legionellen wirksam zu verhindern.

Verbrennungswärme

In älteren Bestandsbauten von Produktionsbetrieben dominiert die Wärmeerzeugung für Heizzwecke durch das Verbrennen von Öl oder Gas. Die Verbrennungsenergie wird mittels Luft-Wasser-Wärmetauschern auf das umgewälzte Heizungswasser übertragen. Dabei sind Vorlauftemperaturen von bis zu 70 °C notwendig, um in Kombination mit unzureichender Dämmung der Gebäudehülle den Wärmetransport zu entfernten Verbrauchern und die behagliche Raumtemperierung bei niedrigen Außentemperaturen zu ermöglichen.

Der Wirkungsgrad der Wärmeerzeugung wird in Form der jahreszeitbedingten Raumheizungs-Energieeffizienz η_s gemäß der Verordnung (EU) Nr. 813/2013 zu Ökodesign-Anforderungen an Raumheizgeräte und Kombiheizgeräte angegeben. Für Brennstoffheizkessel bis 70 kW Wärmenennleistung bildet η_s ein Mittel von Wirkungsgraden mit 85 % Teillast und 15 % Volllast zuzüglich der Verluste ab. Sein Mindestwert beträgt 86 %. Bei Brennstoffheizkesseln über 70 bis 400 kW Nennleistung, die in vielen Betrieben zum Einsatz kommen, sind die Mindestwirkungsgrade bei 100 % und 30 % Wärmenennleistung direkt benannt und dürfen nicht unter nicht unter 86 % respektive 94 % fallen (Tabelle 6.7). Die Wirkungsgradberechnung bezieht die Wärmenennleistung auf den Brennwert und beinhaltet mindestens 3 % für Stand-by-Verluste der Temperaturregelung zuzüglich Stromverbrauch und thermischer Verluste. Der Stromverbrauch muss in den Verordnungen zur Ökodesign-Richtlinie mit einem Umwandlungskoeffizienten (= Primärenergiefaktor) von 2,5 multipliziert werden. Moderne Niedertemperaturbrennwertkessel erreichen bei Volllast eine jahreszeitbedingte Raumheizungs-Energieeffizienz η_s von maximal 96 %.

Für größere Produktionshallen und Gewerbegebäude werden gasbetriebene Luftheizungsgeräte eingesetzt, bei denen die Verbrennungswärme direkt an die Luft abgegeben wird. Diese Systeme ermöglichen eine schnelle und großflächige Erwärmung der Raumluft und sind besonders geeignet für Räume mit hohen Decken und hohem Luftwechsel. Für brennstoffbetriebene Luftheizungsgeräte bis 1 MW Nennwärmeleistung fordert die EU-Verordnung 2016/2281 die Einhaltung von mindestens 78 % für den Raumheizungs-Jahresnutzungsgrad η_s. Für die im Jahr 2016 besten auf dem Markt verfügbaren brennstoffbetriebenen Luftheizungsgeräte wird in dieser Verordnung der Wert von 84 % genannt. Gasbetriebene Luftheizgeräte können insbesondere bei hohen Wärmebedarfsspitzen eine wirtschaftliche und effiziente Lösung darstellen, da sie die Wärme direkt auf die Luft übertragen und Verzögerungen durch Wasserkreisläufe vermeiden.

Die Verbrennungswärme von Gas kann alternativ statt auf Heizungswasser oder Luftstrom auch auf Strahler übertragen werden, die offen als Hellstrahler oder bei Flammenführung in Rohren als Dunkelstrahler Infrarotwärme abstrahlen. Der Raumheizungs-Jahresnutzungsgrad η_s dieser Strahler ist in der EU-Verordnung 2024/110 von 2024 zu Ökodesign-Anforderungen für Einzelraumheizgeräte definiert. Er muss mindestens 90 % für Hellstrahler und 80 % für Dunkelstrahler betragen.

Der Vorteil der Strahler besteht in der schnellen und gezielten Erwärmung von Oberflächen wie die des menschlichen Körpers, ohne die Luft direkt zu beheizen. Dunkelstrahler sind geeignet für den Einsatz in Hallen mit hohen Deckenhöhen, schlechter Wärmedämmung, hohem Luftwechsel durch große Hallentore sowie in bestimmten oder sporadisch genutzten Zonen, die beheizt werden sollen. Liegen diese Gegebenheiten vor, kann die Einsparung im Vergleich zur konventionellen Warmluftheizung in der Größenordnung von 30 % bei gleicher Behaglichkeit betragen. Diese Einsparung ist unter anderem auf das Verringern der erforderlichen Konvektionswärme auf eine Mindesttemperatur gemäß ASR 3.5 von 19 °C zurückzuführen – mit dem Effekt von etwa 6 % Energieeinsparung pro Grad Temperaturabsenkung.

Kraft-Wärme-Kopplung (KWK) und Fernwärme

Der Einsatz fossiler Brennstoffe für Niedertemperaturzwecke wie das Heizen ist aus volks- und energiewirtschaftlicher Sicht verlustreich, weil die Wärme auf Raumtemperaturniveau abgesehen von ihrer Rückgewinnung nicht weiter nutzbar ist. Vorteilhafter ist der Einsatz fossiler Brennstoffe zur Stromerzeugung in Kraft-Wärme-Kopplung-(KWK-)Anlagen, bei denen die bei der Verbrennung entstehende Wärme gleichzeitig für Heizzwecke genutzt wird. Voraussetzung für die Einsparung ist allerdings, dass Strom und Wärme gleichzeitig benötigt werden. KWK-Anlagen in Form von gasbetriebenen Blockheizkraftwerken (BHKW) werden daher in Unternehmen, die Wärme ausschließlich für Heizzwecke benötigen, meist nur temporär, vor allem im Winter, zugeschaltet. Diese BHKW sind in der Regel so dimensioniert, dass der selbst erzeugte Strom den Eigenbedarf nicht übersteigt.

Bei KWK-Anlagen wird gleichzeitig Strom und Wärme erzeugt, was die Bestimmung des Wirkungsgrades schwieriger macht als bei Anlagen, die nur eine Energieform liefern. Der Wirkungsgrad hängt stark davon ab, wie viel von der erzeugten Wärme tatsächlich genutzt wird, und kann je nach Berechnungsmethode unterschiedlich ausfallen. Für die Bewertung der Klimawirkung des erzeugten Stroms wird gemäß Gebäudeenergiegesetz (GEG), Anlage 4, der sogenannte Verdrängungsstrommix herangezogen (vergleiche Abschnitt 3.5, Tabelle 3.8). Dabei wird der Strom aus der KWK-Anlage so angerechnet, als hätte er konventionell erzeugten Strom mit einem Primärenergiefaktor (PEF) von 2,8 ersetzt. Daraus ergibt sich für die erzeugte Wärme ein günstigerer PEF. Das soll anhand eines Berechnungsbeispiels näher erläutert werden:

- Ein gasbetriebenes BHKW erzeugt Strom mit einem Wirkungsgrad von 30 %. Der thermische Wirkungsgrad liegt bei 60 %. Die Verluste durch den Eigenbedarf an Strom und durch Abwärme betragen 10 %.
- Der Primärenergiefaktor für den Input Erdgas beträgt 1,1. Der Primärenergieinput beträgt damit 110 %.
- Für den erzeugten Strom beträgt der PEF wie erläutert 2,8. Daraus ergibt sich für die 30 % Strom ein Primärenergieanteil von 30 % × 2,8 = 84 %.
- Es verbleiben 26 % Primärenergie als Differenz zum Primärenergieinput von 110 %. Diese 26 % werden auf die 60 % erzeugte Wärme bezogen, sodass sich dafür ein Primärenergiefaktor von 0,43 ergibt.
- Die jahreszeitbedingten Raumheizungs-Energieeffizienz η_s gemäß der EU-Verordnung (EU) Nr. 813/2013 wird mit 1/PEF ermittelt und ergibt in diesem Beispiel somit 231 %.

Die jahreszeitbedingten Raumheizungs-Energieeffizienz η_s ist eine Aussage über die Primärenergieeffizienz gegenüber separater Erzeugung und kein physikalischer Wärme-Wirkungsgrad. Sie hängt von der primärenergetischen Bewertung des erzeugten Stroms ab. Bewertet man den Strom beispielsweise mit dem Primärenergiefaktor (PEF) 1,8 für den gesamten Strommix gemäß GEG, sinkt die primärenergetische Wärmeeffizienz auf 107 %. Gemäß EU-Verordnung Nr. 813/2013 muss dagegen ein PEF von 2,5 für die primärenergetische Bewertung des Stroms angesetzt werden, sodass eine jahreszeitbedingte Raumheizungs-Energieeffizienz η_s von 171 % entsteht. Dieser Wert liegt zwischen 150 und 200 % und würde auf dem zugehörigen Energielabel gemäß EU-Verordnung Nr. 811/2013 zur Einstufung A++ führen.

Die BHKW in Produktionsbetrieben werden überwiegend mit Erdgas betrieben. Zur Eliminierung der Treibhausgas-Emissionen setzt ihr dauerhafter Einsatz voraus, dass sie mit regenerativ erzeugten Brennstoffen betrieben werden können. Sie werden durch den Staat nur noch gefördert und ab einer bestimmten Leistung nur noch zugelassen, wenn sie mit Wasserstoff betrieben werden können.

Für kleine oder mittlere Produktionsbetriebe mit saisonalem Wärmebedarf ausschließlich für Heizzwecke ist der Anschluss an ein Fernwärmenetz interessant, sofern auf kommunaler Ebene diese Möglichkeit angeboten und gegebenenfalls gefördert wird. Da die Heizzentrale mehrere Verbraucher versorgt, kann sie als KWK-Anlage größer dimensioniert werden und weist Vorteile beim Anschluss an ein Wasserstoffnetz auf, da dieser zentral erfolgen kann und nicht für jeden einzelnen Betrieb separat erforderlich ist. Hinsichtlich der Energieeffizienz sind dabei eventuelle Wärmetransportverluste im Wärmenetz des verbrauchenden Produktionsbetriebs zu berücksichtigen.

Elektrische Einzelraumheizgeräte

Wärme aus Strom kann durch verschiedene Verfahren erzeugt werden. Ein gemeinsamer Vorteil besteht darin, dass Strom mittlerweile zunehmend regenerativ hergestellt werden kann. Bei elektrischen Einzelraumheizgeräten nutzt man die Widerstandserwärmung eines hochohmigen Drahts.

Bei der Widerstandserwärmung beträgt der Wirkungsgrad der Wärmeerzeugung aus Strom 100 %, da die gesamte elektrische Energie in Wärme umgewandelt wird. Maßgeblich für den Gesamtwirkungsgrad ist daher der Primärenergiefaktor (PEF) für Strom, der gemäß der EU-Verordnung 2024/1103 zu Ökodesign-Anforderungen für Einzelraumheizgeräte per Definition bei 1,9 liegt. Die Verringerung des PEF von 2,5 gemäß EU-Verordnung Nr. 811/2013 auf nun 1,9 ist auf den gestiegenen Anteil von Strom aus erneuerbaren Energien zurückzuführen. Daraus ergibt sich ein primärenergetischer Wirkungsgrad bzw. eine jahreszeitbedingte Raumheizungs-Energieeffizienz η_s für elektrische Einzelraumheizgeräte von bestenfalls 52,6 %. Die zu erfüllenden Mindestwerte liegen dabei meist über 40 % und die Referenzwerte für beste verfügbare Geräte bei 51 % (Tabelle 6.7).

Vorteilhaft ist die Widerstandsheizung insbesondere durch ihre dezentrale und aufwandsarme Installation als lokale Wärmequelle, die reaktionsschnell und bedarfsgesteuert für kurze Zeit Wärme liefert. Ein Nachteil elektrischer Einzelraumheizgeräte besteht darin, dass Strom mit einem Primärenergiefaktor von 1,9 bewertet wird und sie daher primärenergetisch ineffizient sind. Wärmepumpen hingegen nutzen denselben Energieträger deutlich effizienter, da sie durch die Nutzung von Umwelt- oder Abwärme aus einer Kilowattstunde Strom ein Mehrfaches an Nutzwärme bereitstellen können.

Wärmepumpen

Wärmepumpen nutzen die Kompressionswärme eines Kältemittels zur Beheizung. Das Kältemittel nimmt im entspannten Zustand, auch bei niedrigen Umgebungstemperaturen, Wärme aus der Umwelt auf. Durch Kompression werden Druck und Temperatur des Kältemittels erhöht. Im anschließenden Wärmetauscher (Verflüssiger oder Kondensator) gibt das Kältemittel seine Kondensationswärme unter konstantem Druck an das Heizungswasser ab. Nach dem Expansionsventil sinken Druck und Temperatur des Kältemittels schlagartig. Im folgenden Wärmetauscher (Verdampfer) nimmt es erneut Verdampfungswärme aus der Umwelt auf.

Da die Wärme aus der Umwelt entnommen und durch Verdichtung auf ein höheres Temperaturniveau gebracht wird, ist die Wärmeleistung P_W größer als die eingesetzte elektrische Verdichterleistung P_{El}. Der Quotient P_W/P_{El} wird als Leistungszahl oder Coefficient of Performance (COP) bezeichnet. Je höher der Quotient, umso effizienter arbeitet die Wärmepumpe. Der reale COP kann den Kehrwert des idealen Carnot-Kreisprozesses jedoch nicht überschreiten, der sich aus folgendem Quotienten ergibt:

$$\text{Ideales COP} = \frac{T_o}{T_o - T_u}$$

Dabei ist T_o die Verflüssigertemperatur und T_u die Verdampfertemperatur in Kelvin. Daraus folgt, dass der ideale COP vom Temperaturhub $T_o - T_u$ abhängt, was auch für den realen COP gilt.

Ein Berechnungsbeispiel verdeutlicht diesen Zusammenhang:

- Bei T_u am Verdampfer von 2 °C und T_o am Verflüssiger von 35 °C ergibt sich ein idealer COP von 308,15 K/33 K = 9,3.
- Wird die Verflüssigertemperatur auf T_o von 55 °C erhöht, sinkt der ideale COP auf 6,2.
- Steigt bei gleicher Verflüssigertemperatur von T_o = 55 °C die Verdampfertemperatur auf 14 °C durch Nutzung von Geothermie oder Erdwärme, erhöht sich der ideale COP auf 8,0.

Der reale COP wird in Abhängigkeit von T_u und T_o sowie vom Wärmepumpentyp angegeben, zum Beispiel A2W35 für Luft-/Wasser-Wärmepumpen mit 2 °C Lufttemperatur (A ≙ Luft, T_u ≙ 2) und 35 °C Vorlauftemperatur des Wassers (W ≙ Wasser, T_o ≙ 35). Typische Werte für den realen COP liegen zwischen 3,5 und 4,5. Diese Werte berücksichtigen Verluste im Kompressor und im Leitungssystem, etwa durch nicht nutzbare Abwärme.

Das Verhältnis vom realen zum idealen COP wird als Gütegrad bezeichnet und liegt typischerweise zwischen 0,35 und 0,55. Dieser Gütegrad ist vergleichbar mit einem realen Wirkungsgrad, der den Unterschied zwischen der theoretisch notwendigen Nutzleistung und dem realen Leistungsbedarf einer Anlage beschreibt.

Ergänzend zum COP dienen als Energieeffizienzkennzahlen über den Jahresverlauf der Seasonal COP (SCOP) gemäß DIN EN 14825 und die daraus abgeleitete jahreszeitbedingte Raumheizungs-Energieeffizienz η_s gemäß EU-Verordnung Nr. 813/2013. Die DIN EN 14825 legt die Berechnung der saisonalen Energieeffizienz von Klimageräten und Wärmepumpen fest, einschließlich der Kennzahlen SEER für den Kühlbetrieb und SCOP für den Heizbetrieb. Der SCOP berücksichtigt verschiedene Verdampfertemperaturen als Abbild der jahreszeitlichen Temperaturverläufe sowie eventuelle Zusatzheizungen. Er wird für Verflüssigertemperaturen von 35 °C und 55 °C und für drei verschiedene Klimazonen, darunter die durchschnittliche für Deutschland, ermittelt. Die jahreszeitbedingte Raumheizungs-Energieeffizienz η_s wird gemäß Ökodesign-Richtlinie als Quotient aus dem jeweiligen SCOP für 35 °C oder 55 °C und dem Primärenergiefaktor (PEF) von 2,5 für Strom gemäß EU-Verordnung Nr. 811/2013 ausgewiesen:

$$\eta_s = \frac{\text{SCOP}}{\text{PEF}} \cdot 100\,\%$$

Die EU-Verordnung Nr. 811/2013 legt als Mindestwerte für η_s von Niedertemperatur-Wärmepumpen (35 °C Vorlauftemperatur) 125 % und für Mitteltemperatur-Wärmepumpen mit 55 °C Vorlauftemperatur 110 % fest, die mittlerweile deutlich übertroffen werden (Tabelle 6.7).

Für Produktionsbetriebe bieten Wärmepumpen ein erhebliches Einsparpotenzial gegenüber brennstoffbetriebenen Heizungen, vorausgesetzt, dass kontinuierlich geeignete Wärmequellen wie Prozess- oder Kühlwasserrückläufe oder die Fortluft aus raumlufttechnischen Anlagen (RLT-Anlagen) zur Verfügung stehen. Die direkte Nutzung von Abwärme aus Prozess- oder Kühlwasserrückläufen mittels Wasser-Wasser-Wärmepumpen ist besonders effizient. Konstante hohe Quellentemperaturen und die hohe Effizienz dieses Wärmepumpentyps erlauben entsprechend hohe Senkentemperaturen bei gleichem COP. Bei diskontinuierlicher Verfügbarkeit dieser Wärmequellen kann eine Kombination mit anderen Quellen wie etwa Grundwasser sinnvoll sein. Aktuell erreichen Wasser-Wasser-Wärmepumpen bei einer Anwendung von W20/W55 einen SCOP von etwa 4, was beim PEF von 2,5 für Strom laut Verordnung einer jahreszeitbedingten Raumheizungs-Energieeffizienz von 160 % entspricht. Mit dem realistischeren PEF von 1,8 für Strom gemäß GEG würde dieser Wert sogar 222 % betragen. Im Vergleich dazu liegt der maximale η_s von verbreiteten Niedertemperaturbrennwertkesseln bei etwa 96 %. Die Effizienz der Wasser-Wasser-Wärmepumpe ist damit um den Faktor 2,3 höher.

In zentralen raumlufttechnischen Anlagen (RLT-Anlagen) wird die Abwärme aus der Fortluft mittels Luft-Luft-Wärmepumpen nach dem Wärmetauscher genutzt. Bei technischer Möglichkeit werden der Verdampfer im Fortluftkanal und der Verflüssiger im Zuluftkanal hinter dem Abluftwärmetauscher installiert, um die Zuluft zu erwärmen. Um konstante Senkentemperaturen wie zum Beispiel 20 °C zu gewährleisten, können reversible Wärmepumpen Verdampfer und Verflüssiger umschalten, um die Zuluft bei Bedarf zu kühlen. Luft-Luft-Wärmepumpen sind allerdings weniger effizient als Systeme mit Wasserwärmetauscher und benötigen große Übertragerflächen für den Wärmeübergang.

Tabelle 6.7 Jahreszeitbedingte Raumheizungs-Energieeffizienz η_s von Heizungsarten

Heizungsart	Mindest-η_s	Referenz-η_s	PEF für Strom	Bemerkungen
Brennstoffheizkessel	86 % (Volllast), 94 % (Teillast)	max. 96 % (Volllast)	2,5	Für Kessel > 70 ≤ 400 kW Nennleistung, gemäß EU-Verordnung Nr. 813/2013
Luftheizungsgeräte (Gas)	78 %	84 %	2,5	Werte gemäß EU-Verordnung Nr. 2016/2281
Infrarotstrahler (Dunkelstrahler)	80 %	88 %	1,9	Werte gemäß EU-Verordnung Nr. 2024/1103
Blockheizkraftwerk (BHKW)	100 %	145 %	2,5	Werte gemäß EU-Verordnung Nr. 813/2013
ortsfeste elektrische Einzelraumheizgeräte	43,1 % ≤ 250 W 47,5 % > 250 W	51 %	1,9	Werte gemäß EU-Verordnung Nr. 2024/1103
Mitteltemperatur-Wärmepumpen	110 %	145 %	2,5	Werte gemäß EU-Verordnung Nr. 813/2013
Niedertemperatur-Wärmepumpen	125 %	145 %*	2,5	Werte gemäß EU-Verordnung Nr. 813/2013

* Der Referenzwert wird von modernen Niedertemperatur-Wärmepumpen deutlich übertroffen.

6.6.3 Druckluft

Druckluft ist eine in produzierenden Unternehmen weit verbreitete Energieform. Ihre Anwendungen reichen vom Abblasen von Oberflächen zur Reinigung über Spritzlackierungen bis hin zu pneumatischen Steuerungen, zu Antrieben und zur Bereitstellung von Sperrluft an Motorspindeln in Zerspanungsmaschinen. In explosionsgefährdeten Bereichen sowie für die schnelle Entfaltung hoher Kräfte ist die Energieübertragung mittels Druckluft unentbehrlich. Aufgrund der großen Anwendungsvielfalt beschränkt sich die nachfolgende Betrachtung der physikalisch notwendigen Nutzenergie auf die Energieform Druckluft selbst, auch wenn diese in der Praxis häufig in mechanische Arbeit umgewandelt wird.

Die theoretisch erforderliche Nutzenergie wird benötigt, um Luft auf einen bestimmten Druck und ein bestimmtes Volumen zu verdichten. Unter der Annahme einer isothermen Verdichtung findet die Kompression dabei ohne Temperaturänderung im System statt. Die adiabatische Verdichtung bildet die Realität näher ab, da sich die Luft bei Kompression erwärmt. Die für die adiabatische Verdichtung notwendige Energie ist daher größer und entspricht der technologisch notwendigen Nutzenergie, die ein Kompressor mit einem technischen Wirkungsgrad von 100 % benötigen würde. Die Temperaturerhöhung der komprimierten Luft wird in der Praxis jedoch nicht genutzt: Sie führt zu einer höheren relativen Feuchte der Druckluft, die durch Kühlung und Entfeuchtung aufbereitet werden muss. Deshalb wird für die Berechnung der physikalisch notwendigen Nutzenergie zumeist die isotherme Verdichtung zugrunde gelegt.

Die spezifische Leistung eines realen Kompressors wird aus dem elektrischen Leistungsbedarf und dem Ansaugvolumenstrom ermittelt und gilt für den optimalen Betriebspunkt. Der reale Energieverbrauch liegt für einen bestimmten Enddruck immer über der adiabatischen Verdichtungsarbeit (Bild 6.4).

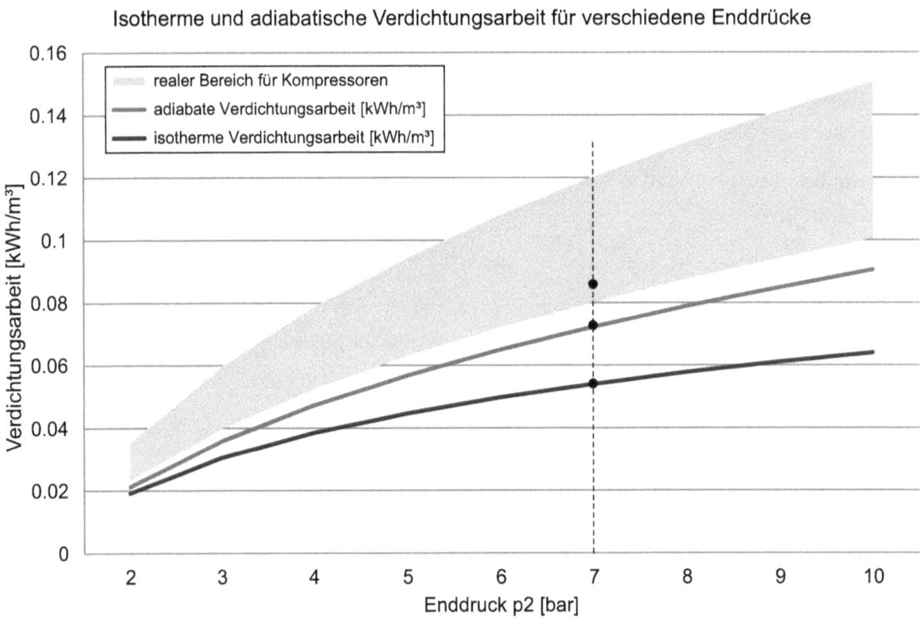

Bild 6.4 Isotherme und adiabatische Verdichtungsarbeit über den Enddruck

Zur Veranschaulichung dient folgende Berechnung:

- Aus der isothermen Verdichtung von 1 m³ Luft bei 20 °C von 1 bar auf den Enddruck von 7 bar ergibt sich eine physikalisch notwendige Nutzenergie von 195 kJ bzw. 0,054 kWh/m³. Bei einem Volumenstrom von 1 m³/min entspricht dies einer idealen spezifischen Verdichtungsleistung von 3,243 kW.
- Die adiabatische Verdichtungsarbeit – gleichbedeutend mit der technologisch notwendigen Nutzenergie – berücksichtigt über die Poisson-Zahl die unterschiedlichen Wärmekapazitäten der Luft bei konstantem Volumen und konstantem Druck. Für den Enddruck von 7 bar beträgt die adiabatische Verdichtungsarbeit 260 kJ bzw.

0,072 kWh/m³. Bei einem Volumenstrom von 1 m³/min ergibt sich daraus eine spezifische Verdichtungsleistung von 4,338 kW bei 100 % technischem Wirkungsgrad des Kompressors.

- Bei geregelten Kompressoren sollten für die Ermittlung der spezifischen Leistung die Nennwerte der Gesamtleistung verwendet werden, wobei Messungen den Typenschildangaben vorzuziehen sind. Verdichtet ein Kompressor beispielsweise 270 m³/h auf 7 bar und nimmt dabei eine Leistung von 23 kW auf, betragen die Endenergie 0,085 kWh/m³ und die spezifische Kompressorleistung 5,1 kW/(m³/min).
- Gemessen an der physikalisch notwendigen Nutzenergie 0,054 kWh/m³ entsteht durch die Endenergie ein isothermer Wirkungsgrad von 63,5 %. Der technische Wirkungsgrad beträgt 84,9 %.

In der Industrie werden überwiegend Schraubenkompressoren eingesetzt, da sie ein breites Spektrum an Druck- und Volumenstrombereichen abdecken. Beide Größen bestimmen die Leistungsaufnahme des Kompressors. Ein höherer Druck als 7 bar erhöht den Energiebedarf um etwa 8–10 % pro zusätzlichem bar. Gleichzeitig sinkt die spezifische Leistung mit steigendem Volumenstrom bis zum optimalen Betriebspunkt. Daher sollte die Kompressorleistung immer auf den tatsächlichen Volumenstrombedarf abgestimmt sein. Frequenzgeregelte Kompressoren gelten als Stand der Technik und arbeiten im Bereich von 40–80 % Last besonders wirtschaftlich. Sind mehrere redundante Kompressoren vorhanden, wird ihre Leistung durch eine übergeordnete Steuerung innerhalb eines definierten Druckbandes geregelt, wobei zyklisch zwischen Grund- und Spitzenlastbetrieb gewechselt wird.

Der isotherme Wirkungsgrad eines Kompressors liegt bei etwa 60 %, da die verdichtete Luft noch heiß ist und somit Exergie enthält. Nach Abkühlung auf Umgebungstemperatur beträgt der Wirkungsgrad der Drucklufterzeugung nur etwa 4–6 %. Etwa 90 % der elektrischen Leistungsaufnahme eines Kompressors wird in Wärme umgesetzt. Der Rest geht durch interne Leckagen verloren. Mit integrierten Wärmerückgewinnungssystemen können bis zu 75 % der eingesetzten elektrischen Energie als nutzbare Wärme in Form von Warmluft – oder bei Wasserkühlung als bis zu 90 °C heißes Wasser – zurückgewonnen werden. Im Winter dient die Warmluft zur Raumheizung, im Sommer erfolgt ihre Ableitung nach außen. Heißwasser aus der Öl- oder Wasserkühlung kann zur Unterstützung der Heizungsanlage oder zur Erwärmung von Brauch- und Prozesswasser eingesetzt werden. Dabei ist zu beachten, dass die Abwärme nur während des Kompressorbetriebs verfügbar ist. Bei fehlendem Wärmebedarf muss der Kompressor über zusätzliche Wärmetauscher rückgekühlt werden.

Eine Druckluftanlage besteht in der Regel aus mindestens zwei redundanten Kompressoren, einem Druckbehälter, einem Kältetrockner, einer Filtereinheit sowie einer Kondensatableitung. Die Kompressoren verursachen den größten Teil des Energieverbrauchs. Kühlung, Filterung und das Leitungsnetz führen zu weiteren Verlusten, die zu Druckabfällen und damit zu einem höheren Energiebedarf der Kompressoren führen. Bei einem Enddruck von 6 bar am Verbraucher liegt der Betriebsdruck am Kompressorausgang meist bei 7,0–7,8 bar. Damit entfallen 10–20 % der Gesamtleistungsaufnahme auf installationsbedingte Druckverluste. Hinzu kommen leckagebedingte Volumenstromverluste, die in gut gewarteten Netzen 10–15 % nicht überschreiten sollten, in der Praxis jedoch Werte von 30–60 % erreichen können.

6.6.4 Kühlung

Die maschinelle Kühlung von Luft und flüssigen Medien wurde ursprünglich zur Herstellung und Haltbarmachung von Lebensmitteln entwickelt. Inzwischen hat sie zunehmend Einzug in die metallverarbeitende Industrie gehalten. Hochpräzise Feinbearbeitungsprozesse, die Montage in Sauber- und Reinräumen sowie Qualitätsmessräume erfordern eine präzise Temperierung. Auch der Anspruch an die Klimatisierung von Büroräumen, die eine gezielte Wärmeabfuhr aus Räumen und Kühlmedien erforderlich macht, ist stetig gewachsen. Entsprechend stieg der Energiebedarf für Industriekälte ohne Berücksichtigung der Lebensmittelherstellung von 2009 bis 2017 um 26 %, während er im gleichen Zeitraum für die Gebäudeklimatisierung um 24 % zunahm.[30)]

Die für die Raumkühlung erforderliche Nutzenergie hängt analog zur Heizung von verschiedenen Faktoren ab: von der geforderten Innentemperatur, von inneren Wärmelasten, von der Außentemperatur, von äußeren Wärmelasten sowie vom Wärmedurchgangskoeffizienten der Raumhülle. Bei einem idealisierten Wärmedurchgang von 0 $W/(m^2 \cdot K)$ und ohne Luftwechsel müsste die Wärme, die durch Menschen und Prozesse erzeugt wird, vollständig nach außen abgeführt werden. Dies trifft insbesondere auf gut gedämmte Gebäude wie Reinräume zu, in denen Temperatur, Luftfeuchtigkeit und Partikelkonzentration konstant gehalten werden müssen. Für normale Büroräume und Werkhallen legt die Arbeitsstättenrichtlinie eine maximale Raumtemperatur von 26 °C fest.[31)] Im Rahmen der Klimatisierung sollte die Differenz zwischen Außen- und Innentemperatur aufgrund der Erkältungsgefahr 6 Kelvin nicht überschreiten, sodass bei Außentemperaturen bis zu 32 °C eine Innentemperatur von 26 °C gewährleistet wird. Effektive Schutzmaßnahmen wie zum Beispiel die Nutzung von Ventilatoren werden ab einer Raumtemperatur von 30 °C erforderlich, während Räume bei einer Lufttemperatur von 35 °C als Arbeitsräume ohne weitere Schutzmaßnahmen nicht mehr geeignet sind.

Die Nutzenergie für die Kühlung eines Prozesses entspricht der abzuführenden Wärmemenge

$$Q = E \cdot (1 - \eta)$$

[30] Vgl. Forschungsrat Kältetechnik 2019, S. 13

[31] Vgl. BAuA 2021, ASR 3.5, S. 6 ff.

mit E als Energieverbrauch und η als Wirkungsgrad des Prozesses. Zur Wärmeabfuhr wird ein Medium (meist Wasser oder Luft) eingesetzt, das die Prozesswärme aufnimmt und über eine geeignete Kühltechnik an die Umgebung abgibt. Die Auslegung der Kühlung basiert auf der kalorischen Formel

$$Q = m \cdot c \cdot \Delta T$$

mit Q als Wärmeleistung, m als Masse des Kühlmediums, c als spezifische Wärmekapazität und ΔT als Temperaturdifferenz zwischen Vor- und Rücklauf.

Die Auswahl der Kühltechnik und des Kühlmediums hängt maßgeblich davon ab, ob eine geregelte Vorlauftemperatur nahe oder unterhalb der Umgebungstemperatur erforderlich ist. Für die Kühlung von Motoren und Kompressoren genügt meist eine Luftkühlung, da sich deren Arbeitstemperaturen typischerweise um 100 °C bewegen. Auch bei Schaltschränken ohne nennenswerte Wärmequellen wird Luftkühlung eingesetzt, sofern die Raumtemperatur deutlich unter 35 °C liegt.

Sobald die Solltemperatur von Prozessen und die erforderliche Vorlauftemperatur des Kühlmediums nahe oder unter der Raumtemperatur liegen und geregelt werden müssen, kommen flüssige Kühlmittel in geschlossenen Kreisläufen zum Einsatz. Üblicherweise wird Wasser verwendet, dem funktionale Zusätze beigemischt werden, beispielsweise Schmierstoffe bei Kühlschmiermitteln, Glykol zum Frostschutz und Biozide zur Verlängerung der Standzeit. Die Wärmeübertragung erfolgt über Wärmetauscher zwischen Prozess und Kühltechnik.

Natürliche Kühlung

Kühltechnik dient dem gezielten Entzug von Wärme aus Kühlmedien wie Luft oder Wasser. Die verwendeten Technologien lassen sich grundsätzlich in natürliche und maschinelle Kühlung unterscheiden. Natürliche Kühlung bedeutet beispielsweise, dass bei hohen Raum- oder Prozesstemperaturen die Wärme an die kältere Umgebungsluft abgegeben wird. Vergleichbar dazu ist die Kühlung mit kaltem Wasser, beispielsweise aus Flüssen oder Grundwasser. Grundwasser weist üblicherweise eine konstante Temperatur zwischen 10 und 14 °C auf und kann sowohl zur Temperierung der Raumluft als auch zur Prozesskühlung eingesetzt werden. Voraussetzung für den Einsatz von Grundwasser ist eine Genehmigung in der Regel verbunden mit der Auflage, dass der erwärmte Wasserrücklauf mit einer zugelassenen Maximaltemperatur umweltschonend in die Natur zurückgeführt wird.

Eine weitere natürliche Kühltechnologie sind Eisspeicher. Die Erzeugung des Eises erfolgt allerdings maschinell. Während früher Eis in Gruben oder Felshöhlen gesammelt wurde, werden heute unterirdische Wasserbehälter mit Rohrbündeln versehen, die mit einem Wasser-Glykol-Gemisch gefüllt sind. Diese Behälter sind an Sole-Wasser-Wärmepumpen angeschlossen, welche dem Wasser über die Rohrbündel Wärme entziehen und gleichzeitig die Kristallisationswärme nutzen, die beim Gefrieren freigesetzt wird. Ein ähnliches Prinzip wird bei der thermischen Aktivierung von unterirdischen Sprinklerbecken angewandt: Das Löschwasser wird im Sommer zur Kühlung und im Winter als Wärmequelle für Wärmepumpen genutzt. Eine konkrete Anwendungsmöglichkeit besteht darin, Kühlwasser aus maschineller Kühlung tagsüber über einen Wärmetauscher mit Löschwasser zu kühlen und nachts die Temperatur des Löschwassers mittels freier Kühlung wieder abzusenken.

Eine im industriellen Maßstab häufig genutzte natürliche Kühlung basiert auf der Verdampfungsenthalpie von Wasser, meist kombiniert mit der Kühlung durch Umgebungsluft. Dabei wird die Energie genutzt, die Wasser beim Übergang vom flüssigen in den gasförmigen Zustand aufwendet. Beim Verdampfen entzieht das Wasser seiner Umgebung Energie in Form von Verdampfungswärme, was zu einer spürbaren Abkühlung der Umgebung führt. Die Verdampfungswärme beträgt etwa 630 W pro Kilogramm verdampften Wassers bei 100 °C, was der Differenz der Enthalpien von Wasserdampf und Wasser bei dieser Temperatur entspricht. Im Bereich der Raumtemperatur liegt dieser Wert bei etwa 680 W/kg. Da bei diesem Vorgang keine Wärme von außen zu- oder abgeführt wird, wird von adiabatischer Kühlung gesprochen.

Der Kühleffekt und die erreichbare Mindesttemperatur hängen entscheidend davon ab, wie viel Wasserdampf die Umgebungsluft aufnehmen kann. Diese Kapazität wird durch Temperatur und relative Luftfeuchte bestimmt, wobei der Normaldruck zugrunde gelegt wird. Soll beispielsweise Kühlwasser in einem Verdunstungskühlturm auf 14 °C abgekühlt werden, ist dies bei einer Luftfeuchtigkeit nahe 100 % nur möglich, wenn die Lufttemperatur unter 14 °C liegt. Bei einer Lufttemperatur von 20 °C sollte die relative Luftfeuchte 50 % nicht überschreiten, um die Kühlung effektiv zu gewährleisten.

Die Ausführung der adiabatischen Kühlung variiert je nach Einsatzzweck. Zur Kühlung von Raumluft wird Wasser direkt in den Raum, in Lüftungskanäle oder in raumlufttechnische Anlagen (RLT-Anlagen) auf Wärmetauscher gesprüht. Die Kühlung von Wasser erfolgt am effektivsten in Verdunstungskühltürmen. Diese bestehen aus einem Verrieselungskörper, über den sich das Kühlwasser verteilt und der mit einem aufsteigenden Luftstrom in Kontakt steht. Dabei wird dem Wasser Verdampfungswärme entzogen, wodurch es abkühlt. Die Luftmenge kann über Ventilatoren reguliert werden, um den Kühlprozess zu optimieren. Der Betrieb von Verdunstungskühltürmen unterliegt gemäß der 42. Bundes-Immissionsschutzverordnung (BImSchV) der regelmäßigen mikrobiologischen Untersuchung des Kühlwassers, insbesondere aufgrund der Gefahr der Legionellenausbreitung.

Alternativ zu klassischen Verdunstungskühltürmen werden zunehmend Hybridkühler eingesetzt. Hybridkühler kombinieren die Vorteile von trockener und nasser Kühlung, indem das Kühlwasser im geschlossenen Kreislauf durch Kühllamellen geführt wird, die von einem Luftstrom durchströmt werden. Zusätzlich können die Kühllamellen bei Bedarf mit Wasser besprüht werden, um eine Verdunstungskühlung zu ermöglichen. Diese Kombination erlaubt eine bessere Anpassung an wechselnde Umgebungsbedingungen und sorgt für eine höhere Energieeffizienz bei gleichzeitiger Reduzierung des

Wasserverbrauchs. Hybridkühler sind insbesondere in Regionen mit begrenzten Wasserressourcen von Vorteil, da sie den Wasserbedarf im Vergleich zu reinen Verdunstungskühltürmen deutlich senken.

Für die natürliche Kühlung von Luft und Kühlwasser ist lediglich der Energieaufwand für den Transport des Kühlmediums mittels Pumpen erforderlich. Dadurch ist das Verhältnis von abgeführter Kältemenge zu eingesetzter elektrischer Energie hoch. Bei der adiabatischen Kühlung werden Werte zwischen 10 und 20 angenommen, die mit steigender Kühlwassertemperatur tendenziell zunehmen.[32] Dieses Verhältnis wird in Kälteanlagen als Energy Efficiency Ratio (EER) bezeichnet und entspricht dem Coefficient of Performance (COP) bei Wärmepumpen.

Maschinelle Kühlung

Historisch sind Kältemaschinen die Vorläufer der Wärmepumpen. Ähnlich wie Wärmepumpen nutzen Kältemaschinen die Kompressionswärme eines Kältemittels, jedoch ausschließlich zu Kühlzwecken. Der wesentliche Unterschied besteht darin, dass das Kältemittel im entspannten Zustand die Wärme nicht aus der Umwelt, sondern aus dem zu kühlenden Medium aufnimmt. Auf der Verflüssigerseite gibt das Kältemittel die Kondensationswärme an die Umgebung ab. Durch die Wärmeentnahme aus dem Kühlmedium erzeugen Kältemaschinen eine Kältemenge P_W pro Zeiteinheit, die größer ist als die eingesetzte elektrische Verdichterleistung P_{El}. Die Kältemenge entspricht somit der entnommenen Wärmemenge aus dem zu kühlenden Medium.

Die Vielfalt der Anwendungen mit Kältebedarf führt zu einer heterogenen Begriffswelt in der Kältetechnik. In der Industrie werden Komfortkühler meist als Raumklimageräte eingesetzt, während Prozesskühler als Kältemaschinen für den Dauerbetrieb und mit höherer Präzision in der Temperaturregelung genutzt werden. Komfortkühler kühlen vorwiegend Luft oder Wasser, während Prozesskühler meist Wasser im Kreislauf zum Prozess kühlen. Kältemaschinen, die Wasser als Übertragungsmedium verwenden, werden auch als Kaltwassersätze bezeichnet. Auf der Verflüssigerseite können Kältemaschinen, unabhängig von der Anwendung, entweder mit Wasser oder Luft gekühlt werden.

Der Quotient Kälteleistung (P_K)/elektrischer Leistungsbedarf (P_{El}) wird bei Kältemaschinen als Energy Efficiency Ratio (EER) bezeichnet. Je höher dieser Quotient, desto effizienter arbeitet die Kältemaschine. Die reale EER (EER_{re}) kann dabei den Kehrwert des idealen Carnot-Kreisprozesses (auch ideale EER) nicht überschreiten. Die ideale EER (EER_{id}) berechnet sich aus dem Quotienten der Verdampfertemperatur T_u und dem Temperaturhub, also der Differenz zwischen der Verflüssigertemperatur T_o und der Verdampfertemperatur T_u. Dabei sind die Temperaturen in Kelvin zu verwenden:

$$\mathrm{EER_{id}} = \frac{T_u}{T_o - T_u}$$

[32] Vgl. Kabus 2016

Die EER_{id} hängt damit von der Höhe des Temperaturhubs $T_o - T_u$ ab, was auch für die EER_{re} gilt. Beispielhaft führt eine Verdampfertemperatur von 2 °C und eine Verflüssigertemperatur von 35 °C zu einer EER_{id} von ca. 8,3. Für eine Wärmepumpe mit gleichen Temperaturen beträgt der ideale Coefficient of Performance (COP_{id}) 9,3. Daraus folgt die Beziehung

$$EER_{id} = \text{Idealer } COP_{id} - 1$$

Dieser Unterschied erklärt sich daraus, dass bei der Wärmepumpe die Verdichterleistung als Wärme grundsätzlich nutzbar ist, bei der Kältemaschine jedoch nicht. Wird die Verdampfertemperatur T_u gesenkt oder die Verflüssigertemperatur T_o erhöht, verringert sich sowohl die ideale als auch die reale EER. Typische reale EER-Werte liegen bei luftgekühlten Kältemaschinen zwischen 2 und 5 sowie bei wassergekühlten Geräten zwischen 3 und 6. Der Quotient EER_{re}/EER_{id} wird als Gütegrad bezeichnet.

Die reale EER bezieht sich auf Normbedingungen, die in der Regel 35 °C Außentemperatur für luftgekühlte und 30 °C Rücklauftemperatur für wassergekühlte Kühler vorsehen. Für Raumklimageräte wird die Rauminnentemperatur von 27 °C als Normwert angenommen. Für Kühltechnik zur Bereitstellung von gekühltem Wasser (Kaltwassersätze) gelten für die Komfort- und Prozesskühlung festgelegte Kaltwassertemperaturen am Auslass des Verdampfers. Die Effizienzanforderungen an Kühltechnik sind in verschiedenen Ökodesign-Verordnungen für unterschiedliche Produktgruppen geregelt. Diese Verordnungen formulieren Mindestanforderungen und benennen Referenzwerte, die die beste am Markt verfügbare Technik erreicht. Im Unterschied zur EER berücksichtigen die dort definierten Leistungszahlen den wechselnden Lastverlauf im Jahresverlauf und den spezifischen Einsatzzweck der Kühltechnik. Die Hersteller müssen diese Leistungszahlen normgerecht ermitteln und in den technischen Datenblättern ausweisen.

Zu den wichtigsten Leistungszahlen zählen die Seasonal EER (SEER) und der daraus abgeleitete Raumkühlungs-Jahresnutzungsgrad $\eta_{s,c}$, die speziell für Raumklimageräte und Komfortkühler verwendet werden (Tabelle 6.8 und Tabelle 6.9). Die SEER wird gemäß DIN EN 14825 ermittelt, indem der Jahreskühlbedarf durch den Jahresenergiebedarf dividiert wird. Die Berechnung erfolgt in vier definierten Lastzuständen und zugehörigen Außentemperaturen. Anschließend werden diese Werte anhand eines in der Norm festgelegten Stundenlastprofils interpoliert und Verluste durch zyklischen Betrieb berücksichtigt. Für die Umrechnung in den Raumkühlungs-Jahresnutzungsgrad $\eta_{s,c}$ (in Prozent) wird die SEER durch einen Primärenergiefaktor von 2,5 geteilt und mit 100 multipliziert und es wird pauschal 3 % für die Gerätesteuerung abgezogen. Diese Umrechnung ermöglicht den Vergleich von Klimageräten, die in der Regel auch heizen können, mit den Jahresnutzungsgraden der Heiztechnik. So entspricht eine SEER von beispielsweise 3,8 einem Raumkühlungs-Jahresnutzungsgrad von 149 %.

Tabelle 6.8 Seasonal EER (SEER) für Raumklimageräte bis 12 kW (nur Splitgeräte) gemäß Verordnung (EU) 2012/206

GWP des Kältemittels	Leistungsbereich	Mindest-SEER	Referenz-SEER
> 150	< 6 kW	4,6	8,5
≤ 150	< 6 kW	4,14	8,5
> 150	6–12 kW	4,3	8,5
≤ 150	6–12 kW	3,87	8,5

Tabelle 6.9 Seasonal EER (SEER) und Kühlleistungs-Jahresnutzungsgrade für Komfortkühler gemäß Verordnung (EU) 2016/2281

Gerätetyp	Leistungsbereich	Mindest-$\eta_{s,c}$ (SEER)	Referenz-$\eta_{s,c}$
elektrische Raumklimageräte	> 12 kW	189 (4,8)	257
Komfortkühler Luft-Wasser* (Kaltwassersätze)	< 400 kW	161 (4,1)	209 (< 200 kW) 225 (≥ 200 kW)
	≥ 400 kW	179 (4,6)	
Komfortkühler Wasser-Wasser* (Kaltwassersätze)	< 400 kW	200 (5,1)	272 (< 200 kW) 352 (≥ 200 kW)
	≥ 400 kW	252 (6,4)	
	≥ 1500 kW	272 (6,9)	

* Kaltwasservorlauftemperatur: 7 °C, Rücklauftemperatur: 12 °C

Für Prozesskühler wird als Leistungszahl die Jahresarbeitszahl (JAZ) oder aktueller die Seasonal Energy Performance Ratio (SEPR) verwendet (Tabelle 6.10). Bei der Bestimmung des Jahreskühlbedarfs und des zugehörigen Energieverbrauchs werden vier Lastzustände mit den jeweiligen Außen- bzw. Wassertemperaturen am Verflüssiger berücksichtigt. Diese unterscheiden sich von den Lastzuständen, die für die Ermittlung der SEER herangezogen werden. Die SEPR gilt immer für bestimmte Kühlwassertemperaturen am Auslass des Verdampfers. Dabei werden Prozesskühler je nach Betriebstemperatur in drei Klassen eingeteilt:

- hohe Betriebstemperaturen mit einer Auslasstemperatur von +7 °C
- mittlere Betriebstemperaturen mit einer Auslasstemperatur von –8 °C
- niedrige Betriebstemperaturen mit einer Auslasstemperatur von –25 °C

Für Prozesskühler mit hoher Betriebstemperatur ist zusätzlich eine Rücklauftemperatur von 12 °C für die Ermittlung der SEPR definiert.

Tabelle 6.10 Seasonal Energy Performance Ratio (SEPR) von Prozesskühlern gemäß Verordnung (EU) 2015/1095 und Verordnung 2016/2281

Gerätetyp	Leistungsbereich	Mindest-SEPR	Referenz-SEPR
Prozesskühler hoher Betriebstemperatur mit einer Auslasstemperatur von 7 °C/12 °C gemäß Verordnung (EU) 2016/2281			
Luft-Wasser	< 400 kW	5	6,5 (< 200 kW) 8 (≥ 200 kW < 400 kW)
	≥ 400 kW	5,5	8
Wasser-Wasser	< 400 kW	7	8,5 (< 200 kW) 12 (≥ 200 kW < 400 kW)
	≥ 400 kW	8	12,5 (≤ 400 kW < 1000 kW) 13 (≥ 1000 kW)
	≥ 1500 kW	8,5	
Prozesskühler mittlerer Betriebstemperatur mit einer Auslasstemperatur von –8 °C gemäß Verordnung (EU) 2015/1095			
Luft-Wasser	≤ 300 kW	2,58	3,4
	> 300 kW	3,22	3,7
Wasser-Wasser	≤ 300 kW	3,29	4,3
	> 300 kW	4,37	4,5
Prozesskühler niedriger Betriebstemperatur mit einer Auslasstemperatur von –25 °C gemäß Verordnung (EU) 2015/1095			
Luft-Wasser	≤ 200 kW	1,7	1,9
	> 200 kW	1,84	1,95
Wasser-Wasser	≤ 200 kW	2,09	2,3
	> 200 kW	2,42	2,7

Ansätze zur Verbesserung der Energieeffizienz

Die Effizienz der maschinellen Kühlung kann durch folgende Ansätze verbessert werden:

- Temperatur T_u am Verdampfer erhöhen
- Kälteleistung am Verdampfer verringern
- Temperatur T_o am Verflüssiger verringern
- Abwärme des Verflüssigers nutzen

Neben den nachfolgend näher erläuterten Ansätzen sollte die Kältemaschine selbst effizient ausgelegt sein. Die bereits erläuterten Leistungszahlen wie SEER (für Raumkühler) und in geringerem Umfang die SEPR (für Prozesskühler) berücksichtigen die Grundlast und die Anpassbarkeit an Teillasten in hohem Maße. Daher sollten diese Werte bei der Beschaffung von Kühlsystemen als wesentliche Kriterien einbezogen werden.

Für hohe Leistungszahlen werden Kältemaschinen häufig mit frequenzgeregelten Verdichtern ausgestattet, die eine stufenlose Anpassung der Motordrehzahl ermöglichen. In Raumklimageräten kommen dabei oft leisere Scrollverdichter zum Einsatz, die in einem großen Drehzahlbereich arbeiten können. Bei Anlagen größerer Leistung werden effizientere Hubkolbenverdichter verwendet, welche allerdings höhere Geräuschemissionen verursachen und in einem engeren Drehzahlbereich betrieben werden. Große Kältemaschinen besitzen häufig mehrere Hubkolbenverdichter, die je nach Kältebedarf im Wechselbetrieb einzeln zugeschaltet werden können. In Abhängigkeit vom Kältemittel und Verdichter können zusätzlich interne Wärmetauscher wie Economizer und Enthitzer zur Unterkühlung des Kältemittels nach Verflüssigung eingebaut werden. Dies senkt den Temperaturhub und erhöht so die Leistungszahl der Kältemaschine.

Erhöhung der Temperatur T_u am Verdampfer

Die Erhöhung der Temperatur am Verdampfer T_u führt zu einer Energieeinsparung von 3–4 %.[33] Maßnahmen hierzu umfassen das Überprüfen der Kältemenge und der Temperatur auf der Bedarfsseite. Kaltwassersätze sind oft auf eine Vorlauftemperatur von 6 °C ausgelegt, die beispielsweise für die Entfeuchtung von Luft in Reinräumen notwendig ist. Für Anwendungen mit höherem Temperaturbedarf wird das Kaltwasser über Dreiwegeventile mit Rücklaufwasser gemischt. Wenn für die Kühlung von Räumen oder Prozessen keine 6 °C erforderlich sind, sollte die nächsthöhere Vorlauftemperatur direkt an der Kältemaschine eingestellt werden statt über Mischeinheiten. Geringe Kaltwassermengen mit 6 °C können auch aus einem wärmeren Kaltwasserkreislauf mittels eines Wasser-Wasser-Kühlers erzeugt werden.

Verringerung der Kälteleistung am Verdampfer

Eine geringere Kälteleistung am Verdampfer resultiert aus einer kleineren Temperaturdifferenz zwischen Soll- und Raumtemperatur bei Klimageräten oder zwischen Vorlauf- und Rücklauftemperatur bei Kaltwassersätzen. Dies führt zu einer reduzierten Verdichterleistung, um die Verdampfertemperatur T_u konstant zu halten.

Bei konstanter Soll- oder Vorlauftemperatur kann die Verdichterleistung nur durch Absenkung der Raum- bzw. Rücklauftemperatur gesenkt werden. Natürliche Mittel zur Absenkung der Raumtemperatur sind beispielsweise Kühlregister in Räumen oder Lüftungsanlagen, die über Wärmetauscher mit Grundwasser, Eisspeicher oder Kühltürmen (adiabatisch) gekühlt werden.

[33] Vgl. Österreichische Energieagentur 2007, S. 9

Bei Kaltwassersätzen kann der Rücklauf vom Verbraucher vor der Kältemaschine über eine natürliche Kühlung vorgekühlt werden. Bei luftgekühlten Kaltwassersätzen wird hierfür ein Freikühler vorgeschaltet (Bild 6.5 und Bild 6.6). Das Rücklaufwasser wird dem Freikühler oder dem Verdampfer der Kältemaschine über ein geregeltes Dreiwegeventil zugeführt – je nachdem, ob maschinelle Kühlung oder freie Kühlung betrieben wird. In der Übergangszeit erfolgt die Kaltwassererzeugung im Mischbetrieb. Bei einer Vorlauftemperatur von 15 °C, einer Kälteleistung von 400 kW und mitteleuropäischen Temperaturen erhöht sich so die Leistungszahl um den Faktor 4,5 (Tabelle 6.11).

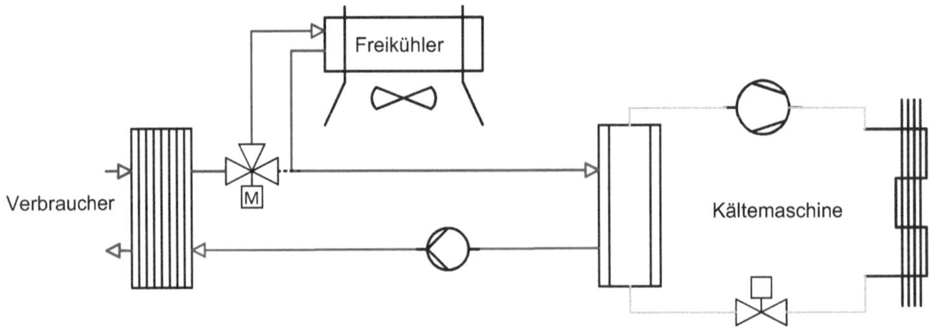

Bild 6.5 Luftgekühlte Kältemaschine in Kombination mit einem Freikühler im Winterbetrieb

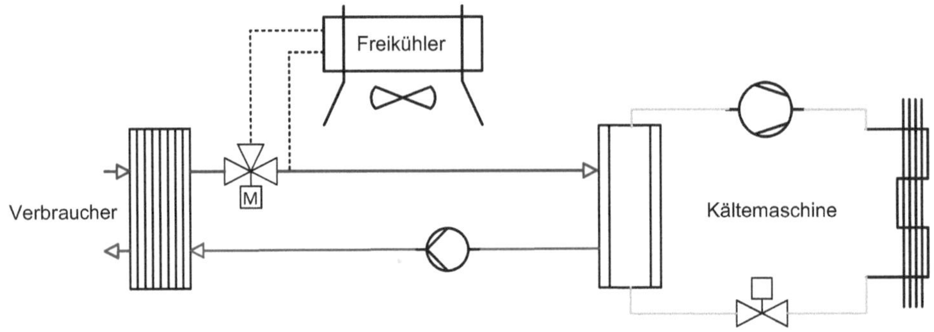

Bild 6.6 Luftgekühlte Kältemaschine in Kombination mit einem Freikühler im Sommerbetrieb

Bei wassergekühlten Kältemaschinen muss das Kühlwasser rückgekühlt werden. Ein auf der Kaltwasserseite im Rücklauf vorgeschalteter Wärmetauscher wird dazu auf der Kühlwasserseite parallel zum Verflüssiger der Kältemaschine mit der freien Kühlung, gegebenenfalls kombiniert mit anderen natürlichen Kühlquellen, verbunden (Bild 6.7 und Bild 6.8). Die Kühlwasserführung wird über ein geregeltes Dreiwegeventil gesteuert: Im maschinellen Kühlbetrieb, vorwiegend im Sommer, wird das Kühlwasser dem Verflüssiger zugeführt. Bei freiem Kühlbetrieb im Winter erfolgt die Zufuhr zum Wärmetauscher im Kaltwasserrücklauf. In der Übergangszeit arbeitet das System im Mischbetrieb.

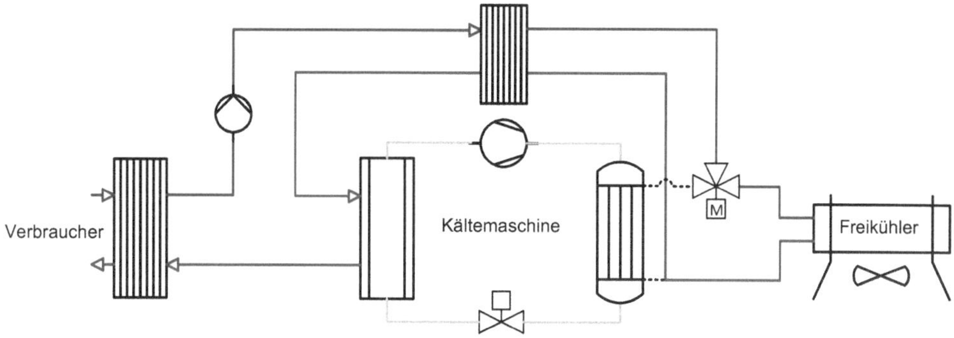

Bild 6.7 Wassergekühlte Kältemaschine in Kombination mit einem Freikühler im Winterbetrieb

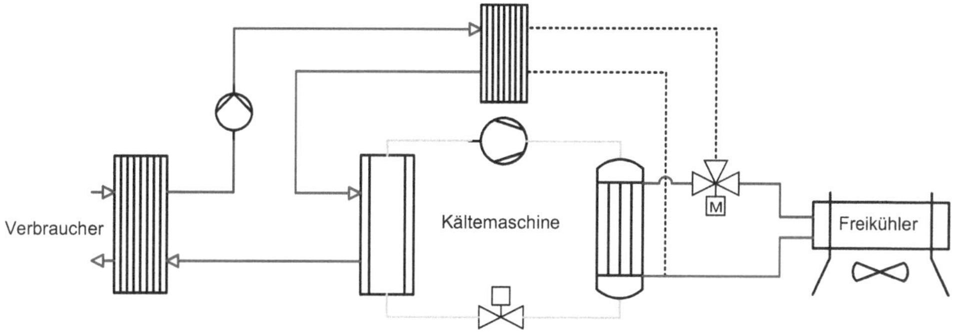

Bild 6.8 Wassergekühlte Kältemaschine in Kombination mit einem Freikühler im Sommerbetrieb

Tabelle 6.11 Energieeffizienz von Kühlsystemen im Vergleich[34)]

Kühlsystem	Leistung	Vorlauftemperatur	Energieeffizienz
Kältemaschine, luftgekühlt	180 kW	10–15 °C	100 % (Basiswert)
Kältemaschine, wassergekühlt	180 kW	10–15 °C	133 %
luftgekühlte Kältemaschine mit Freikühler	400 kW	15 °C	450 %
wassergekühlte Kältemaschine mit Freikühler	400 kW	15 °C	600 %

[34] Vgl. Rehsler Kühlsysteme 2025

Verringerung der Temperatur T_0 am Verflüssiger

Eine Senkung der Verflüssigertemperatur T_0 um 1 Kelvin spart etwa 1 bis 2 % Energie ein.[35] Kompakte Raumklimageräte sind meist mit einem Ventilator ausgestattet, um den Wärmeübergang vom Verflüssiger zur Umgebungsluft zu verbessern. Solche Geräte sollten möglichst im Schatten oder an der Nordseite eines Gebäudes installiert werden. Bei größeren luftgekühlten Kühlern sollte die Verflüssigeroberfläche möglichst groß sein und die Möglichkeit bieten, durch geregelte Wasserberieselung die Temperatur zu senken. Regelmäßige Wartung und Reinigung der Verflüssigerlamellen sind wichtig, um einen optimalen Wärmeübergang zu gewährleisten.

Wassergekühlte Kältemaschinen erreichen durch die bessere Wärmeübertragung niedrigere Verflüssigertemperaturen als luftgekühlte Systeme. Obwohl der Installationsaufwand höher ist, amortisiert sich dieser durch eine rund 33 % höhere Energieeffizienz über die Betriebszeit. Die Amortisationszeit verkürzt sich zusätzlich, wenn freie Kühlung zur direkten Kaltwasserkühlung genutzt wird. Bei Vorlauftemperaturen von 15 °C und einer Kühlleistung von 450 kW kann die Energieeffizienz um das Sechsfache gesteigert werden, wenn statt eines luftgekühlten Prozesskühlers ein wassergekühlter Kaltwassersatz mit freier Kühlung installiert wird. Die Amortisationszeit liegt gemäß der angegebenen Quelle bei etwa 1,4 Jahren.[36]

Nutzung der Abwärme des Verflüssigers

Die Wärme des Kühlwasserrücklaufs, die sowohl bei der freien als auch bei der maschinellen Kühlung entsteht, wird in der Regel ungenutzt an die Umwelt abgegeben. Diese Wärmeabgabe kann jedoch gezielt und sinnvoll genutzt werden, indem das erwärmte Kühlwasser beispielsweise unter Gehwegen, Zufahrten oder Parkplätzen geführt wird, um diese im Winter eisfrei zu halten und somit den Einsatz von Streusalz oder anderen Auftaumitteln zu reduzieren.

Obwohl die Temperatur des Kühlwassers mit etwa 25 bis 35 °C für direkte Heizzwecke in Gebäuden oft zu niedrig ist, kann es als temperiertes Wärmereservoir für den Betrieb von Wärmepumpen dienen. In Kombination mit Wärmepumpen kann diese Abwärme so in Form von nutzbarer Heizenergie in das Gesamtsystem integriert werden. Durch diese Kopplung von Kälte- und Wärmeerzeugung lässt sich die Energieeffizienz des Gesamtprozesses erheblich verbessern, da die sonst ungenutzte Abwärme sinnvoll verwertet wird und der Primärenergiebedarf sinkt.

---

[35] Vgl. Österreichische Energieagentur 2007, S. 9

[36] Vgl. Rehsler Kühlsysteme 2025

6.6.5 Nachhaltiger Energieeinsatz im gesamten Lebenszyklus von Produkten

Die vorangegangenen Abschnitte befassten sich vorwiegend mit dem Energieeinsatz und den Treibhausgas-Emissionen auf Ebene des Standorts, entsprechend Scope 1 und Scope 2 des GHG-Protocol. Scope 1 umfasst direkte Emissionen aus betrieblichen Prozessen, die vor allem durch den Einsatz fossiler Energieträger entstehen. Eine Reduktion lässt sich primär durch die Substitution fossiler Energieträger durch Strom oder erneuerbare Energien erreichen. Scope 2 umfasst indirekte Emissionen aus dem Bezug von Energie, insbesondere Strom, Wärme und Kälte. Organisatorische Maßnahmen sowie energiebezogene Effizienzsteigerungen in Produktionsprozessen und Infrastruktur wirken in beiden Scopes unmittelbar, senken den Energieverbrauch und können zugleich die Energiekosten spürbar reduzieren.

Bei energieverbrauchenden Produkten wie Kraftfahrzeugen oder Haushaltsgeräten sind die Downstream-Scope-3-Emissionen typischerweise dominant und können die Emissionen aus Scope 1 und 2 um den Faktor 10 bis 100 übersteigen. Dies verdeutlicht, dass eine nachhaltige Energie- und Materialstrategie nicht auf den Standort beschränkt werden darf, sondern den gesamten Lebensweg der Produkte berücksichtigen muss. Auch die Upstream-Emissionen durch die Rohstoffgewinnung und Materialerzeugung sowie die Downstream-Emissionen durch End-of-Life-Optionen nach der Gebrauchsphase können die direkten Scope-1- und Scope-2-Emissionen deutlich übersteigen. Nur eine integrierte Lebenszyklusbetrachtung über alle drei Scopes hinweg – von der Rohstoffgewinnung über Produktion und Nutzung bis hin zu Wartung, Wiederverwendung, Recycling oder Entsorgung – erlaubt eine fundierte Beurteilung des nachhaltigen Energieeinsatzes und der damit verbundenen Treibhausgas-Emissionen.

Aufbauend auf den Maßnahmen zur nachhaltigen Energienutzung im Produktionsbetrieb wird in Kapitel 7 der Materialeinsatz unter dem Gesichtspunkt der Nachhaltigkeit über den gesamten Lebensweg eines Produkts betrachtet. Dabei werden konkrete Ansätze vertieft und Potenziale quantifiziert. Auf diese Weise lassen sich Standortmaßnahmen, Prozessoptimierungen und Materialstrategien sinnvoll miteinander verknüpfen, sodass der Beitrag des Energieeinsatzes sowohl zur Reduktion von Treibhausgas-Emissionen als auch zur unternehmensübergreifenden Nachhaltigkeit transparent dargestellt werden kann.

7 Nachhaltigkeitsorientierter Materialeinsatz im Produktionsbetrieb

7.1 Erhöhung der Materialausnutzung

7.1.1 Erhöhung der Materialausnutzung im Fertigungsprozess

Alle Maßnahmen, die den Einsatz an Rohmaterial möglichst nahe an die im Endprodukt enthaltene Materialmenge bringen, verringern die Umweltauswirkungen der Materialherstellung. Das soll am Beispiel der spanenden Bearbeitung eines 1 kg schweren metallischen Fertigteils verdeutlicht werden: Entstehen dabei 0,5 kg Abfall, werden mindestens 1,5 kg Rohmaterial benötigt. Zwar lassen sich metallische Abfälle durch Einschmelzen recyceln, doch ist dieser Prozess so energieintensiv, dass die Vermeidung von Abfall grundsätzlich nachhaltiger ist. Produktionsprozesse sollten daher so ausgelegt sein, dass die Abfallmengen – auch wenn sie recycelt werden können – möglichst gering bleiben.

Beispiel Stahlbearbeitung

Wie stark die Materialausnutzung zur Nachhaltigkeit beiträgt, lässt sich am Beispiel der spanenden Bearbeitung von Stahl verdeutlichen. In Deutschland wird Stahl zu etwa 70 % als Rohstahl über die Route Hochofen-Konverter und zu rund 30 % im Elektrolichtbogenofen (ELB-Ofen) produziert.[1] Für ein Kilogramm Stahl beträgt der nicht erneuerbare kumulierte Energieverbrauch (KEV_{ne}) 16,97 MJ. Die Treibhausgas-Emissionen (THG) liegen bei 1,236 kg CO_2-Äquivalent.[2] Stahl aus dem ELB-Ofen wird ausschließlich aus Schrott hergestellt. Dieser Stahl kommt mit 7,16 MJ/kg und 0,399 kg CO_2-Äq./kg Stahl auf deutlich geringere Werte, da die vorgelagerte Rohstahlerzeugung entfällt.

1 Vgl. Wirtschaftsvereinigung Stahl 2022a

2 Vgl. UBA 2020, Elektrostahl (de) und Konverterstahl (de)

Der Stahlknüppel wird im Walzwerk mit Erdgas erwärmt, und daraus wird die Stange gewalzt.[3] Für die spanende Bearbeitung der warmgewalzten Stange werden in der folgenden Beispielrechnung Anteile von 90 % Schruppen und 10 % Schlichten angenommen. Je Kilogramm entstehender Späne ergibt sich daraus ein nicht erneuerbarer Primärenergieaufwand (PEV_{ne}) von 2,98 MJ (siehe Abschnitt 6.5.1). Mit einem Primärenergiefaktor für Strom von 1,8 ergeben sich Treibhausgas-Emissionen (THG) von 0,200 kg CO_2-Äquivalent (Basis: Emissionsfaktor des Stroms im Inland im Jahr 2021). Eine Reduktion des Spanvolumens von 50 % auf 25 % führt zu einer Reduktion der THG-Emissionen um rund 35 %, wobei die Stahlerzeugung mit etwa 79 % den größten Anteil am Gesamtergebnis hat (Bild 7.1).

	Spanen mit 50% Spanvolumen					Spanen mit 25% Spanvolumen				
	Gewicht	KEV_{ne} bzw. PEV_{ne}		THG-Emissionen		Gewicht	KEV_{ne} bzw. PEV_{ne}		THG-Emissionen	
		spezif.	absolut	spezif.	absolut		spezif.	absolut	spezif.	absolut
	kg	MJ/kg	MJ	kg CO_2	kg CO_2	kg	MJ/kg	MJ	kg CO_2	kg CO_2
Stahl aus 70% Konverter und 30% ELB	2,11	16,97	35,72	1,236	2,601	1,40	16,97	23,82	1,236	1,734
Warmwalzen Stange mit 5% Zuschlag	2,00	1,60	3,20	0,253	0,506	1,33	1,60	2,13	0,25	0,337
Bearbeitung 50 % Spanvolumen	2,00	2,98	2,98	0,200	0,200					
Bearbeitung 25 % Spanvolumen						1,33	2,98	0,99	0,200	0,067
Kumuliert auf ein Fertigteil mit 1 kg	1,00		**41,90**		**3,31**	1,00		**26,94**		**2,14**
					100 %					*65 %*

Bild 7.1 Auswirkung der Materialausnutzung am Beispiel der Fertigung von 1 kg Fertigteil aus Stahl

Die Späne aus beiden Varianten können in brikettierter Form im Elektrolichtbogenofen eingesetzt werden. Die dadurch erzielbaren Gutschriften führen dazu, dass die THG-Emissionen bei 50 % Spanvolumen um etwa 24 % und bei 25 % Spanvolumen um rund 12 % niedriger ausfallen. In der industriellen Praxis verbleibt der Anteil des Elektrolichtbogenstahls jedoch typischerweise bei etwa 30 %, was vorrangig durch die vorhandenen Anlagenstrukturen und die Verfügbarkeit von Schrott begrenzt wird.

Kaltgewalztes Blech weist einen um etwa 19 % höheren KEV_{ne}- und THG-Fußabdruck als Stabstahl auf. Im Vergleich zur spanenden Bearbeitung trägt die Verschnittoptimierung in der Blechbearbeitung daher stärker zur Nachhaltigkeit bei. Wird Blechabfall eingeschmolzen, geht die gesamte Wertschöpfungskette vom Rohstahl bis zum kaltgewalzten Endprodukt verloren. Es kann lediglich die Erzeugung von Rohstahl eingespart werden.

---

[3] Vgl. UBA 2020, MetallStahl-WarmWalz-DE-2020 (generische Daten)

In Gießereien beeinflusst vor allem der Anteil an Kreislaufmaterial durch Steiger, Speiser und Angusssystem die Nachhaltigkeit. Je nach Verfahren kann dieser Anteil über 50 % liegen.[4] Weniger Kreislaufmaterial reduziert den kumulierten Energieverbrauch, der pro Kilogramm fehlerfreiem Guss bei etwa 11,6 MJ liegt.[5] Der Schmelzprozess im Induktionsofen trägt mit ca. 1,0 kW_{el}/kg zu etwa 60 % dazu bei. Durch den Einsatz von Gießprozess-Simulationen zur Verringerung von Testabgüssen und Speiservolumina sowie durch Reduzieren des Angusssystems mittels Mehrfachformen können Energieverbrauch und resultierende THG-Emissionen gesenkt werden.

Beispiel Lackierung

Viele metallverarbeitende Betriebe betreiben eigene Lackieranlagen. Die Materialausnutzung hängt hier vor allem von der Lackausnutzung und dem Overspray-Anteil ab. Wichtige Ansätze zur Verbesserung sind folgende:[6]

- Einsatz von HVLP-Zerstäubern (High Volume Low Pressure, HVLP) anstelle von Hochdrucksystemen: Der Auftragswirkungsgrad von etwa 35 % kann auf etwa 42 % gesteigert werden.
- Umstellung auf elektrostatische Spritzverfahren, die Auftragswirkungsgrade zwischen 60 % und 80 % erreichen
- Rückgewinnung des Oversprays durch Auffangsysteme, insbesondere bei einkomponentigen wasserbasierten Lacken und geringem Farbwechsel: Mit Ultrafiltration lassen sich 60 bis 97 % des Oversprays zurückführen.[7]
- Umstellung der Lackierung auf Pulverbeschichtung: Die Pulverbeschichtung erfolgt mit nahezu 100 % Materialausnutzung. Überschüssiges Pulver bleibt im Kreislauf, allerdings steigt die Schichtdicke um 40 bis 60 %.

In der Industrie werden häufig lösemittelarme High-Solid-Lacke auf Alkydharzbasis mit Titandioxid als Hauptpigment verwendet. Ein Kilogramm des Lacks (wasserfrei) verursacht einen nicht erneuerbaren kumulierten Energieaufwand (KEA_{ne}) von 81,67 MJ und THG-Emissionen von 6,2 kg CO_2-Äquivalent.[8] Zieht man den Heizwert des zu ca. 50 Gew.-% enthaltenen Alkydharzes (ca. 20 MJ/kg) anteilig ab, ergibt sich ein nicht erneuerbarer kumulierter Energieverbrauch (KEV_{ne}) von 71,67 MJ/kg. Für eine Lackschicht von 50 µm auf einem Quadratmeter Fläche führt das zu einem KEV_{ne} von 3,58 MJ und 0,310 kg CO_2-Äquivalent. Bei einem Overspray von 50 % im Auftragsprozess ohne dessen stoffliche Rückführung in den Prozess verdoppeln sich die Werte. Dies ist energetisch vergleichbar mit dem Betrieb eines 2000-W-Wasserkochers für rund vierzig Minuten.

---

4 Vgl. Sturm 2011

5 Vgl. UBA 2020, Metall\Fe-Guss-DE-2005 (de)

6 Vgl. Rentz et al. 2002, S. 266 ff.

7 Rentz et al. 2002, S. 276 f.

8 Vgl. Gauch et al. 2017, S. 93

7.1.2 Erhöhung der Materialausnutzung in der Wertschöpfungskette

Die Möglichkeiten zur Erhöhung der Materialausnutzung können im einzelnen Fertigungsprozess begrenzt sein. Dies gilt insbesondere für die weit verbreiteten Verfahren der spanenden Fertigung wie Drehen und Fräsen, bei denen das Spanvolumen durch das Rohteil- und Fertigteilmodell festgelegt ist. Eine Verringerung des Spanvolumens kann hier in der Regel nur durch Optimierungen entlang der gesamten Wertschöpfungskette – von der Materialerzeugung bis zum Fertigteil – erreicht werden. Eine weitere Option besteht darin, das Fertigteil durch alternative Konstruktionen und alternative Fertigungsprozesse materialsparend zu gestalten.

Zur Verdeutlichung wird die Verbesserung der Nachhaltigkeit entlang der Wertschöpfungskette am Beispiel von 1 kg Fertigteil aus Stahl untersucht. Grundlage ist der Vergleich des in Abschnitt 7.1.1 beschriebenen Spanens aus dem Vollen mit 50 % Spanvolumen mit zwei alternativen Szenarien (Bild 7.2):

- einem Gussteil mit 5 % Bearbeitungsaufmaß
- einem Schmiedeteil mit 20 % Bearbeitungsaufmaß

Für das Gesenkschmieden werden die Energie- und Treibhausgaswerte vom Warmwalzen übernommen. Die Werte für den KEV_{ne} und die THG-Emissionen für das Gussteil beziehen sich auf die Menge guter Gussteile und basieren auf der Annahme eines Kreislaufmaterialanteils von 36 % für Speiser, Steiger und Anguss-System.[9] Der Schrottanteil der Gussherstellung beträgt dabei 100 %.

Der Vergleich der drei Wertschöpfungsketten zeigt, dass der Pfad über den Guss aufgrund der hohen Endkonturnähe und des hohen Schrottanteils der Gießereien besonders vorteilhaft ist. Selbst bei einem doppelten Bearbeitungsaufmaß von 10 % würde sich das Ergebnis nur geringfügig verändern. Die Prozesskette über das Schmiedeteil führt im Vergleich zur Bearbeitung mit 50 % Spanvolumen zu 18 % geringeren Emissionen. Hier kompensiert die hohe Materialausnutzung von 20 % den zusätzlichen Energieaufwand, der durch das erneute Erwärmen des Schmiedeteils entsteht. Die THG-Emissionen liegen gleichauf, wenn beim Spanen aus dem Vollen etwa 40 % Spanvolumen anfällt. Eine Emissionsgleichheit ergibt sich ebenfalls, wenn die Gutschriften für die Verwertung der Späne im ELB-Ofen und die resultierende Substitution des verwendeten Stahlmixes eingerechnet werden.

Eine weitere Möglichkeit zur Materialeinsparung besteht in alternativen Konstruktionen, bei denen Fertigteile als Schweißbaugruppen aus massiven Einzelteilen oder aus geformten Blechteilen hergestellt werden. Besonders Konstruktionen aus umgeformten und miteinander verschweißten Blechteilen können gegenüber Fertigteilen aus massiven Rohteilen zu einer deutlichen Reduzierung des Materialeinsatzes führen.

---

9 Vgl. UBA 2020, Metall\Fe-Guss-DE-2005 (de)

Dabei ist jedoch stets zu prüfen, ob die Vergleichbarkeit in Bezug auf die mechanischen Beanspruchungen gewährleistet ist.

Spanen aus dem Vollen mit 50% Spanvolumen

	Gewicht	KEV_{ne} bzw. PEV_{ne}		THG-Emissionen	
		spezif.	absolut	spezif.	absolut
	kg	MJ/kg	MJ	kg CO_2	kg CO_2
Stahl aus 70 % Konverter und 30 % ELB	2,11	16,97	35,72	1,236	2,601
Gussteil mit 36% Kreislaufmaterial					
Warmwalzen Stange mit 5 % Zunder[2]	2,00	1,60	3,20	0,253	0,506
Grataufmaß, 1 % Abbrand)					
Komplettbearbeitung 50 % Spanvolumen	2,00	2,98	2,98	0,200	0,200
Komplettbearbeitung 20 % Bearb.-aufmaß					
Komplettbearbeitung 5 % Bearb.-aufmaß					
Kumuliert auf ein Fertigteil mit 1 kg	1,00		**41,90**		**3,31**
					100 %

Gussteil mit 5% Bearbeitungsaufmaß

	Gewicht	KEV_{ne} bzw. PEV_{ne}		THG-Emissionen	
		spezif.	absolut	spezif.	absolut
	kg	MJ/kg	MJ	kg CO_2	kg CO_2
Stahl aus 70 % Konverter und 30 % ELB					
Gussteil mit 36% Kreislaufmaterial	1,05	11,40	11,97	0,893	0,938
Warmwalzen Stange mit 5 % Zunder[2]					
Grataufmaß, 1 % Abbrand)					
Komplettbearbeitung 50 % Spanvolumen					
Komplettbearbeitung 20 % Bearb.-aufmaß					
Komplettbearbeitung 5 % Bearb.-aufmaß	1,00	2,98	0,15	0,200	0,01
Kumuliert auf ein Fertigteil mit 1 kg	1,00		**12,12**		**0,95**
					29 %

Schmiedeteil mit 20% Bearbeitungsaufmaß

	Gewicht	KEV_{ne} bzw. PEV_{ne}		THG-Emissionen	
		spezif.	absolut	spezif.	absolut
	kg	MJ/kg	MJ	kg CO_2	kg CO_2
Stahl aus 70 % Konverter und 30 % ELB	1,59	16,97	27,06	1,236	1,970
Gussteil mit 36% Kreislaufmaterial					
Warmwalzen Stange mit 5 % Zunder[2]	1,52	1,60	2,42	0,253	0,383
Grataufmaß, 1 % Abbrand)	1,20	1,60	1,92	0,253	0,304
Komplettbearbeitung 50 % Spanvolumen					
Komplettbearbeitung 20 % Bearb.-aufmaß	1,00	2,98	0,60	0,200	0,040
Komplettbearbeitung 5 % Bearb.-aufmaß					
Kumuliert auf ein Fertigteil mit 1 kg	1,00		**32,00**		**2,70**
					82 %

Bild 7.2 Vergleich alternativer Wertschöpfungsketten für 1 kg Fertigteil aus Stahl

Ein beispielhafter Vergleich des 1 kg schweren Fertigteils aus dem Gussteil mit 5 % Bearbeitungsaufmaß mit einem laserbearbeiteten Blechteil von 0,5 kg Gewicht, 1 mm Blechdicke und 1 m Kantenlänge verdeutlicht, dass die erzielte Materialeinsparung teilweise durch den höheren Energie- und Ressourcenaufwand der Blechherstellung kompensiert wird (Bild 7.3). Der Einfluss der Lasermaterialbearbeitung selbst ist dabei vernachlässigbar. Wesentlich für die Gesamtbilanz ist hingegen die Höhe des Verschnitts, der hier mit 20 % des Ausgangsmaterials angesetzt wird. Bereits bei einer Materialausnutzung von 70 % statt 80 % liegen die Nachhaltigkeitswerte beider Prozessketten weitgehend gleichauf. Sinkt die Materialausnutzung weiter, erweist sich der Pfad über das Gussrohteil als vorteilhafter.

Gussteil mit 5% Bearbeitungsaufmaß

	Gewicht	KEV_{ne} bzw. PEV_{ne}		THG-Emissionen	
		spezif.	absolut	spezif.	absolut
	kg	MJ/kg	MJ	kg CO_2	kg CO_2
Stahlblech Warmgewalzt, gebeizt					
Gussteil mit 36 % Kreislaufmaterial	1,05	11,40	11,97	0,893	0,938
Laserschnitt, 1 Meter, Verschnitt 20 %					
Komplettbearbeitung 5 % Bearb.-aufmaß	1,00	2,98	0,15	0,200	0,010
Kumuliert auf ein Fertigteil mit 0,5 kg	1,00		**12,12**		**0,95**
					100 %

Blechteil gelasert, 50% Materialeinsparung

	Gewicht	KEV_{ne} bzw. PEV_{ne}		THG-Emissionen	
		spezif.	absolut	spezif.	absolut
	kg	MJ/kg	MJ	kg CO_2	kg CO_2
Stahlblech Warmgewalzt, gebeizt	0,63	16,97	10,61	1,236	0,772
Gussteil mit 36 % Kreislaufmaterial					
Laserschnitt, 1 Meter, Verschnitt 20 %	0,50	0,06	0,06	0,004	0,004
Komplettbearbeitung 5 % Bearb.-aufmaß					
Kumuliert auf ein Fertigteil mit 0,5 kg	0,50		**10,67**		**0,78**
					82 %

Bild 7.3 Vergleich zwischen der Teilefertigung aus einem Gussteil und einem gelaserten Blechteil: 50 % Materialeinsparung

Die Nachhaltigkeit der Herstellungsprozesse tritt häufig in den Hintergrund, wenn es sich um bewegte Teile handelt, beispielsweise in Maschinen oder Fahrzeugen. Ein deutlich geringeres Teilegewicht kann in der Regel eine ungünstigere Energie- und Emissionsbilanz der Herstellung während der Nutzungsphase mehrfach ausgleichen. Dies gilt ebenso für den Einsatz anderer Werkstoffe wie Aluminium, sofern sich durch deren Verwendung das Teilegewicht tatsächlich signifikant verringert.

7.2 Kreislaufwirtschaft im Produktionsbetrieb

7.2.1 Kreislaufführung von Komponenten

Die aus dem Kreislaufwirtschaftsgesetz (KrWG) bekannte Abfallhierarchie – Vermeidung vor Wiederverwendung, Recycling, Verwertung und Beseitigung – wurde inzwischen zu einer erweiterten, zehnstufigen Hierarchie der Kreislaufführung (10 R) ausgebaut:[10)]

1. **Refuse (Verweigern):** unnötige Produkte oder Materialien vermeiden
2. **Rethink (Überdenken):** Produkte, Geschäftsmodelle und Wertschöpfungsketten hinterfragen sowie neu gestalten
3. **Reduce (Reduzieren):** Ressourceneinsatz und Abfallmenge bei der Herstellung und Nutzung minimieren
4. **Reuse (Wiederverwenden):** Produkte ohne große Änderungen direkt wiederverwenden
5. **Repair (Reparieren):** den Defekt eines Produkts gezielt beseitigen, um die Lebensdauer zu verlängern
6. **Refurbish (Überholen):** Produkte optisch und technisch überarbeiten, ohne sie komplett zu zerlegen
7. **Remanufacture (Wiederaufarbeiten):** Produkte vollständig zerlegen, Einzelteile aufarbeiten und für neuwertige Produkte verwenden
8. **Repurpose (Umnutzen):** Produkte für andere Zwecke einsetzen, als ursprünglich vorgesehen
9. **Recycle (Recyceln):** Materialien nach Nutzung in den Rohstoffkreislauf zurückführen
10. **Recover (Verwerten):** energetische Nutzung der Materialien, zum Beispiel durch Verbrennung

[10] Vgl. Cramer 2017

Einzelteile, Baugruppen oder ganze Produkte (in der Folge als Komponenten zusammengefasst) können nach ihrer Herstellung oder nach ihrer Nutzung unbrauchbar werden. Häufig sind dafür technische Defekte oder optische Mängel verantwortlich. In manchen Fällen erfolgt die Rücknahme auch bei Neukauf einer Komponente mit Gutschrift über die Altkomponente. Bevor eine Komponente als Abfall ins Recycling oder in die energetische Verwertung gelangt, kann sie im Sinne der 10 R wiederverwendet, repariert, überholt oder wiederaufgearbeitet werden. Welches Vorgehen dabei gewählt wird, hängt im Wesentlichen von drei Faktoren ab:

- **Technische Faktoren:** Nach einer Eingangsprüfung kann eine Komponente sich als funktionsfähig herausstellen, sodass sie sich wiederverwenden lässt. Ist eine Komponente defekt und reparierbar, kann die Instandsetzung erfolgen. Voraussetzungen dafür sind eine zerstörungsfreie Demontierbarkeit und Wiedermontierbarkeit der Komponente sowie die Reparier- oder Austauschbarkeit des defekten Teils. Eine Abschlussprüfung dient dazu, eine mit Neuware vergleichbare Qualität sicherzustellen. Die Überholung oder auch Generalüberholung bezieht sich auf komplette Produkte, die nach einer Gebrauchsphase zerlegt, gereinigt, wiedermontiert und als funktionsfähige generalüberholte Ware gegebenenfalls mit optischen Einschränkungen angeboten werden. Defekte Komponenten werden dafür ausgetauscht, repariert oder aufgearbeitet. Die Aufarbeitung beschränkt sich in der Regel auf mechanische Teile, zum Beispiel durch Auftragsschweißen mit anschließender spanender Bearbeitung, sofern genügend Abnutzungsvorrat vorhanden ist. Lässt sich eine Komponente aus technischen Gründen nicht reparieren, bleibt der Weg, untergeordnete Komponenten zur Wiederverwendung aus ihr zu gewinnen. Die abfallhierarchisch gesehen letzte Möglichkeit besteht darin, die Einzelteile für das Recycling voneinander zu trennen und nach Material zu sortieren.
- **Wirtschaftliche Faktoren:** Die Reparatur einer Komponente sollte signifikant weniger kosten als ihre Neuherstellung. Das ist bei kundenindividuellen Investitionsgütern aufgrund des hohen Lohnkostenanteils im Vergleich zum Materialwert der Komponente in der Regel der Fall. Bei kundenanonym hergestellten und vor allem preiswerten Konsumgütern könnten wirtschaftliche Anreize und Förderprogramme gezielt ansetzen, um Leasing, Pay-per-Use, Reparatur oder Refurbishment zu erleichtern. Dazu gehört auch die Pflicht für produktbegleitende Informationen wie digitale Produktpässe, die Reparatur- und Demontageanleitungen, Materialinformationen und Lebenszyklusdaten enthalten. Das würde die Identifikation, Bewertung und Wiederverwendung von Komponenten sicherer und effizienter gestalten.

- **Rechtliche Faktoren (abhängig vom Eigentümer der Komponente):**
  - **Endkundeneigentum:** Schickt ein Kunde eine Komponente zur Reparatur, erhält er sie bei Reparierbarkeit gegen Berechnung der Reparaturkosten zurück. Ist sie nicht reparierbar, kann der Hersteller sie gegen Gutschrift übernehmen und die Teile oder das Material weiterverwenden. Bei Gewährleistungsfällen wird meist eine neue Komponente im Austausch geliefert.
  - **Herstellereigentum:** Der Produkthersteller wird Eigentümer einer gebrauchten Komponente, wenn er diese als Retoure vom Kunden zurückerwirbt, beispielsweise im Rahmen von Reparatur-, Austausch- oder Rücknahmesystemen. Zum anderen kann eine Komponente während der Fertigung im Produktionsprozess als fehlerhaft erkannt, ausgemustert oder beschädigt werden. In beiden Situationen erfolgt zunächst eine systematische Zuordnung dieser Komponenten zur internen Reparatur oder, falls notwendig, die Weitergabe an den ursprünglichen Komponentenhersteller als Reparaturauftrag, häufig auch im Rahmen von Gewährleistungsansprüchen. Reparierte oder generalüberholte Komponenten, die aus Kundenretouren stammen, werden nach erfolgreicher Aufarbeitung in einem neuwertigen Zustand als kostengünstige Austauschkomponenten eingelagert und stehen Endkunden für Reparaturen oder Ersatzlieferungen zur Verfügung. Komponenten, die während des Produktionsprozesses als defekt aussortiert und in den Qualitätssicherungsbestand überführt wurden, können nach entsprechender Reparatur entweder intern wiederverwendet oder zum Komponentenhersteller zurückgeschickt werden. Dort werden sie geprüft und gegebenenfalls in neue Produkte eingebaut. Voraussetzungen für die Wiederverwendung dieser Komponenten sind ein technisch und optisch einwandfreier Zustand, der mit dem von Neukomponenten vergleichbar ist, und die Gewährleistung, die für diese reparierten Komponenten sowohl gegenüber dem Komponentenhersteller als auch gegenüber dem Endkunden derjenigen für Neuteile entspricht.
  - **Miet- oder Leasingmodelle:** Hier gelten die vertraglichen Vereinbarungen zur Abwicklung defekter Komponenten. Für die Kreislaufführung sind solche Modelle besonders vorteilhaft, da sie eine geordnete Rückführung zum Vermieter oder Leasinggeber ermöglichen.

Die Nationale Kreislaufwirtschaftsstrategie 2024 sieht in der Ausweitung von Geschäftsmodellen auf Basis von Miete, Leasing, oder Pay-per-Use einen zentralen Hebel für die Wiederverwendung. Sie betont die Bedeutung produktbegleitender Informationen wie digitaler Produktpässe und plant, die Herstellerverantwortung auszuweiten sowie Rücknahme- und Wiederverwendungspflichten für bestimmte Produktgruppen zu konkretisieren.

Seit der Umsetzung der Abfallrahmenrichtlinie der EU im Jahr 2020 enthält § 33 KrWG Maßnahmen zur Abfallvermeidung, darunter folgende:

- „... *Unterstützung der Wiederverwendung von Produkten und der Schaffung von Systemen zur Förderung von Tätigkeiten zur Reparatur und Wiederverwendung ...*" (§ 33 Abs. 2 d)
- „... *Förderung der Verfügbarkeit von Ersatzteilen, Bedienungsanleitungen, technischen Informationen oder anderen Mitteln und Geräten sowie Software, die es ermöglichen, Produkte ohne Beeinträchtigung ihrer Qualität und Sicherheit zu reparieren und wiederzuverwenden ...*" (§ 33 Abs. 2 e)

Die EU-Richtlinie 2024/179 zur Förderung der Reparatur von Waren ist 2024 in Kraft getreten. Sie verpflichtet die Mitgliedstaaten, Maßnahmen zur Reparaturförderung einzuführen. Die Richtlinie gilt für Produktgruppen mit bestehenden Ökodesign-Verordnungen. Die bisherige nationale Umsetzung in Deutschland besteht unter anderem darin, dass gemeinnützige Reparaturinitiativen einmalig mit bis zu 3000 Euro gefördert werden können.

7.2.2 Sortenreine Sammlung unvermeidbarer Abfälle

Für eine maximale Ressourceneffizienz sollten alle unvermeidbaren Abfälle grundsätzlich als wertvolle materielle Ressourcen betrachtet werden, auch wenn ihr ursprünglicher Gebrauchswert oder ihr monetärer Wert entfallen ist. In der umweltbezogenen Bilanzierung werden sämtliche Umweltbelastungen eines Herstellungsprozesses dem Produkt zugerechnet. Abfall besitzt in diesem Kontext keinen „negativen Wert", sondern gilt als neutral im Sinne der Umweltbelastungsbewertung.

Produktionsabfälle werden im Rahmen des Post-Industrial Recycling (PIR) verwertet. Sie entstehen entweder als Materialreste aus der Teilefertigung oder aus nicht mehr reparierbaren Komponenten. In der metallverarbeitenden Industrie handelt es sich dabei überwiegend um Abfälle aus Metallen, Kunststoffen und elektronischen Bauteilen. Neben diesen Produktionsabfällen fallen auch haushaltsübliche Abfälle wie etwa Verpackungsmaterialien oder sonstiger Restmüll an, die dem Post-Consumer Recycling (PCR) zugeordnet werden.

Gefährliche Abfälle mit potenziellen Risiken für Mensch und Umwelt müssen aus dem Wirtschaftskreislauf nachweislich entfernt und einer Behandlung zugeführt werden. Je nach Gefährdung und technischen Möglichkeiten kann dies eine stoffliche Verwertung, eine energetische Nutzung oder im ungünstigsten Fall eine Entsorgung auf einer Sondermülldeponie einschließen. In allen anderen Fällen stellt Abfall einen potenziellen Rohstoff für eine nachhaltige Kreislaufwirtschaft dar. Ziel ist es, den Einsatz von Primärrohstoffen aus der Umwelt bei der Herstellung von Neumaterialien zu reduzieren.

Die Kreislaufführung beginnt aus stoffstromtechnischer Sicht genau an dem Punkt im Produktionsprozess, an dem der Abfall anfällt. Ein hochwertiges Recycling ist nur möglich, wenn die Materialien – bei Komponenten gegebenenfalls nach einer vorherigen Demontage – sortenrein getrennt werden. Der entscheidende Hebel liegt daher in der Trennung unmittelbar zum Zeitpunkt der Abfallentstehung, da an diesem Punkt die genaue Werkstoffnummer oder -bezeichnung noch bekannt ist. Sobald Abfälle unspezifisch in Sammelbehältern vermischt werden, steigt der Aufwand für eine spätere Identifikation und Sortierung erheblich an. In vielen Fällen wird eine werkstoffspezifische Trennung dann technisch schwierig, wirtschaftlich nicht mehr tragfähig oder sogar unmöglich. Unter solchen Bedingungen bleibt häufig nur noch das Downcycling, also die Verwertung zu minderwertigen Sekundärrohstoffen, oder bei entsprechendem Heizwert eine Nutzung als Brennstoff.

Abfälle aus unlegiertem Stahl

Stahlabfälle werden nach Herkunft, Abmessungen und Aufbereitung in verschiedene Schrottsorten für unlegierte Stähle eingeteilt.[11] Daraus ergeben sich konkrete Anforderungen an die Stärke, das Kantenmaß, das Schüttgewicht sowie den Anteil an Schutt in den Schrottchargen. Fällt Stahlschrott in der metallverarbeitenden Industrie als Produktionsabfall an, wird er dem Neuschrott zugerechnet. Neuschrott wird zusätzlich unterteilt (Tabelle 7.1) in

- schweren Stahlneuschrott (Stärke ≥ 3 mm),
- leichten Stahlneuschrott,
- homogene oder gemischte Lose von Kohlenstoffstahlspänen,
- neuen Stahlschrott aus leichten Stäben, sowie
- neuen Stahlschrott aus Maschinenteilen und Komponenten.

Bei den letzten beiden Kategorien wird zwischen Altschrott und Neuschrott nicht unterschieden. Das bedeutet, dass zu verschrottende Maschinenteile und Komponenten sowohl aus Produktionsabfällen als auch aus Kundenretouren stammen können.

Neuschrott aus der metallverarbeitenden Industrie wird nahezu vollständig verwertet. Bezogen auf die Rohstahlproduktion belief sich der Anteil des Schrotteinsatzes im Jahr 2022 auf folgende Prozentsätze:

- **weltweit:** ca. 31 %
- **EU:** ca. 58 %[12]
- **Deutschland:** ca. 44 %[13]

---

[11] Vgl. BDSV 2025

[12] Vgl. BIR 2023, S. 14

[13] Vgl. BDSV 2025

Tabelle 7.1 Auszug aus der Europäischen Stahlschrottsortenliste für Neuschrott

Sortennr.	Sortenbeschreibung	Abmessungen	Schüttgewicht	Schuttanteil
E 2	**Schwerer Stahlneuschrott:** ▪ Überwiegend stärker als 3 mm, aufbereitet für einen direkten Einsatz als Rohstoff: Der Stahlschrott muss, wenn nicht anders vereinbart, frei von Beschichtungen sein, und er muss, auch aus Neuproduktion, frei von Betonstahl und leichtem Stabstahl sein. ▪ Muss frei von sichtbarem Kupfer, Zinn, Blei (und Legierungen), Maschinenteilen und Schutt sein, um die angestrebten Analysewerte[1] zu erreichen	Stärke ≥ 3 mm, Abmessung ≤ 1,5 × 0,5 × 0,5 m	≥ 0,6 t/m³	< 0,3 %
E 6 und E 8	**Leichter Stahlneuschrott:** ▪ Überwiegend unter 3 mm Stärke, aufbereitet für einen direkten Einsatz als Rohstoff: Der Stahlschrott muss, wenn nicht anders vereinbart, frei sein von Beschichtungen und von losen Bändern zur Vermeidung von Problemen beim Chargieren. ▪ Muss frei von sichtbarem Kupfer, Zinn, Blei (und Legierungen), Maschinenteilen und Schutt sein, um die angestrebten Analysewerte[1] zu erreichen	Stärke < 3 mm gilt nur für E 8: Abmessung < 1,5 × 0,5 × 0,5 m (ausgenommen aufgerollte/gebundene Bänder)	E 6: ≥ 1 t/m³ E 8: ≥ 0,4 t/m³	< 0,3 %
E 5 H	Hierbei handelt es sich um **homogene Lose von Kohlenstoffstahlspänen** bekannten Ursprungs, frei von einem zu hohen Anteil wolliger Späne, aufbereitet für einen direkten Einsatz als Rohstoff. Späne von Automatenstahl müssen klar benannt werden. Die Späne müssen frei von jeglichen Verunreinigungen wie NE-Metalle, Zunder, Schleifstaub und stark oxidierten Spänen oder Stoffen der chemischen Industrie sein. Eine vorherige chemische Analyse kann gefordert werden.	–	–	–
E 5 M	Hierbei handelt es sich um **gemischte Lose von Kohlenstoffstahlspänen**, frei von einem zu hohen Anteil wolliger Späne, losem Material und Automatenstahlspänen, aufbereitet für einen direkten Einsatz als Rohstoff. Die Späne müssen frei von jeglicher Verunreinigung wie NE-Metalle, Zunder, Schleifstaub und stark oxidierten Spänen oder Stoffen der chemischen Industrie sein.[2]	–	–	–

Tabelle 7.1 Auszug aus der Europäischen Stahlschrottsortenliste für Neuschrott (*Fortsetzung*)

Sortennr.	Sortenbeschreibung	Abmessungen	Schüttgewicht	Schuttanteil
EHRB	Hierbei handelt es sich um **alten und neuen Stahlschrott**, der vor allem aus Betonstahl und leichtem Stabstahl besteht, aufbereitet für einen direkten Einsatz als Rohstoff. EHRB kann geschnitten, geschert oder paketiert werden und muss frei von zu hohen Mengen an Beton oder anderen Baustoffen sein. EHRB muss auch frei von sichtbarem Kupfer, Zinn, Blei (und Legierungen), Maschinenteilen und Schutt sein, um die angestrebten Analysewerte zu erreichen.[(3)]	max. 1,5 × 0,5 × 0,5 m	≥ 0,5 t/m³	< 1,5 %
EHRM	Hierbei handelt es sich um **alte und neue Maschinenteile und Komponenten**, die in den anderen Sorten nicht angenommen werden, aufbereitet für einen direkten Einsatz als Rohstoff. EHRM kann Gusseisenstücke enthalten (vor allem Gehäuse von mechanischen Komponenten). EHRM muss frei sein von sichtbarem Kupfer, Zinn, Blei (und Legierungen), Teilen wie Kugellagergehäusen, Bronzeringen und anderen Sorten, sowie von Schutt, um die angestrebten Analysewerte zu erreichen.[(4)]	–	≥ 0,6 t/m³	< 0,7 %

(1) angestrebte Analysewerte für Cu, Sn, Cr, Ni, Mo zusammen ≤ 0,300 %, frei von Beschichtungen
(2) Cu < 0,400; Sn < 0,030; ΣCr, Ni, Mo < 1,0; S < 0,100
(3) Cu < 0,450; Sn < 0,030; ΣCr, Ni, Mo < 0,350
(4) Cu < 0,400; Sn < 0,030; ΣCr, Ni, Mo < 1,0

Berücksichtigt man die Nettoexporte von Schrott aus Deutschland, könnte der effektive Anteil des Schrotteinsatzes sogar über 50 % liegen. Diese Unterschiede hängen hauptsächlich von den Kapazitäten der Elektrostahlproduktion ab, bei der ein nahezu 100%iger Schrotteinsatz möglich ist. Für die Stoffstrombilanz ist jedoch zu beachten, dass bei der Elektrostahlproduktion etwa 5–7 % mehr Material in Form von Schrott oder Rohstahl eingesetzt werden muss, da ein Teil durch Abbrand und Schlackebildung verloren geht. Ein geringerer Anteil des Schrotts wird in der Oxygenstahlherstellung (Hochofenroute) verwendet.

Bestimmte Elemente treten in Stahlschrott vermehrt auf und unterliegen daher Grenzwerten, um die Qualität des unlegierten Stahls zu gewährleisten. Diese Elemente führen bei Überschreitung zu unerwünschten Eigenschaften, die sich durch eine Schmelzebehandlung nur schwer entfernen lassen. Grundsätzlich lässt sich unlegierter Stahl mechanisch zerkleinern und über Magnetabscheider separieren. Allerdings können nicht alle Verunreinigungen verfahrenstechnisch vollständig entfernt werden. Deshalb sollte die sortenreine Sammlung und manuelle Trennung im betrieblichen Abfallmanagement Vorrang haben, um die Grenzwerte einzuhalten:

- Kupfer (Cu):
  - **Herkunft:** Kabelreste, Wicklungen, Elektronik
  - **Grenzwert:** max. 0,4 % (Automobilindustrie max. 0,1 %) im unlegierten Stahl
  - **Wirkung:** reduziert Heiß- und Warmverformbarkeit sowie Schweißeignung
  - **Entfernung:** metallurgisch kaum möglich, da Cu eine geringere Sauerstoffaffinität als Eisen hat
- Zinn (Sn):
  - **Herkunft:** Lötzinn, bronzehaltige Gleitlager
  - **Grenzwert:** nicht normiert, aber problematisch bei erhöhten Anteilen
  - **Wirkung:** Steigerungen an Korngrenzen, schlechtere Verformbarkeit und Schweißeignung, verringert Cu-Löslichkeit in der Schmelze
  - **Entfernung:** metallurgisch kaum möglich
- Chrom (Cr), Nickel (Ni) und Molybdän (Mo):
  - **Herkunft:** legierte Stähle im Schrott
  - **Grenzwerte:** Cr 0,3 %, Ni 0,3 %, Mo 0,08 %
  - **Wirkung:** Härtebildner, vermindern Verformbarkeit und Schweißeignung
  - **Entfernung:** Ni und Mo können oxidativ nicht entfernt werden.
- Phosphor (P) und Schwefel (S):
  - **Herkunft:** Automatenstahlspäne
  - **Grenzwerte:** jeweils 0,045 % im unlegierten Baustahl
  - **Wirkung:** Steigerungen an Korngrenzen, spröder Stahl, schlechte Verformbarkeit und Schweißeignung
  - **Entfernung:** möglich durch oxidierende Schlackenführung und längere Frischzeit, jedoch mit erhöhtem Energieaufwand durch längere Prozesszeiten und Bildung von Eisenoxid

Liegt der Anteil dieser Begleitelemente in der Schmelze über den zulässigen Werten, muss die Schmelze mit begleitstoffarmem Roheisen verdünnt werden.

Beispiel:

- **Schmelze:** 1000 t Stahl mit 0,5 % Cu
- **Zielwert:** 0,4 % Cu
- **erforderliches Roheisen:** 250 t (angenommen Cu-Anteil = 0 %)

Auswirkung auf Energie- und Emissionsbilanz:

- Der nicht erneuerbare kumulierter Energieverbrauch KEV_{ne} steigt um 39 % von 7,16 MJ/kg auf 9,97 MJ/kg.
- Die Treibhausgas-Emissionen (THG) steigen um 60 % von 0,399 kg CO_2-Äq./kg auf 0,638 CO_2-Äq./kg.

Der wesentlich nachhaltigere und effizientere Weg besteht darin, durch sortenreine Trennung der betrieblichen Stahlabfälle die unerwünschten Begleitelemente frühzeitig zu entfernen.

Abfälle aus legiertem Stahl

Für legierte Stähle existiert bislang keine standardisierte Schrottsortenliste. Produktionsabfälle sollten daher sortenrein nach Werkstoffnummer oder mindestens nach Werkstoffgruppe getrennt gesammelt werden, um eine Verwertung unter Erhalt der Legierungselemente und die Begrenzung unerwünschter Begleitelemente zu gewährleisten.[14]

Dies sind wichtige Werkstoffgruppen und die dazugehörigen Hinweise zur Sammlung:

- **Werkzeugstähle (Warm- und Kaltarbeitsstähle):** Sie enthalten erhöhte Mengen an Mo und gegebenenfalls Ni (z. B. Werkstoffgruppe 27). Vermischungen mit unlegierten Stählen sind zu vermeiden.
- **Schnellarbeitsstähle/HSS-Stähle:** Sie enthalten typischerweise 3,5 % Cr, 4,7 % Mo und 5,9 % W, bei Werkstoffgruppe 32 zusätzlich 4,5 % Co oder mehr. HSS-Abfälle sollten aufgrund der hohen Mo- und W-Gehalte separat gesammelt werden.
- **Hartmetall-/Vollhartmetall-Werkzeuge:** Sie bestehen aus Wolframkarbiden in einer Kobalt-Matrix. Der Schrott wird im thermischen Zinkverfahren aufgeschlossen und zu Pulver verarbeitet, das für neue Werkzeuge genutzt wird. Sortenreinheit ist zwingend erforderlich. Der Energieaufwand beträgt ca. 2 kWh/kg Schrott,[15] was etwa 20 % der Energie für die Neuherstellung (70 % W, 30 % Co) entspricht.[16]
- **Ferritische und martensitische rostfreie Stähle:** magnetisch, Cr > 10 %, geringe bis keine Anteile an Ni und Mo
- **Austenitischer CrNi-Stahl (ohne Mo, z. B. Werkstoffgruppe 304/V2A):** hoher Cr- und Ni-Anteil; sollte getrennt von CrNiMo-Stählen (V4A) gesammelt werden
- **Austenitische CrNiMo-Stähle (z. B. Werkstoffgruppe 316/V4A):** Sie enthalten neben Cr und Ni ab 2 % Mo.

---

[14] Vgl. Mauss/Pariser 2019

[15] Vgl. Angerer 2013

[16] Vgl. UBA 2020, Kobalt (de) und Wolfram (de)

- **Austenitische CrMn-Stähle:** hoher Cr-Anteil, einstellige Ni-Anteile und 5,5 % bis 10 % Mn
- **Ferritisch-austenitische Stähle/Duplex-Stähle:** hoher Cr-Anteil, niedrige einstellige Ni-Anteile, niedrige bis einstellige Mo-Anteile

Die Erfassung von legiertem Stahlschrott sollte analog zur Schrottsortenliste für unlegierten Stahl nach Form und Sauberkeit erfolgen. Getrennt zu sammeln sind insbesondere

- Blechabschnitte,
- Späne, sowie
- Teileschrott.

Die getrennte Sammlung analog zur Schrottsortenliste für unlegierten Stahl gewährleistet eine effiziente Anpassung an die jeweiligen Verfahren der mechanischen Aufbereitung.

In der Praxis können Edelstahlwerke häufig nicht auf ausreichende Mengen oder die notwendige Reinheit von Edelstahlschrott zurückgreifen. Fehlende Legierungselemente müssen daher zugeschlagen werden, deren nicht erneuerbarer kumulierter Energieverbrauch (KEV_{ne}) und Treibhausgas-Emissionen (THG) alle über dem von primär hergestelltem Eisen liegen (Tabelle 7.2).

Tabelle 7.2 KEV_{ne} und THG-Emissionen von Eisen und ausgewählten Legierungselementen

Element	KEV_{ne} [MJ/kg]	THG-Emissionen [$kgCO_2$-Äq./kg]	Quelle
Eisen	21,06	1,500	Probas: Eisen (de)
Chrom	395,46	26,261	Probas: Chrom (de)
Kobalt	101,48	7,721	Probas: Kobalt (de)
Mangan	40,81	2,525	Probas: Mangan (de)
Molybdän	191,05	17,071	Probas: Markt für Molybdän; Technologiemix; Produktionsmix, ab Werk (de) en de
Nickel	293,41	19,896	Probas: Markt für Nickel, Klasse 1; Technologiemix; Produktionsmix, ab Werk (de) en de
Vanadium	516,00	33,100	Nuss (2014)
Wolfram	42,27	2,870	Probas: Wolfram (de)

Legierungselemente wie Chrom, Nickel, Mangan und Vanadium werden häufig in Form von Ferrolegierungen direkt der Stahlschmelze zugesetzt. Die THG-Emissionen für die

Herstellung dieser Ferrolegierungen liegen ungefähr proportional zum jeweiligen Anteil des Elements in der Legierung.[17)]

Aluminiumabfälle

Aluminiumschrott setzt sich zu etwa 70 % aus Knetlegierungen und zu rund 30 % aus Gusslegierungen zusammen. Während Aluminium aus Produktionsabfällen zu ca. 95 % wiederverwertet wird, liegt die Recyclingrate für Altschrott (Post-Consumer-Schrott) in der EU bei 69 %.[18)] In Deutschland trug recyceltes Aluminium 2020 zu etwa 50 % zur Neualuminiumproduktion bei.[19)] Nicht eingerechnet ist hierbei die Menge des umgeschmolzenen Aluminiums aus Kreislaufschrott und Neuproduktionsschrott. Für die Herstellung von Halbzeugen wird der größere Anteil von Aluminium und Aluminiumlegierungen importiert. Der Anteil von Sekundäraluminium an der Produktion von Aluminiumhalbzeugen und Gussprodukten lag 2021 in Deutschland bei 29 %,[20)] während der weltweite Anteil der Sekundäraluminiumproduktion 2022 bei 33 % lag.[21)]

Altschrotte, Guss-Schrotte sowie gemischte oder verunreinigte Aluminiumschrotte werden in Schmelzhütten (Refiner) in Drehtrommelöfen unter einer Salzdecke zu Gusslegierungen eingeschmolzen. Die Salzdecke dient mehreren Zwecken: Sie bricht und löst die Oxidschicht auf, nimmt Verunreinigungen auf und schützt die Schmelze vor Wasserdampf und anderen Gasen. Die Reinigung der Schmelze von gasförmigen und festen Verunreinigungen erfolgt über eine Spülgasbehandlung mit inerten Gasen. Eine zusätzliche Chlorbehandlung überträgt Begleit- und Legierungselemente wie Natrium, Magnesium und Lithium in die Salzschlacke. Beim Einschmelzen geht ein signifikanter Teil des eingesetzten Aluminiums als Oxid in die Salzschlacke über, sodass für 1 t erzeugtes Sekundäraluminium insgesamt 1,1 t Aluminiumschrott eingesetzt wird. Ein Teil des Aluminiums kann jedoch aus der Salzschlacke wiedergewonnen werden.

Aluminiumneuschrotte und Kreislaufmaterial aus Knet- und Gusslegierungen werden in Umschmelzwerken (Remelter) zu Halbzeugen verarbeitet, meist in Herdöfen oder Induktionsöfen. Je nach Grad der Verunreinigung kann dabei auf Salzschlacke- und Spülgasbehandlung verzichtet werden. In der Praxis lassen sich Halbzeughersteller, Remelter und Refiner je nach Unternehmenszweck und eingesetzter Technologie nicht immer eindeutig unterscheiden.

Aluminium gehört zu den unedlen Metallen mit hoher Sauerstoffaffinität. Eine oxidative Reinigung der Schmelze und die Abtrennung edlerer Legierungselemente wie Kupfer sind daher nicht möglich. Es existieren erprobte Verfahren zur Entfernung be-

---

17 Vgl. World Steel Association 2021, S. 50

18 Vgl. EuRIC 2022, S. 5

19 Vgl. WirtschaftsVereinigung Metalle 2020

20 Vgl. IN4climate.RR 2024, S. 12

21 Vgl. Australian Government 2023, S. 118

stimmter Elemente, die auf unterschiedlichen Schmelztemperaturen, Dampfdruckunterschieden oder Spektralanalysen basieren. In Pilotanlagen werden Legierungen und Legierungsgruppen mittels laserinduzierter Plasmaspektroskopie sortiert. Aluminium aus Stahlverbunden kann durch Abschmelzen zurückgewonnen werden. Die Vakuumdestillation nutzt den höheren Dampfdruck von Zink, um dieses aus der Aluminiumschmelze zu entfernen. Verfahren im Laborstadium bauen auf Unterschiede der Schmelz- und Erstarrungstemperaturen von Aluminium gegenüber Eutektikum-Komponenten wie Kupfer oder Silizium auf. Aus wirtschaftlichen Gründen werden in der Praxis zu hohe Anteile unerwünschter Legierungselemente durch Verschneiden mit Primäraluminium reduziert.

Die Umschmelzung von 1 t Aluminium benötigt etwa 800 kWh Erdgas, was ca. 5 % der Endenergie der Primäraluminiumherstellung entspricht. Die Herstellung von Primäraluminium benötigt pro Tonne rund 15 419 kWh Endenergie, hauptsächlich in Form von Strom.[22] Der nicht erneuerbare kumulierte Energieverbrauch (KEV_{ne}) und die Treibhausgas-Emissionen (THG) für die Aufbereitung von 1 kg neuem Aluminiumschrott durch Umschmelzen einschließlich vorgelagerter Prozessketten betragen 7,519 MJ bzw. 0,517 kg CO_2-Äq./kg.[23] Für das Recycling in Schmelzhütten (Refiner) liegen die Werte etwa 10–20 % höher (Tabelle 7.3). Primäraluminium wird in Deutschland überwiegend importiert. Der KEV_{ne} und die THG-Emissionen für 1 kg Primäraluminium aus einem EU-weiten Importmix betragen 121,940 MJ bzw. 10,005 kg CO_2-Äq./kg, also etwa das 20-Fache im Vergleich zur Sekundäraluminiumproduktion.[24] Diese Werte schwanken jedoch je nach Importmix.

Tabelle 7.3 Energie- und Emissionszahlen für die Herstellung von Aluminium (Al) im Vergleich

Verfahren	KEV_{ne} [MJ/kg Al]	THG-Emissionen [kg CO_2-Äq./kg Al]	Hinweise/Besonderheiten
Sekundäraluminium durch Umschmelzen (Remelter)	7,52	0,517	vorgelagerte Prozessketten enthalten
Sekundäraluminium – Refiner (Schmelzhütten)	ca. 8,30–9,00 (10–20 % höher)	ca. 0,569–0,620	vorgelagerte Prozessketten enthalten
Primäraluminium (EU-Importmix)	121,94	10,005	Importmix aus weltweiter Produktion

22 Vgl. International Aluminium Journal 2023 und BGR 2020b, S. 7

23 Vgl. UBA 2020, Aufbereitung von Aluminiumschrott, neu, beim Umschmelzer; Technologiemix; Produktionsmix, ab Werk (de)

24 Vgl. UBA 2020, Markt für Aluminium, Primäraluminium, Barren; Technologiemix; Produktionsmix, ab Werk (de)

Die getrennte Sammlung von Aluminiumabfällen, insbesondere von Neuschrott, erfolgt nach der DIN EN 13920. Insgesamt werden fünfzehn Schrottsorten unterschieden, wobei für Produktionsabfälle nur die Gruppen für Neuschrotte relevant sind (Tabelle 7.4).

Tabelle 7.4 Schrottsorten nach DIN EN 13920 für Produktionsabfälle aus Aluminium

Normteil	Schrottsorte
2	Schrott aus unlegiertem Aluminium
3	Draht- und Kabelschrott
4	Schrott aus einer einzigen Knetlegierung
5	Schrott aus zwei oder mehr Knetlegierungen der gleichen Legierungsserie
6	Schrott aus zwei oder mehr Knetlegierungen
7	Schrott aus Gussstücken
12	Späne aus einer einzigen Legierung
13	gemischte Späne aus zwei oder mehr Legierungen

Aluminium-Knetlegierungen enthalten in der Regel Legierungselemente mit einem Anteil < 4 % und Gusslegierungen ab 4 %. Knetlegierungen sollten mindestens in ihre Werkstoffgruppen sortiert werden, weil diese nach dem Hauptlegierungselement unterteilt sind:

- **Gruppe 1xxx:** Enthält Reinaluminium 99,5 % und Aluminium 99 %. Beide Sorten sollten getrennt gesammelt werden, weil Aluminium 99 % höhere Bestandteile an Fe und Si enthalten kann.
- **Gruppe 2xxx:** AlCu-Knetlegierungen mit 3,9–4,5 % Cu und je nach Legierung geringen Anteilen von Si, Pb und Mg
- **Gruppe 3xxx:** AlMn-Knetlegierungen mit 1,0–1,5 % Mg und ansonsten geringen Bestandteilen an weiteren Elementen
- **Gruppe 4xxx:** AlSi-Knetlegierungen, die praktisch nur als Schweißdraht eingesetzt werden
- **Gruppe 5xxx:** AlMg-Knetlegierungen, die bis zu 5 % Mg und ansonsten geringe Bestandteile an weiteren Elementen enthalten
- **Gruppe 6xxx:** AlMgSi-Knetlegierungen, die geringe Anteile an Mg und an Si und ansonsten geringe Bestandteile an weiteren Elementen enthalten. Diese Legierungsgruppe wird am meisten verwendet.

- **Gruppe 7xxx:** AlZnMg-Knetlegierungen, die bis zu 6,1 % Zn, bis 2,9 % Mg und ansonsten geringe Bestandteile an weiteren Elementen enthalten
- **Gruppe 8xxx:** Knetlegierungen mit Elementen außerhalb der Gruppen 1xxx bis 7xxx (bisher AlLi-Knetlegierungen)

Abfälle aus Aluminiumguss sollten ebenfalls nach Werkstoffgruppen sortiert werden, da Legierungselemente ab 4 % Anteil enthalten sind und ihre Vermischung zu undefinierten Qualitäten führt. Die Werkstoffgruppen folgen, ähnlich den Knetlegierungen, dem Muster 1xx.x–7xx.x:

- **Gruppe 1xx.x:** Al (99 %)
- **Gruppe 2xx.x:** AlCu mit Cu (4–4,6 %)
- **Gruppe 3xx.x:** Si (bis 17 %), Cu und Mg
- **Gruppe 4xx.x:** Si (5–12 %)
- **Gruppe 5xx.x:** Mg (5–12 %)
- **Gruppe 7xx.x:** Zn (6,2–7,5 %)

Verwerter können darüber hinaus die Sortierung nach Gestalt, Einfärbung und Anhaftungen anfordern, um die Qualität der Schmelze zu optimieren.

Kupferabfälle

Die Produktion von sekundärem Raffinadekupfer lag in Deutschland 2023 anteilig bei ca. 40 % und weltweit im Jahr 2020 bei ca. 17 %.[25] Der Anteil des Kupferrecyclings an der Kupferproduktion in Deutschland wird höher geschätzt, da zur Herstellung von primärem Kupfer anteilig Schrotte je nach ihrer Reinheit in unterschiedlichen Öfen eingesetzt werden. Die Recyclingrate von Kupfer aus Abfällen wird auf etwa 80 % geschätzt.[26]

Definierte Neuschrotte aus reinem Kupfer oder seinen Legierungen werden in Induktionstiegelöfen umgeschmolzen. Verunreinigtes Kupfer oder Kupferlegierungen, bei denen nur das Kupfer recycelt werden soll, müssen gereinigt und aufkonzentriert werden. Je nach Reinheit des Ausgangsmaterials erfolgt dies in mehreren metallurgischen Verfahrensschritten, bei denen weniger edle Begleitelemente oxidativ entfernt werden. Zunächst wird durch Konzentrationsschmelzen in reduzierender Atmosphäre Rohkupfer mit ca. 80 % Cu erzeugt. Dieses Rohkupfer wird im Konverterofen durch selektive Oxidation von Begleitelementen wie Fe, Pb, Zn und Al weiter gereinigt, sodass Konverterkupfer mit 95 % Cu entsteht. Es enthält noch Ni sowie die edleren Begleitelemente Gold (Au), Silber (Ag) und Platin (Pt). Durch eine weitere selektive Oxidation im Konverterofen wird Ni in die Schlacke überführt, und Kupferanoden mit 99–99,5 % Cu werden

[25] Vgl. DERA 2023, S. 39, und BGR 2020a, S. 7

[26] Vgl. DERA 2023, S. 40

vergossen. Die verbliebenen edleren Legierungselemente werden in der Raffinationselektrolyse abgeschieden, sodass Kupferkathoden mit einem Reinheitsgrad von unter 99,98 % entstehen. Diese werden schließlich zu Halbzeugen umgeschmolzen.[27]

Der nicht erneuerbare kumulierte Energieverbrauch (KEV_{ne}) für Sekundärkupfer beträgt in Deutschland 2023 etwa 14 MJ je kg Kupferkathode ohne Berücksichtigung von Gutschriften für Kuppelprodukte. Mit Gutschriften reduziert sich der Wert auf 4 MJ/kg (Tabelle 7.5). Dabei entstehen ca. 0,8 kg CO_2-Äq. an THG-Emissionen, die sich mit Gutschriften auf ca. 0,4 kg CO_2-Äq. reduzieren.[28] Zum Vergleich: Für primär erzeugtes Kupfer (weltweiter Mix) betragen KEV_{ne} und THG-Emissionen 46,7 MJ bzw. 3,965 kg CO_2-Äq. je kg.[29]

Tabelle 7.5 Energie- und Emissionszahlen für die Herstellung von Kupfer (Cu) im Vergleich

Verfahren	KEV_{ne} [MJ/kg Cu]	THG-Emissionen [kg CO_2-Äq./kg Cu]	Hinweise/Besonderheiten
Sekundärkupfer (Kupferkathode) ohne Gutschriften	14,0	0,8	ohne Berücksichtigung von Kuppelprodukten
Sekundärkupfer (Kupferkathode) mit Gutschriften	4,0	0,4	mit Gutschriften für Kuppelprodukte
Primärkupfer (weltweit)	46,7	3,965	weltweite Primärproduktion

Die Sortierung des Kupferschrotts sollte nach seiner Reinheit und dem erforderlichen Aufbereitungsverfahren für die Verwertung erfolgen (Tabelle 7.6). Die Reinheit ergibt sich bei Legierungen aus dem Kupferanteil. Bei Produktionsabfällen sollte die Sammlung möglichst sortenrein nach Kupferlegierung erfolgen, um eine direkte Wiederverwertung im identischen Werkstoff zu ermöglichen. Besteht bei Zeichnungsteilen eine direkte Lieferbeziehung zum Halbzeugfertiger oder zur Gießerei, sollte die sortenreine Sammlung, Rückführung und Verwertung der Produktionsabfälle in Abstimmung mit diesen Akteuren erfolgen.

Liegt der Kupferschrott in Werkstoffverbunden vor, erfolgt die Sortierung nach den jeweilig angewendeten Aufbereitungsverfahren für das Recycling. Typische Schrottsorten sind folgende:

- **Kabelabfälle:** Kabelabfälle werden in Mühlen zerkleinert, sodass die Kupferfraktion vollständig aufgeschlossen wird. Die Abtrennung vom Isolationsmaterial erfolgt durch Dichtetrennung, beispielsweise in Schwimm-Sink-Anlagen, Windsichtern oder Setztischen.

---

[27] Vgl. Martens/Goldmann 2016, S. 179 ff.

[28] Vgl. Aurubis 2024

[29] Vgl. ICA 2023

- **Motoren:** Bei Motoren erfolgt eine Zerkleinerung in Hammermühlen (Shredder) zur Aufschließung der Materialfraktionen. Anschließend erfolgt eine Magnetabscheidung der eisenhaltigen Fraktion, gefolgt von einer Wirbelstromabscheidung der Nichteisen-Metallfraktion. Eine mehrstufige Dichtetrennung trennt die Kupferfraktion von anderen Nichteisenmetallen wie Aluminium.
- **Leiterplatten (Elektronikschrott):** Bei Leiterplatten erfolt eine mehrstufige Zerkleinerung, gefolgt von einer Magnetabscheidung sowie einer Wirbelstrom- und Dichtetrennung, um Kupfer und andere Edelmetalle zu konzentrieren.

Tabelle 7.6 Typische Kupferabfälle und deren Recyclingwege[30)]

Abfalltyp	Beispiele	Reinheit von Cu	Recycling
Neuschrott, sortenrein	Stanzabfälle, Späne, Kühlkörper, Rohre	88 % bis > 99 %	Umschmelzen zu Halbzeugen und Kupferanoden
Kabelabfälle	isolierte Kabelabschnitte ohne Stecker etc.	90–98 %	Kabelzerkleinerung und Umschmelzen zu Halbzeugen und Kupferanoden
eisenhaltige Abfälle	Motoren, Wickelgüter, Trafos	90–98 %	Zerkleinerung, Magnetabscheidung, Dichtetrennung, Umschmelzen zu Halbzeugen und Kupferanoden
Neuschrott (Cu-Zn-Sn-Legierungen, sortenrein)	Rotguss, Messing, Bronze	70–85 %	Umschmelzen zu Halbzeugen
Neuschrott (Cu-Zn-Sn-Legierungen, vermischt)	Messingabfälle mit Lot	70–85 %	oxidierendes Schmelzen im Konverter
Neuschrott (Cu-Ni-Legierungen)	Widerstandsdraht, Lotmaterial	55–90 %	Nickelverwertung bei hohem Nickelanteil, ansonsten oxidierendes Schmelzen im Konverter
Leiterplatten	bestückte Leiterplatten, ohne Kabel und Wickelgüter	5–30 %	Zerkleinerung, Magnetabscheidung, Wirbelstrom- oder Dichtetrennung, Konzentrationsschmelzen in reduzierender Atmosphäre

Kupfer-Altschrott (End-of-Life Schrott), zum Beispiel aus nicht reparablen Retouren oder Reparaturaufträgen, sollte in die in Tabelle 7.6 aufgeführten Abfalltypen überführt werden. Dafür werden die Baugruppen demontiert, die kupferhaltigen Kompo-

[30] Vgl. Kupferinstitut 2019, S. 6, und Martens/Goldmann 2016, S. 174 f.

nenten soweit wie möglich getrennt und in möglichst sortenreine Werkstoffe sortiert. Da Kupfer nicht korrodiert, können diese Komponenten anschließend zusammen mit dem werkstoff- oder abfalltypgleichen Neuschrott verwertet werden.

Kunststoffabfälle

Das werkstoffliche Recycling von Kunststoffen zum vollständigen oder teilweisen Ersatz von Neukunststoff setzt voraus, dass der Kunststoff urformbar oder zumindest plastisch umformbar ist. Diese Voraussetzung erfüllen die wiedereinschmelzbaren thermoplastischen Kunststoffe. Da Kunststoffe einen hohen Heizwert besitzen, ist darüber hinaus ihre thermische Verwertung möglich. Der Heizwert hängt vom Masseanteil des Kohlenstoffs im Molekül ab. Entsprechend der Abfallhierarchie im Kreislaufwirtschaftsgesetz hat das Recycling Vorrang vor der thermischen Verwertung.

Von den rund 6 Millionen Tonnen in Deutschland erfassten Kunststoffabfällen entfällt etwa die Hälfte auf Abfälle aus dem gewerblichen Bereich.[31] Diese entstehen durch getrennte Sammlung von Verpackungen, Wertstoffsammlung und Kunststoffe im Restabfall sowie zu rund 30 % in der Kunststoffverarbeitung. Im Jahr 2019 wurden etwa 62 % dieser gewerblichen Kunststoffabfälle werkstofflich verwertet.[32] Die Verwertung teilte sich in rund 46 % Produktionsabfallrecycling (Post-Industrial Recycling) und 54 % Abfallrecycling (Post-Consumer Recycling) auf. Der größte Anteil des Abfallrecyclings betrifft sortenrein getrennte Verpackungsabfälle. Die restlichen 38 % der Kunststoffabfälle wurden thermisch verwertet und ein sehr geringer Teil deponiert.

Ein Teil der aufbereiteten Rezyklate wird exportiert. Bezogen auf die insgesamt 12,85 Millionen Tonnen verarbeiteter Kunststoffe in Deutschland lag der Rezyklatanteil bei 15,6 %.[33] Der überwiegende Anteil des Rezyklateinsatzes entfiel auf Produkte in den Sektoren Bau, Verpackung und Landwirtschaft. Der Rezyklateinsatz in technischen Produkten, die rund 25 % der verarbeiteten Kunststoffe ausmachten, lag 2019 bei etwa 5 %.

Beim werkstofflichen Recycling werden sortenrein erfasste Produktionsabfälle durch Waschen, Trocknen, Zerkleinern und Windsichten aufbereitet. Diese werden, sofern keine Verbundwerkstoffe vorliegen, im einfachsten Fall direkt wieder in den Extruder gegeben. Daran kann sich eine Regranulierung oder Compoundierung anschließen:

- Der Endenergieaufwand für die reine Zerkleinerung liegt bei 0,060–0,070 kWh/kg.
- Für die gesamte Aufbereitung fallen 0,400–0,500 kWh/kg Rezyklat an.[34]
- Die Regranulierung amorpher Kunststoffe benötigt rund 0,450 kWh/kg. Bei kristallinen oder hochschmelzenden Kunststoffen kann der Wert bis auf das Dreifache steigen.[35]

---

[31] Vgl. Conversio 2024, S. 10

[32] Vgl. Betz et al. 2024, S. 36

[33] Vgl. Conversio 2024, S. 9

[34] Vgl. UBA 2021, S. 81 ff.

[35] Vgl. Dehoust et al. 2016, S. 87

Besonders aufwendig ist die Aufbereitung von Polyethylenterephthalat-(PET-)Flaschen zu lebensmitteltauglichem Rezyklat: Der nicht erneuerbare kumulierte Energieverbrauch (KEV_{ne}) dafür beträgt 17,126 MJ/kg regranuliertem Rezyklat, was einem Strombedarf von 2,643 kWh/kg bei einem Primärenergiefaktor (PEF) von 1,8 entspricht.[36] Das macht etwas mehr als ein Viertel des Energiebedarfs für die Neuherstellung von PET-Flaschengranulat aus.[37] Die THG-Emissionen liegen bei 1,157 kg CO_2-Äq./kg Regranulat. Für aufbereiteten und regranulierten Kunststoff können im Allgemeinen unter Annahme eines durchschnittlichen Endenergieaufwands von 1,5 kWh/kg und einem PEF von 1,8 etwa 10 MJ für den KEV_{ne} und resultierend 0,653 kg CO_2-Äq. an THG-Emissionen veranschlagt werden.

Für das werkstoffliche Recycling sollten Kunststoffabfälle vorzugsweise in folgenden Gruppen sortiert werden:[38]

- sortenreine thermoplastische Kunststoffabfälle aus der Kunststoffverarbeitung, getrennt nach Farben
- Polyethylen Low Density-(PE-LD-)Schrumpfhauben, getrennt nach Farben
- PE-LD-Stretchfolie
- dünne PE-LD-Folien, möglichst getrennt nach Farbe
- PE-High-Density-(PE-HD-)Hohlkörper (Eimer, Kanister, Kastenware), nach Farbe sortiert
- Polypropylen-(PP-)Hohlkörper (Eimer, Kanister, Kastenware), nach Farbe sortiert
- expandiertes Polystyrol (EPS) aus Verpackungen
- Schaumstoffflocken für die Wiederverwendung im Verpackungsbereich

Abfälle aus Polyvinylchlorid (PVC) sollten getrennt erfasst werden, da ihr Recycling oder ihre Verwertung als Ersatzbrennstoff wegen der Entstehung von giftigen Stoffen problematisch sein kann.

Das werkstoffliche Recycling sortenrein getrennter Kunststoffabfälle kann durch verschiedene Einflussfaktoren erschwert oder verhindert werden:

- Mehrfarbige Abfälle können die Wiederverwendung und damit die Vermarktungsfähigkeit des Rezyklats negativ beeinflussen.
- Verpackungsmaterialien aus Werkstoffverbunden erschweren die Trennung der Kunststoffe.

---

[36] Vgl. UBA 2020, Markt für Polyethylenterephthalat, Granulat, amorph, recycelt; Technologiemix; Produktionsmix, ab Werk (de)

[37] Vgl. UBA 2020, Herstellung von Polyethylenterephthalat, Granulat, Flaschenqualität; Technologiemix; Produktionsmix, ab Werk (de)

[38] Vgl. Betz et al. 2024, S. 42 und S. 59

- Umspritztes Metall, Beschichtungen oder Kaschierungen in Kunststoffabfällen verhindern eine sortenreine Aufbereitung.
- Das Zerkleinern von faserverstärktem Kunststoff führt zur Faserverkürzung und damit zu einer Abnahme der Festigkeitswerte.

Während der mechanischen Aufbereitung und Regranulierung sortenreiner Polymere im Extruder kann es zur Degradation vor allem durch Kettenspaltung, Vernetzung und andere chemische Reaktionen kommen.[39] Das hat eine erhöhte Versprödung, eine niedrigere Dehnbarkeit und veränderte Farben zur Folge. Additive führen auch zu einer beschleunigten Kunststoffalterung, da sie beim Regranulieren verringert oder ausgegast werden können. Kunststoffe wie PE, PP und PET werden abgesehen von Füll- und Farbstoffen meist ohne Additive eingesetzt. Deshalb zeigen sich Alterungseffekte durch werkstoffliches Recycling bei diesen Polymeren erst nach mehreren Recyclingzyklen deutlich. Molekülketten von Polykondensaten wie Polyamid (PA) und PET lassen sich durch die Solid-State-Polykondensation unter Vakuum und Wärme wieder regenerieren. Das Verfahren wird für PET-Rezyklat industriell angewendet. Durch eine Recompoundierung lassen sich Rezyklate mit Füll- und Farbstoffen, Additiven und anteiliger Primärware mischen, um gewünschte Materialeigenschaften zu erzielen.

Das werkstoffliche Recycling von Kunststoffen aus gewerblichen Abfällen oder der gemischten Sammlung von Verpackungen – sofern eine sortenreine Sammlung im Betrieb nicht möglich ist – setzt eine Sortierung in die Polymersorten voraus, wobei die Verpackungskunststoffe PE und PP mit zusammen etwa 56 % den größten Anteil ausmachen. Üblicherweise werden aufgrund ihres Wertes nur drei Hauptfraktionen herausgesondert:

- **Folien:** zumeist aus PE-LD, um nachfolgende Aufbereitungsschritte zu erleichtern
- **Eimer und Kanister aus PE-HD und PP:** Diese werden manuell aussortiert und danach über Nah-Infrarot-(NIR)-Erkennung in PE und PP getrennt. Nach einer Zerkleinerung und Wäsche erfolgen eine Dichtetrennung zur Abscheidung der Schwerfraktion, eine Trocknung und eine Regranulierung mit Schmelzfiltration.
- **gemischte und flexible Polyolefine:** hauptsächlich aus PE-LD, die über NIR-Abtrennung erfasst werden

Wenn ein werkstoffliches Recycling technisch nicht möglich oder wirtschaftlich nicht abbildbar ist, werden Kunststoffabfälle alternativ in Zementwerken als Ersatzbrennstoff (EBS) oder in Müllverbrennungsanlagen (MVA) thermisch verwertet. Ein Vergleich der Verwertungsoptionen werkstoffliches Recycling, Verbrennung in der MVA und Verbrennung als EBS zeigt für den nicht erneuerbaren kumulierten Energieaufwand (KEA_{ne}) sehr deutlich den Vorteil des werkstofflichen Recyclings (Bild 7.4). Der KEA_{ne} beinhaltet zuzüglich zum nicht erneuerbaren kumulierten Energieverbrauch

[39] Vgl. Langwieser 2021, S. 10 ff.

(KEV_{ne}) den kumulierten, nicht energetisch genutzten Anteil nicht erneuerbarer Energie (KNA_{ne}), der im Kunststoff anhand des unteren Heizwertes beziffert wird.

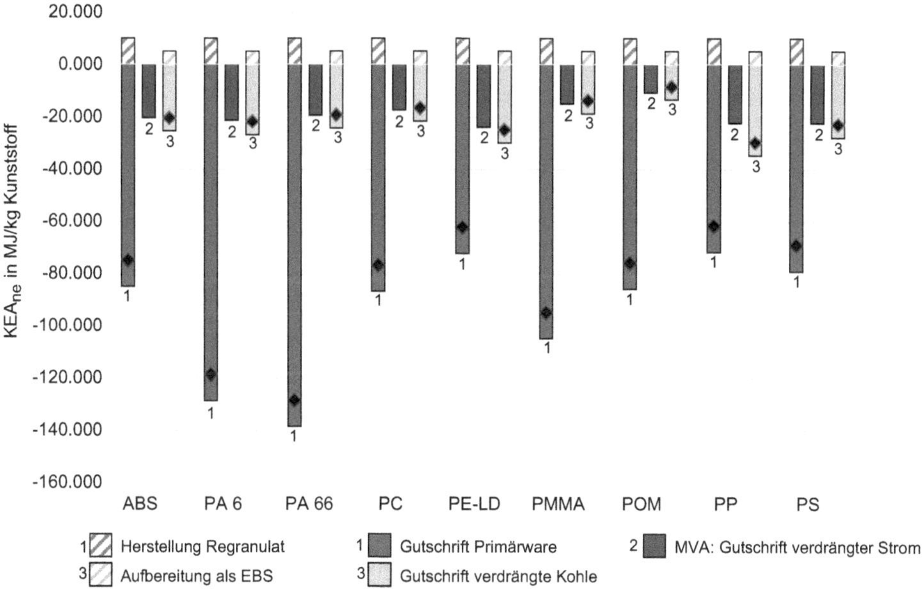

Bild 7.4 KEA_{ne} der Verwertungsoptionen werkstoffliches Recycling, Verbrennung in der MVA und als Ersatzbrennstoff (EBS) für verschiedene Kunststoffe[40]

Bei der Verbrennung in der Müllverbrennungsanlage (MVA) wird eine vollständige Oxidation des Kohlenstoffanteils und ein Wirkungsgrad der Stromerzeugung von 20 % unterstellt. Der erzeugte Strom verdrängt Strom aus Kohlekraftwerken mit einem Primärenergiefaktor (PEF) von 2,8 und einem Emissionsfaktor von Braun- und Steinkohle im Verhältnis 2 : 1. Die Verbrennung als Ersatzbrennstoff (EBS) erfolgt mit einem typischen Nutzungsgrad von 70 % und verdrängt den Einsatz von Braunkohle. Der Vergleich anhand der THG-Emissionen zeigt, dass die Nutzung von Acrylnitril-Butadien-Styrol (ABS), PE-LD und PP als EBS etwas mehr Emissionen einspart als das werkstoffliche Recycling (Bild 7.5). Ursache dafür ist, dass diese Kunststoffe vergleichsweise niedrige THG-Emissionen für die Neuherstellung aufweisen und einen relativ hohen unteren Heizwert besitzen. Zudem übersteigt der THG-Emissionsfaktor der Braunkohleverbrennung durchweg den der Kunststoffe, der über den Masseanteil des Kohlenstoffs berechnet wird.[41] Für technische Kunststoffe wie PA 6, PA 66, POM und PC zeigt sich ein eindeutiger Vorteil des werkstofflichen Recyclings. Bei Kunststoffen mit Glasfaseranteilen kann sich das Ergebnis bei PP zugunsten des werkstofflichen Recyclings verschieben.

[40] Daten aus UBA 2020 und PlasticsEurope 2025; für ABS aus Australian Government 2023 und für PMMA aus Röhm 2018

[41] Webseite für die Berechnung: *https://www.webqc.org*

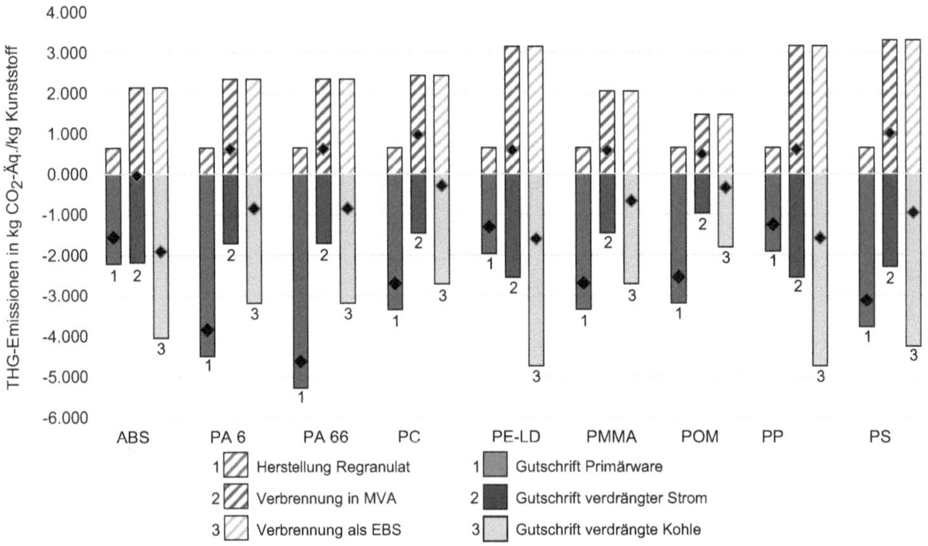

Bild 7.5 THG-Emissionen der Verwertungsoptionen werkstoffliches Recycling, Verbrennung in der MVA und als EBS für verschiedene Kunststoffe[42]

Chemisches Recycling stellt eine Alternative zu werkstofflicher oder thermischer Verwertung dar. Ziel ist die Rückgewinnung von Vorproduktstufen für die Kunststoffherstellung. Für einige Ansätze existieren bereits entsprechende Versuchsanlagen:[43]

- **Solvolyse:** Depolymerisation der Kunststoffe zur Gewinnung der Monomere
- **Verölung:** Spaltung der Polymere über ihrer Schmelztemperatur im Ölbad zur Gewinnung eines Kohlenwasserstoff-Gemischs
- **Pyrolyse:** trockene Spaltung der Polymere bei 500–900 °C zur Gewinnung eines Kohlenwasserstoff-Gemischs
- **Gasifizierung:** Fortsetzung der Pyrolyse zur Erzeugung von Synthesegas unter kontrollierter Zugabe von gasförmigen Reaktanden

Das chemische Recycling von Mischkunststoffen aus Post-Consumer Recycling (PCR) zeigt sich im Vergleich zu ihrer thermischen Verwertung in der MVA bezüglich des kumulierten Energieverbrauchs (KEV) und der THG-Emissionen als vorteilhafter.[44] Beide Umweltwirkungen liegen für die Verölung und Pyrolyse leicht unterhalb der Verbrennung von Kunststoffen als Ersatzbrennstoff in Zementwerken und bewegen sich ungefähr auf dem Niveau der Neuproduktion von Naphta. Das chemische Recycling ist dennoch wichtig, da es zur anteiligen Substitution von Erdöl und Erdgas beiträgt.

---

42 Webseite für die Berechnung: *https://www.webqc.org*

43 Vgl. Quicker/Seitz 2024, S. 45 ff.

44 Quicker/Seitz 2024, S. 164 ff. Die Quelle enthält keine Angaben zum nicht erneuerbaren Anteil des KEV.

7.2.3 Kreislauf- und recyclinggerechte Produktgestaltung

Das Ziel der kreislauf- und recyclinggerechten Produktgestaltung besteht darin, die Lebensdauer von Produkten zu verlängern und die Materialeffizienz über den Lebenszyklus zu maximieren. Im Produktentstehungsprozess sollten dafür Komponenten und Produkte so konzipiert werden, dass sie langlebig, modular, reparierbar, aufrüstbar und recyclingfähig sind. Zentrale Gestaltungsprinzipien hierfür sind folgende:

- **Demontierbarkeit:** Bauteile sollten so konstruiert sein, dass sie leicht und schadensfrei zerlegt werden können. Hierdurch werden nicht nur das Recycling erleichtert, sondern auch Reparaturen und Upgrades.
- **Vermeidung von Materialverbunden:** Verbundwerkstoffe oder schwer trennbare Kombinationen erschweren die Wiederaufbereitung und erhöhen den Aufwand für Sortierung und Aufbereitung. Der Einsatz trennbarer und homogener Materialien unterstützt die werkstoffliche Rückführung.
- **Standardisierung von Komponenten:** Standardisierte Bauteile vereinfachen die Herstellung, Montage und Demontage, reduzieren Variantenvielfalt und verbessern die Austauschbarkeit.
- **Optimierung der Lebensdauer durch Materialdesign:** Werkstoffe sollten für den spezifischen Einsatzfall dimensioniert und alterungsbeständig sein, z. B. durch geeignete Korrosionsschutzsysteme, verschleißfeste Oberflächen oder hitzestabile Polymere. Dies reduziert den Bedarf an Ersatzteilen und senkt den Rohstoffverbrauch.
- **Werkstoffauswahl unter Recyclinggesichtspunkten:** Materialien sollten primär aus recycelbaren Legierungen oder sortenreinen Polymeren bestehen. Bei Metallen bedeutet dies z. B. die Verwendung von Aluminium- oder Stahllegierungen mit geringem Mischanteil anderer Legierungsbestandteile, um die stoffliche Rückführung zu erleichtern. Bei Kunststoffen sind sortenreine Thermoplaste zu bevorzugen.
- **Reduzierung von Beschichtungen und Additiven:** Oberflächenbehandlungen, Lackierungen, Klebstoffe oder Füllstoffe können die Trennbarkeit von Materialien erschweren. Wo möglich, sollten lösbare oder abtrennbare Beschichtungen eingesetzt werden. Alternativ bieten neue funktionalisierte Materialien die Möglichkeit, Schutz- oder Funktionsschichten direkt in das Basismaterial zu integrieren, ohne die Recyclingfähigkeit zu beeinträchtigen.
- **Kennzeichnung und digitale Produktpässe:** Kennzeichnungen, wie Materialcodes oder RFID-Tags, erleichtern die Identifikation und die automatische Sortierung im Recyclingprozess. Digitale Produktpässe können zentrale Informationen zu Materialzusammensetzung, Verarbeitung und Recyclingfähigkeit bereitstellen. Sie ermöglichen eine gezielte, umweltgerechte Kreislaufführung nach der ersten Nutzungsphase.

Die praktische Umsetzung stellt für Konstruktion und Entwicklung eine Herausforderung dar: Die Anwendung der Gestaltungsprinzipien muss in Einklang mit funktionalen Anforderungen, Kostenzielen und zeitlichen Rahmenbedingungen des Produktentstehungsprozesses erfolgen. Anforderungen an die kreislauf- und recyclinggerechte Produktgestaltung sollten daher bereits in der Lastenhaftentstehung Berücksichtigung finden. Zielkonflikte, beispielsweise zwischen Leichtbau, Stabilität und Demontierbarkeit, erfordern eine sorgfältige Abwägung und gegebenenfalls die Entwicklung innovativer Lösungen.

Die folgenden Empfehlungen für eine kreislauf- und recyclinggerechte Produktgestaltung beziehen sich vornehmlich auf Produkte der metallverarbeitenden Industrie. Sie greifen zum Teil Hinweise aus vorhergehenden Abschnitten auf, systematisieren diese und stellen sie in einen praxisnahen Zusammenhang. Tabelle 7.7 liefert eine zusammenfassende Übersicht der Gestaltungsprinzipien, potenzieller Maßnahmen und erwarteter Effekte auf Recyclingfähigkeit, Wiederverwendbarkeit und Lebensdauer.

Tabelle 7.7 Empfehlungen zur kreislauf- und recyclinggerechten Produktgestaltung

Gestaltungsaufgabe	Gestaltungsempfehlung
Baustruktur und Verbindungstechnik	▪ Lenkung der Abnutzung auf kleine, leicht austauschbare Komponenten, die demontagegerecht und lösbar angeordnet sind ▪ demontagegerechte Anordnung und lösbare Verbindung von Bauteilen mit gefährlichen Inhaltsstoffen ▪ Bevorzugung integraler Bauweise aus einem Werkstoff zur Minimierung der Bauteilvielfalt und Vereinfachung des Recyclings ▪ modulare Bauweise zur Minimierung der Werkstoffvielfalt über Produkte hinweg und zur Verbesserung der Reparaturfreundlichkeit ▪ Bevorzugung lösbarer Verbindungen vor punktuell wirksamen unlösbaren Verbindungen vor großflächigen stoffschlüssigen Verbindungen (z. B. Schraubverbindungen statt Kleben oder Schweißen) ▪ Vermeidung metallischer Einschlüsse in Kunststoffbauteilen ▪ demontagegerechte Anordnung von Bauteilen aus Grauguss und Automatenstahl, Konstruktion unter Verwendung lösbarer Verbindungen ▪ demontagegerechte Anordnung aller Baugruppen mit Kupfer: E-Motoren, Kabel, Elektronikplatinen, Rohre, Kühlplatten etc. unter Verwendung lösbarer Verbindungen ▪ demontagegerechte Anordnung von Bauteilen aus ferritisch legiertem Stahl unter Verwendung lösbarer Verbindungen ▪ lösbare oder punktuelle Verbindung zwischen Aluminiumwerkstoffen und Eisenwerkstoffen ▪ demontagegerechte Anordnung von Bauteilen aus Al-Knetlegierungen für eine manuelle Separierung unter Verwendung lösbarer Verbindungen

Gestaltungsaufgabe	Gestaltungsempfehlung
Werkstoffwahl und Kennzeichnung	▪ bevorzugter Einsatz werkstofflich recycelbarer, d. h. wiederholt aufschmelzbarer Werkstoffe ▪ Einsatz von Werkstoffen mit hohem Schrott- bzw. Rezyklatanteil ▪ Reduzierung der Werkstoffvielfalt bei Bauteilen vergleichbarer Funktion ▪ Reduzierung der Werkstoffvielfalt innerhalb der Altstoff-/Legierungsgruppen ▪ Vermeidung von Automatenstahl und phosphorlegiertem Gusseisen ▪ Bevorzugung austhenitischer Edelstähle bei Kombination legierter und unlegierter Stähle ▪ Vermeidung des Einsatzes von PVC aufgrund seiner Inkompatibilität mit anderen Kunststoffen ▪ Vermeidung großflächiger Lackierung oder metallischer Schichten auf Kunststoffen ▪ Beschränkung des Anteils inerter, insbesondere faserförmiger Füll- und Verstärkungsstoffe bei Kunststoffen auf ein notwendiges Maß ▪ Vermeidung rußgefärbter schwarzer Bauteile zur Erleichterung der NIR-Detektion ▪ Kennzeichnung von Bauteilen mit gefährlichen Inhaltsstoffen ▪ Kennzeichnung von Bauteilen aus Grauguss und Automatenstahl ▪ Kennzeichnung von Kunststoffbauteilen nach DIN EN ISO 11469 ▪ digitale Bereitstellung von Informationen über Reparaturmöglichkeiten, Demontage, Sortierung und Verwertungsoptionen von Komponenten

7.3 Einsatz nachhaltig erzeugter Materialien

7.3.1 Ansätze zur nachhaltigen Materialerzeugung

Im Idealzustand eines vollständig nachhaltigen Materialeinsatzes würde auf Material zurückgegriffen werden, das ausschließlich auf Basis nachwachsender Rohstoffe und recycelter Abfälle erzeugt wird. Der Energieeinsatz für die Materialproduktion würde vollständig aus erneuerbaren Quellen erfolgen, und Abfälle, die aus dem Kreislauf entweichen, wären biologisch abbaubar. Zur Annäherung an diesen Idealzustand werden drei Ansätze verfolgt, die zusammen die Grundlage einer ressourcen- und klimaschonenden sowie kreislauffähigen Materialnutzung bilden:

1. **Material aus Rezyklaten und Sekundärrohstoffen:** Ersatz von Primärrohstoffen durch Materialien aus Rückläufen, Recyclingprozessen oder industriellen Nebenströmen, um den Verbrauch nicht erneuerbarer Ressourcen zu minimieren

2. **Material aus nachwachsenden Rohstoffen:** Nutzung biologisch basierter Materialien, die Materialien aus nicht erneuerbaren, vor allem fossilen Ressourcen substituieren
3. **erneuerbare Energiequellen für die Materialerzeugung:** Substitution fossiler Energieträger durch regenerative Energien in allen Produktionsschritten, um Treibhausgas-Emissionen zu reduzieren und nicht erneuerbare Ressourcen zu schonen

Je nach Material ergänzen sich diese Strategien und adressieren zentrale Effekte der nachhaltigen Materialnutzung: Ressourcenschonung, Minderung der Treibhausgas-Emissionen sowie Sicherstellung der Materialkreislauffähigkeit über den gesamten Lebenszyklus.

Herstellung von Material aus Rezyklaten und Sekundärrohstoffen

Die Verfügbarkeit qualitativ hochwertiger Sekundärrohstoffe stellt einen zentralen Faktor für die Substitution primär erzeugter Werkstoffe dar und begrenzt den möglichen Rezyklatanteil in technischen Werkstoffen. Sie hängt insbesondere von der Rückführungsquote von Abfällen sowie vom Materialbedarf ab. Der aktuelle Export von Schrott und Kunststoffabfällen sowie die wachsenden Potenziale neuer Technologien für Sammlung, Aufbereitung und hochwertiges Recycling verdeutlichen, dass die Marktnachfrage nach Werkstoffen mit festgelegtem Rezyklatanteil eine wesentliche Grundlage für eine gesteigerte Verfügbarkeit ist.

Werkstoffe mit Rezyklatanteil müssen technisch spezifiziert, standardisiert und zuverlässig verfügbar sein, um im Produktentstehungsprozess berücksichtigt werden zu können. Insbesondere bei technischen Werkstoffen ist die Sicherstellung gleichbleibender Qualität entscheidend. Die Qualität von Rezyklaten oder Werkstoffen mit definiertem Rezyklatanteil sollte daher über Normen, Prüfzertifikate oder vergleichbare Nachweise abgesichert werden. Ergänzend sollten Angaben zu den Treibhausgas-Emissionen und zu weiteren relevanten Wirkungsindikatoren der Ökobilanz verfügbar sein, um eine transparente Kommunikation und Bewertung durch verarbeitende Unternehmen zu ermöglichen.

Im Produktentstehungsprozess sollten im Lastenheft konkrete Anforderungen an recyclinggerechte Konstruktion und nachhaltigen Materialeinsatz unter anderem durch Mindestanteile an Rezyklat konkretisiert werden. Bei fehlender Verfügbarkeit des Rezyklats kann das erfordern, zur Sicherstellung der Versorgung mit den Händlern und Materialerzeugern in den Dialog zu treten und Nachfrageanreize zu schaffen. Zusätzlich können Entsorger und Recyclingunternehmen in den Prozess eingebunden werden, um Abfälle aus dem eigenen Betrieb, von Zulieferern oder Kunden gezielt für die Rezyklaterzeugung zurückzuführen.

Sobald die technische Eignung und Verfügbarkeit gegeben sind, muss die wirtschaftliche Machbarkeit des Rezyklateinsatzes gewährleistet sein. Dies umfasst auch die Bereitschaft des nachfragenden Unternehmens, gegebenenfalls höhere Kosten für nachhaltiges Material aus Sekundärrohstoffen zu akzeptieren. Förderprogramme auf nationaler oder europäischer Ebene können unter Nutzung der umweltrelevanten Angaben zur Ökobilanz zusätzliche Anreize bieten.

Material aus nachwachsenden Rohstoffen

Nachwachsende Rohstoffe bieten Potenziale zur Reduktion von Treibhausgas-Emissionen, zur Verringerung der Abhängigkeit von endlichen Rohstoffmärkten und zur Förderung regionaler Wertschöpfungsketten. Als nachwachsend gelten Rohstoffe, deren Regenerationsgeschwindigkeit mindestens der Verbrauchsgeschwindigkeit entspricht. Regenerationsfähig sind dabei ausschließlich organische Rohstoffe. Fossile Energieträger (obwohl organisch) werden aufgrund ihrer Entstehung über geologische Zeiträume als nicht nachwachsend eingeordnet.

Nichtmetalle und Metalle gelten als anorganische, damit nicht erneuerbare Rohstoffe. Somit beschränkt sich der Einsatz nachwachsender Rohstoffe für die Herstellung technischer Materialien primär auf organische Werkstoffe, wie biobasierte Kunststoffe, sowie auf organische Substitute für anorganische Materialien. Technische und wirtschaftliche Herausforderungen bestehen vor allem in der Sicherstellung gleichbleibender Materialqualität, der Verarbeitungseignung und der Verfügbarkeit der Rohstoffe in ausreichendem Umfang.

Die Integration nachwachsender Rohstoffe in die Materialherstellung erfordert eine ganzheitliche Bewertung der Umweltwirkungen. Neben der Reduktion von Treibhausgas-Emissionen und dem geringeren Verbrauch endlicher Ressourcen müssen auch Landnutzung, Wasserverbrauch, Düngemitteleinsatz, Flächenkonkurrenz zur Nahrungsmittelproduktion sowie die biologische Abbaubarkeit und die Recyclingfähigkeit berücksichtigt werden. Die Bewertung dieser Aspekte erfolgt idealerweise im Rahmen einer Lebenszyklusanalyse, um die ökologischen Vor- und Nachteile der Nutzung nachwachsender Rohstoffe im Vergleich zu fossilen oder sekundären Rohstoffen transparent darzustellen.

Einsatz erneuerbarer Energiequellen zur Materialerzeugung

Die Herstellung technischer Materialien ist in der Regel energieintensiv, sodass die Art der eingesetzten Energiequellen einen erheblichen Einfluss auf die ökologische Gesamtbilanz eines Produkts ausübt. Dieser Hebel gewinnt insbesondere dann an Bedeutung, wenn die Potenziale zur Substitution durch Sekundärrohstoffe oder nachwachsende Materialien begrenzt sind. Ein wesentlicher Anteil der Treibhausgasemissionen bei Primärrohstoffen mit anspruchsvollen Prozess- und Hochtemperaturbedingungen stammt aus dem Energieaufwand zur Prozessenergieversorgung.

Grundsätzlich lassen sich zwei Strategien unterscheiden:

1. **Elektrifizierung und Substitution fossiler Energieträger:** Der Ersatz konventioneller Brennstoffe durch Strom aus erneuerbaren Quellen ermöglicht die Elektrifizierung von Öfen, Schmelzanlagen und elektrochemischen Prozessen.
2. **Direkter Einsatz erneuerbarer Prozessenergien:** Dazu zählen grüne Wasserstofftechnologien, Biogas, Solarthermie oder andere erneuerbare Wärmequellen. Dies setzt technologische Anpassungen voraus, beispielsweise in Bezug auf Temperaturstabilität, Regelbarkeit, Energiespeicherung und Infrastruktur.

Die Integration erneuerbarer Energien eröffnet darüber hinaus Möglichkeiten zur Sektorkopplung (zum Beispiel Strom- und Wärmeversorgung), zur Rückgewinnung von Abwärme und zur Nutzung fluktuierender Energiequellen in Kombination mit Speicherlösungen. Die Bewertung dieser Ansätze erfolgt idealerweise im Rahmen einer Ökobilanz, um die Reduktion von CO_2-Emissionen, den Einfluss auf Primär- und Sekundärrohstoffe sowie weitere Umweltwirkungen zu quantifizieren.

Die Transformation hin zu erneuerbaren Energien hat zunehmend auch wirtschaftliche Relevanz. Unternehmen profitieren vom Zugang zu CO_2-armen Materialien in wachsenden Märkten mit Nachhaltigkeitsanforderungen, etwa im Bauwesen, in der Automobilindustrie oder bei öffentlichen Ausschreibungen. Das erfordert eine Rückverfolgbarkeit und Zertifizierung des erneuerbaren Energieeinsatzes, etwa durch Herkunftsnachweise für Strom, durch Environmental Product Declarations (EPDs) oder durch Carbon Footprint-Berechnungen mit Unterscheidung in erneuerbare und nicht erneuerbare Quellen. Zusätzlich reduziert die langfristige Umstellung auf erneuerbare Energien die Abhängigkeit von fossilen Energiemärkten und mindert regulatorische Risiken.

7.3.2 Stahl

Stahlwerkstoffe werden überwiegend über die Primärroute aus Eisenerz hergestellt, wobei ein bestimmter Anteil an Schrott als Kühlschrott eingebracht wird. Alternativ erfolgt die Stahlerzeugung im Elektrolichtbogenofen aus nahezu 100 % Schrott. Die andere Primärroute über die Direktreduktion von Eisenerz zu Eisenschwamm, gefolgt von einem Schmelzprozess, gewinnt zunehmend wieder an Bedeutung, da sie den Einsatz von Wasserstoff anstelle von Erdgas ermöglicht. Die Stahlerzeugung im Elektrolichtbogenofen lässt sich insbesondere durch den Einsatz regenerativ erzeugten Stroms wesentlich nachhaltiger gestalten. Hieraus ergeben sich drei zentrale Ansätze für die Nachfrage und Beschaffung nachhaltig erzeugten Stahls:

1. Stahl aus 100 % Schrott über die Elektrostahlroute
2. Elektrostahl erzeugt mit Energie aus regenerativen Quellen
3. Roheisen aus der Direktreduktion von Eisenerz

Über diese Ansätze hinaus verfügen Stahlproduzenten über weiteres Potenzial, Energie einzusparen und Emissionen zu verringern, indem sie Prozesse effizienter gestalten, die Produktionsplanung optimieren und bestverfügbare Technologien einsetzen. Dieses Potenzial wird auf etwa 20 % geschätzt.[45] Weitere rund 16 % Einsparpotenziale ergeben sich aus der Weiterentwicklung und Implementierung von Carbon Capture, Utilization and Storage (CCUS) zur Nutzung der Gichtgase aus Hochöfen und Kokereien als Abwärme- und Kohlenstoffträger.

Stahl aus Schrott

Zu den Hauptabnehmern von Stahl zählen die Bauindustrie und der Rohrbau zusammen mit ca. 44 % und die Automobilindustrie mit ca. 26 %.[46] Die Herstellung von Stahl aus 100 % Schrott setzt voraus, dass mindestens die Menge an Stahlschrott verfügbar ist, die der Nachfrage nach neuem Stahl entspricht, zuzüglich der Verluste durch Korrosion, Abbrand und Bearbeitung während Produktion, Verarbeitung und Nutzung. In der Praxis wird jedoch ein erheblicher Teil des Stahls durch längere Lebensdauern von Gebäuden und Infrastrukturen der Kreislaufwirtschaft entzogen. Die Abrissmengen, aus denen Schrott zurückgewonnen werden kann, sind im Vergleich zum Neubauvolumen vergleichsweise gering. Folglich wird der Anteil von Sekundärstahl in Europa voraussichtlich auf etwa 60 % und weltweit auf rund 45 % des Gesamtstahlaufkommens begrenzt sein. Eine langfristige Versorgung mit Stahl ausschließlich aus Schrott ist damit nicht realistisch.

Auch wenn die Schrottquote im Stahl insgesamt begrenzt ist, können einzelne metallverarbeitende Unternehmen Elektrostahl mit einem hohen Schrottanteil beziehen. Damit eine verlässliche Bewertung möglich ist, muss der Händler Informationen zum produzierenden Werk und zur verwendeten Technologie bereitstellen. Liegen diese Daten vor, ist der Hersteller gefordert, die Umweltwirkungen des Materials in einer transparenten Deklaration auszuweisen. Aktuell stehen hierfür zwei standardisierte Instrumente zur Verfügung:

- **Environmental Product Declaration (EPD):** eine standardisierte, verifizierte Darstellung von umweltbezogenen Informationen für ein Stahlprodukt auf Basis von Ökobilanzdaten (siehe Abschnitt 3.4)
- **Low Emission Steel Standard (LESS):** ein Klassifizierungssystem, das Stahl oder Gruppen von Stahlgüten nach den Treibhausgas-Emissionen für eine bestimmte Schrottquote einordnet

Für Halbzeuge und Fertigprodukte aus unlegiertem und legiertem Stahl für die Baubranche existieren über hundert EPDs, die Angaben zu Schrotteinsatz und Recyclingfähigkeit enthalten.[47] Die Informationen zum Schrotteinsatz finden sich in den EPDs

---

[45] Vgl. IEA 2020, S. 76 ff.

[46] Vgl. Scholle 2024

[47] Vgl. IBU 2025

im Abschnitt „Umweltwirkungen – Ressourcennutzung“ unter „Sekundärmaterialnutzung (SM)“ für die Herstellungsmodule A1–A3. Produktionsabfälle, die den Unternehmensprozess nicht verlassen, gelten nicht als Sekundärmaterial. Angaben zur Recyclingfähigkeit dienen der Erfassung von Gutschriften im Modul D durch das Recycling nach Gebrauch. Eine Analyse von neun EPDs verschiedener Hersteller, teils aus unterschiedlichen Ländern, für Warmwalzprodukte aus unlegiertem Stahl zeigt den Zusammenhang zwischen dem Schrotteinsatz (horizontale Achse) und den Umweltindikatoren des nicht erneuerbaren kumulierten Energieverbrauchs KEV_{ne} (= PENRE in EPDs) sowie der Treibhausgas-(THG-)Emissionen (= GWP-f in EPDs) auf (Bild 7.6). Darin lassen sich ebenfalls die beiden dominierenden Herstellungsverfahren sowie die typischen Schrotteinsatzquoten ablesen: ca. 20 % bei der Hochofenroute und 100 % im Elektrolichtbogenofen.

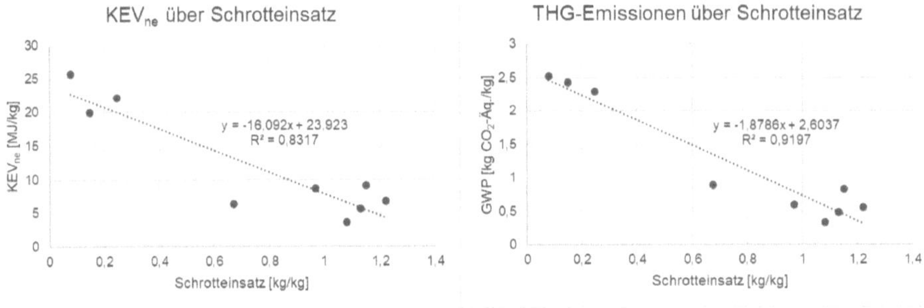

Bild 7.6 Zusammenhang zwischen dem Schrotteinsatz und dem KEV_{ne} sowie den THG-Emissionen für unlegierten Stahl auf Basis von neun ausgewählten EPDs

Die EPDs dienen ausschließlich der Information und enthalten keine Bewertung oder Einstufung der Produkte anhand festgelegter Schwellwerte. Eine Auswahl von Stahlprodukten auf Basis von EPDs erfordert daher die Analyse und den Vergleich der Umweltdaten mehrerer EPDs, was letztlich zu einem reinen Ranking der Produkte führt.

Das Kennzeichnungssystem nach dem Low Emission Steel Standard (LESS) wurde 2024 von der Wirtschaftsvereinigung Stahl als deutscher Industriestandard veröffentlicht, um die Nachfrage nach THG-emissionsarmem Stahl zu steigern.[48] Der Standard basiert auf einer sechsstufigen Skala zur Klassifizierung und Kennzeichnung von Stahlprodukten entsprechend ihrer gesamten Treibhausgas-Emissionen (GWP-total) in Abhängigkeit vom Schrotteinsatz (Bild 7.7 und Bild 7.8). LESS berücksichtigt sowohl die klassische Hochofenroute als auch die schrottbasierte Elektrostahlproduktion. Für „Near Zero“-Stahlprodukte – darunter Bau- und Betonstahl sowie Qualitätsstahl (legierter Stahl mit Legierungsanteilen ≥ 8 %) – wurden Emissionswerte für typische Schrottquoten von 20 % und 100 % definiert. Auf Basis dieser Referenzwerte werden die Schwell-

[48] Vgl. Wirtschaftsvereinigung Stahl 2024

werte für die Klassifizierungsstufen durch ganzzahlige Faktoren abgeleitet, wodurch eine gleitende Skala für Zwischenwerte zwischen den Stufen entsteht. Der Übergang zwischen den Stufen D und E entspricht ungefähr dem aktuellen Stand der Technik.[49]

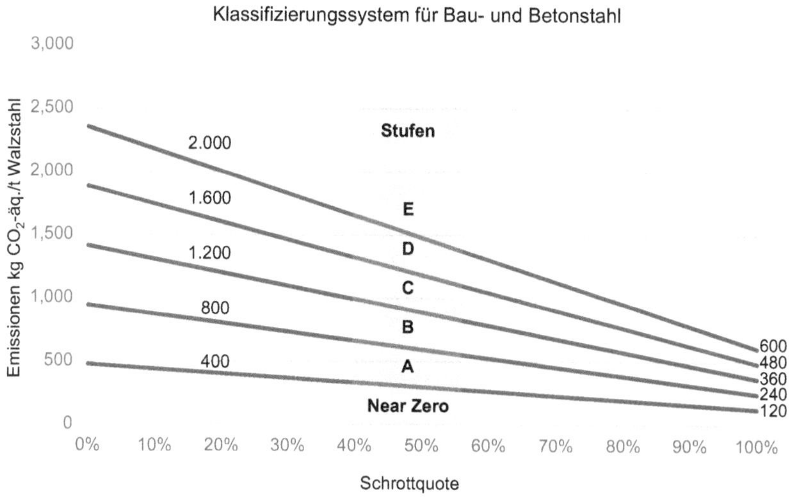

Bild 7.7 Klassifizierungssystem für Stahl nach dem Low Emission Steel Standard (LESS)[50] – Teil 1

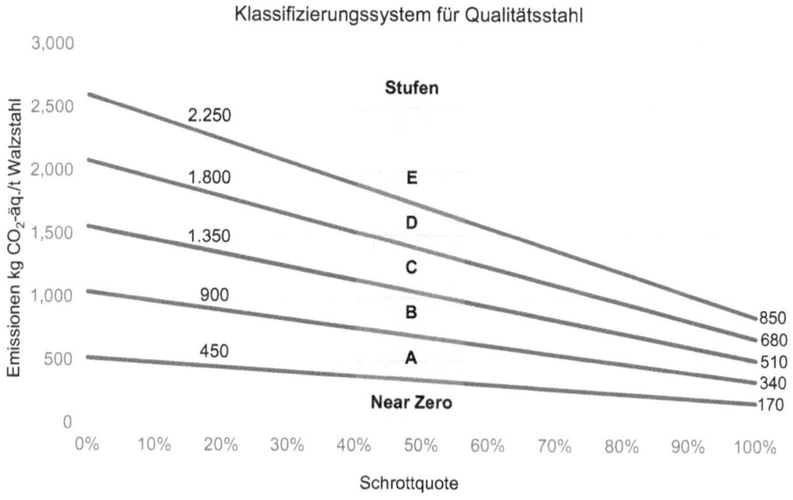

Bild 7.8 Klassifizierungssystem für Stahl nach dem Low Emission Steel Standard (LESS)[51] – Teil 2

49 Wirtschaftsvereinigung Stahl 2024, S. 35

50 Wirtschaftsvereinigung Stahl 2024, S. 35

51 Wirtschaftsvereinigung Stahl 2024, S. 35

Die Emissionswerte basieren auf einem Cradle-to-Gate-Ansatz (vom Erzabbau bis zur Lieferung ab Stahlwerk) und erfassen alle relevanten Emissionen in Scope 1 und 2 sowie die wesentlichen Emissionen im Scope 3 Downstream. Die Ermittlung erfolgt nach etablierten Bilanzierungsnormen, sodass die Werte aus Carbon-Footprint-Studien oder EPDs für Stahlprodukte vom Hersteller in die LESS-Kennzeichnung überführt werden können. Beim Einsatz von Legierungsmitteln, insbesondere für die Herstellung von Qualitätsstahl, können die Emissionen entweder individuell oder anhand von Referenzwerten aus einer festgelegten Liste bestimmt werden. Anpassungsregeln sorgen dafür, dass Abweichungen individueller Emissionen von den Referenzwerten korrekt berücksichtigt werden.[52]

Das LESS-Kennzeichen gibt die Klasse, den Schrotteinsatz und die THG-Emissionen des Produkts an. Hersteller können für ein Produkt oder eine Produktgruppe besonders emissionsarm hergestellten Stahls das Kennzeichen beantragen, zertifizieren und registrieren lassen. Sie müssen dabei sicherstellen, dass bei mehreren Herstellungsrouten oder Strombezügen aus unterschiedlichen Quellen die Zertifikate nur für die entsprechenden Produkte oder Produktgruppen gelten. Konkret bedeutet dies, dass die Summe aller ausgestellten Zertifikate, multipliziert mit den jeweiligen jährlichen Produktionsmengen, den tatsächlichen jährlichen THG-Emissionen des Herstellers entspricht.

Elektrostahl erzeugt mit Energie aus regenerativen Quellen

Bei der Elektrostahlroute wird Stahl aus Schrott im Elektrolichtbogenofen (ELB-Ofen) geschmolzen, anschließend in derselben oder einer separaten Pfanne schmelzebehandelt und schließlich vergossen. Die gegossenen Knüppel oder Brammen werden im Walzwerk erwärmt und zu Halbzeugen warmgewalzt. Für den Schmelzprozess sind durchschnittlich etwa 420 kWh Strom je Tonne Stahl erforderlich. Zusätzlich werden rund 80 kWh Erdgas für die Stützfeuerung eingesetzt. Für die Desoxidation und Aufkohlung werden etwa 100 kWh Kohle zugegeben, wovon ein Teil in den Stahl übergeht. Die Internationale Energieagentur (IEA) beziffert in einer weltweiten Betrachtung den Endenergieverbrauch für Rohstahl aus dem ELB-Ofen auf ca. 580 kWh/t.[53] Im Walzwerk kommen pro Tonne Walzgut etwa 180 kWh Erdgas und 120 kWh Strom hinzu. Damit ergibt sich ein gesamter Endenergieverbrauch von rund 800 kWh/t Walzgut, wovon etwa 68 % auf elektrische Energie entfallen.

Die Treibhausgas-Emissionen (THG) je Tonne unlegierten Walzstahls setzen sich aus den Emissionen der Scopes 1 bis 3 zusammen:

- **Scope 1:** ca. 100 kg CO_2, wobei etwa 80 % dieser direkten Emissionen aus der Verbrennung von Kohle und Erdgas stammen
- **Scope 2:** Hierbei handelt es sich um die indirekten Emissionen aus der Stromerzeugung. Deren Höhe hängt maßgeblich vom Brennstoffmix ab. Bei Strom aus 100 % er-

52 Wirtschaftsvereinigung Stahl 2024, S. 48

53 Vgl. IEA 2020, S. 42

neuerbaren Quellen liegen sie nahezu bei 0 kg CO_2, während sie bei einem Strommix aus reinen Kohlekraftwerken (ca. 1 kg CO_2/kWh) bis zu 540 kg CO_2 erreichen können. Für den deutschen Strommix 2021 gemäß BAFA (Emissionsfaktor 0,435 kg CO_2/kWh; vgl. Bild 3.1) ergeben sich etwa 235 kg CO_2/t Walzstahl.

- **Scope 3:** Scope 3 umfasst die Emissionen aus der Vorkette der eingesetzten Stoffe und Energieträger. Einflussreich sind insbesondere die Menge an Legierungsmitteln und Roheisen sowie die Vorkette der Stromerzeugung. Die Werte bewegen sich hier im Bereich von 200–250 kg CO_2/t unlegierten Walzgutes.

In der Summe ergeben sich damit 535–585 kg CO_2 je Tonne Walzstahl bei einer Schrottquote von 100 %, was zur Einstufung in die LESS-Klasse D („emissionsarmer Stahl") führt.

Wird auf erneuerbar erzeugten Strom umgestellt, können die Scope 2-Emissionen sowie deren Vorkette deutlich reduziert werden. Für dieses Stahlprodukt wäre dann eine Einstufung in die LESS-Klasse B erreichbar.

Die Klassifizierung als Near-Zero-Steel setzt bei 100 % Schrottquote Emissionen von unter 120 kg CO_2/t voraus. Um diesen Wert zu erreichen, sind neben dem Bezug von Strom aus erneuerbaren Energiequellen weitere Maßnahmen notwendig:

- Reduktion der Scope-1-Emissionen durch den Ersatz von Erdgas durch Wasserstoff und von fossiler Kohle durch biogene Alternativen wie Pflanzenkohle
- Reduktion der Scope-3-Emissionen durch Verbesserung der Schrottqualität, Verringerung des Bedarfs an Zuschlägen und Legierungsmitteln sowie durch die vollständige Umstellung der vorgelagerten Lieferkette einschließlich Schrottaufbereitung, Kalkherstellung, Legierungsmittelproduktion und Transport – auf erneuerbare Energien

Roheisen aus Direktreduktion von Eisenerz

Da die Verfügbarkeit von Stahlschrott auch langfristig begrenzt bleibt, gewinnt die Transformation der Rohstahlproduktion hin zu Verfahren, die den Einsatz regenerativ erzeugter Primär- oder Sekundärenergieträger ermöglichen, an Bedeutung. Sie ist entscheidend für die Herstellung nachhaltiger Stahlprodukte. Als klimafreundlichere Ergänzung zum traditionellen Hochofenverfahren werden derzeit zwei alternative Verfahren zur Rohstahlerzeugung favorisiert:

1. **Das Midrex-Verfahren – DRI-EAF (Direct Reduced Iron-Electric Arc Furnace) Route:** Bei dieser Technologie werden Eisenerzpellets in einem Schachtofen im Gegenstromprinzip mit reformiertem Erdgas zu Eisenschwamm (DRI) reduziert. Um den Transport zu erleichtern, kann dieser zu Hot Briquetted Iron (HBI) verdichtet werden. Das DRI/HBI wird anschließend im Elektrolichtbogenofen (Electric Arc Furnace) eingeschmolzen und zusammen mit Schrott und Legierungselementen zu Rohstahl verarbeitet. Diese Route wird als Schlüsseltechnologie für die

Dekarbonisierung der Stahlerzeugung angesehen, sofern Erdgas durch grünen Wasserstoff ersetzt und der Elektrolichtbogenofen mit Strom aus erneuerbarer Energie betrieben wird. Das Midrex-Verfahren ist bereits im industriellen Maßstab etabliert.

2. **Das Corex-Verfahren – SR-BOF (Smelting Reduction-Basic Oxygen Furnace) Route:** Hier wird die Direktreduktion von Eisenerzpellets mit einem Schmelzprozess im Konverter (Basic Oxygen Furnace) kombiniert, in dem Kohle direkt vergast wird. Eine separate Kokserzeugung entfällt. Die entstehenden Gichtgase aus dem Schmelzprozess werden in der Direktreduktion verwertet. Die Abgase sollen mittels CCUS (Carbon Capture, Utilization and Storage) behandelt werden, beispielsweise durch dauerhafte Speicherung in geologischen Formationen. Das Corex-Verfahren befindet sich derzeit in der industriellen Erprobungsphase.

Die Rohstahlerzeugung mittels der Hochofenroute benötigt rund 21,4 GJ Endenergie je Tonne Rohstahl. Die DRI-EAF-Route kommt auf 17,1 GJ (= 4750 kWh) pro Tonne Rohstahl.[54] Zieht man den Strombedarf des Elektrolichtbogenofens (EAF) von rund 580 kWh für die Rohstahlproduktion ab, verbleiben 4170 kWh Endenergie für die Herstellung des Eisenschwamms (bezogen auf eine Tonne Rohstahl).

Die Treibhausgas-Emissionen (THG) umfassen direkte und indirekte Emissionen, wobei die direkte Emissionszuordnung hier für die gesamte Route erfolgt (im Unterschied zur Scope-Systematik in Stahlwerken). Im Vergleich zeigt sich, dass der Emissionsfaktor der DRI-Route aufgrund des hohen Erdgaseinsatzes zwar unter dem der Hochofenroute liegt, die absoluten Emissionen jedoch weit über denen von rein schrottbasiertem Elektrostahl liegen (Bild 7.9). Für die Hochofenroute wird dabei ein Schrottanteil von ca. 20 % angenommen. Die THG-Emissionen der DRI-Route könnten auf etwa 700 kg CO_2/t Rohstahl gesenkt werden, wenn der Erdgasanteil vollständig durch grünen Wasserstoff ersetzt und der benötigte Strom aus erneuerbaren Quellen bezogen wird.

Die DRI-EAF-Route ist heute vor allem im Mittleren Osten, in den USA, Indien und Afrika verbreitet. China als weltweit größter Stahlproduzent stellt Rohstahl ausschließlich in Hochöfen her. In der EU ist der Anteil der Direktreduktion derzeit ebenfalls gering. Prognosen gehen davon aus, dass der weltweite Anteil der DRI-EAF-Route an der Stahlproduktion bis 2050 auf bestenfalls 10 bis 20 % steigt. Bezogen auf die Rohstahlproduktion wird der Anteil auf 16 bis 30 % geschätzt. Der Anteil der SR-BOF-Route an der weltweiten Stahlproduktion dürfte im selben Zeithorizont bestenfalls etwa 10 % erreichen.[55]

Neben diesen beiden Direktreduktionsverfahren werden weitere Optionen zur Emissionsminderung und Schonung nicht erneuerbarer Ressourcen erprobt, darunter der teilweise Ersatz fossiler Kohle durch Biokohle aus organischen Abfällen oder Holzkohle im Schmelzprozess. Darüber hinaus befinden sich Pilotverfahren zur Elektrolyse sowie zur Wasserstoff-Plasmareduktion von Eisenerz in der Erprobung.

---

[54] IEA 2020, S. 42

[55] IEA 2020, S. 103

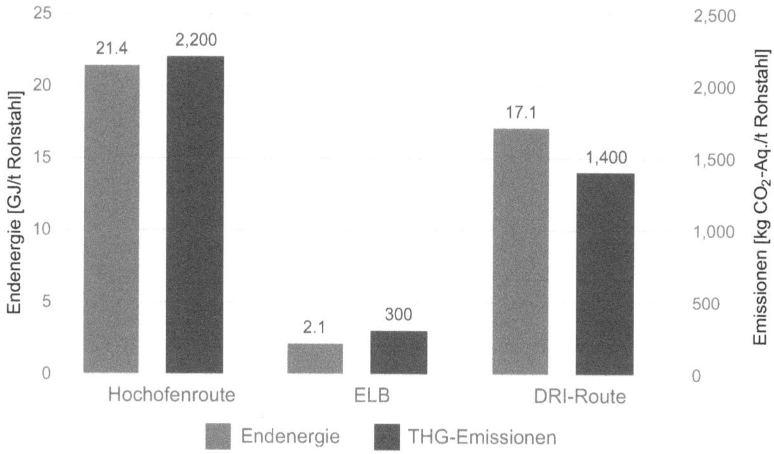

Bild 7.9 Endenergie und THG-Emissionen je Tonne Stahl: Vergleich verschiedener Erzeugungsverfahren

7.3.3 Aluminium

Die Herstellung von Primäraluminium ist mit einem hohen Energieeinsatz vor allem in Form von Strom verbunden, was zu einem erheblichen Beitrag an Treibhausgas-Emissionen führt. Zwei zentrale Ansätze tragen dazu bei, Aluminium nachhaltig zu erzeugen: der verstärkte Einsatz von Sekundäraluminium aus Umschmelzprozessen sowie die Nutzung erneuerbarer Energiequellen, insbesondere in der Primärproduktion und beim Umschmelzen. Bei der Beschaffung von Aluminium sollten beide Ansätze berücksichtigt und anhand der Sekundärmaterialquote und der THG-Emissionen bewertet werden.

Sekundäraluminium aus Umschmelzprozessen

Aluminium-Knetlegierungen der Werkstoffgruppen 1xxx bis 8xxx können ausschließlich aus sortenrein getrennten Aluminiumschrotten zu Sekundäraluminium umgeschmolzen werden. Schmelzwerke (Remelter) kaufen dazu definierte Neuschrotte, beispielsweise aus der nachgelagerten Wertschöpfungskette. Altschrott wird nur eingesetzt, wenn er nach Legierung oder zumindest nach Legierungsgruppe sortiert vorliegt, etwa im Fall gepresster und paketierter Getränkedosen. Ist Altschrott beispielsweise durch edle Metalle verunreinigt, oder stehen nicht genügend geeignete Mengen zur Verfügung, wird Primäraluminium zugesetzt. Weltweit wird der Anteil von Sekundäraluminium an der Halbzeugproduktion auf etwa 15 % geschätzt. Eine Steigerung dieses Anteils lässt sich durch eine verbesserte Sortierung von Aluminium aus Altschrott erreichen.

Aluminium-Gusslegierungen können aus Neuschrott durch Umschmelzen bei Remeltern oder aus Altschrott in Schmelzhütten (Refiner) hergestellt werden. Sie entstehen beispielsweise aus brikettierten Spänen, durchmischtem Neuschrott und der Aluminiumfraktion aus der Aufbereitung von Altschrott nach Zerkleinerung. Bei der Herstellung von Gussaluminiumlegierungen ist aufgrund der Verdünnung durch Knetlegierungsschrott eine Nachlegierung erforderlich. Der weltweite Anteil von Sekundäraluminium an der Gussproduktion liegt bei rund 60 %. Auch hier hängt eine Steigerung maßgeblich von der Verfügbarkeit von Altschrott ab, die durch eine höhere Recyclingrate aus Post-Consumer-Abfällen verbessert werden kann.

Wie in Abschnitt 7.2.2 gezeigt, betragen die Umweltwirkungen von 1 kg Sekundäraluminium ca. 5 % der Umweltwirkungen der Primäraluminiumherstellung im Importmix – gemessen am nicht erneuerbaren kumulierten Energieverbrauch KEV_{ne} von 7,519 MJ und den Treibhausgas-Emissionen (THG) von 0,517 kg CO_2-Äquivalenten. Bei Produkten mit hohem Aluminiumanteil bestimmt der Schrotteinsatz maßgeblich die Umweltauswirkungen der Aluminium-Halbzeugherstellung (Cradle-to-Gate), wie die Auswertung von fünf aktuellen EPDs deutscher Hersteller zeigt (Bild 7.10).

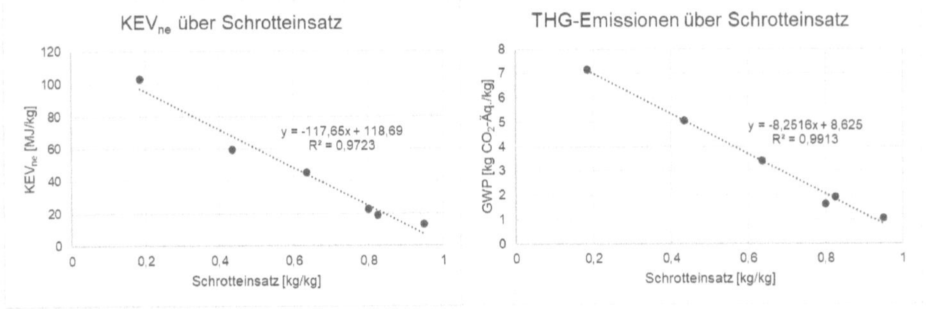

Bild 7.10 Zusammenhang zwischen dem Schrotteinsatz und dem KEV_{ne} sowie den THG-Emissionen für Aluminiumhalbzeuge am Beispiel von fünf ausgewählten EPDs

Herstellung von Primäraluminium mit Strom aus erneuerbaren Quellen

Primäraluminium wird aus Aluminiumoxid (Tonerde) hergestellt, das im Bayer-Verfahren aus Bauxiterz durch Laugung, Kristallisation und Brennen gewonnen wird. Die Gewinnung von Tonerde macht etwa 7 % des gesamten Energieverbrauchs der Primäraluminiumproduktion aus. Kritischer als der Energieeinsatz ist jedoch der dabei entstehende Rückstand der Laugung, der als Rotschlamm bezeichnet wird. Unsachgemäße Lagerung oder frühere Einleitungen in Gewässer und Meere führten in der Vergangenheit aufgrund des hohen Gehalts an Natronlauge zu erheblichen Umweltbelastungen.

Das gewonnene Aluminiumoxid wird in einem Schmelzfluss elektrolytisch zu Primäraluminium reduziert. Dieser Prozess der Schmelzflusselektrolyse ist mit 92,5 % der dominierende Faktor im gesamten Energiebedarf von rund 15 419 kWh Endenergie pro Tonne Primäraluminium, wovon etwa 95 % auf Strom und 5 % auf Erdgas entfallen.[56] Für die CO_2-Bilanz ist somit vor allem der Energieträgermix des eingesetzten Stroms entscheidend.

Unternehmen der metallverarbeitenden Industrie, die Aluminium in Form von Halbzeugen (Blech, Strangpressprofile, Stangenmaterial) oder Gussteilen beschaffen und weiterverarbeiten, sind standort- oder marktbezogene Strommix-Angaben oder gar spezifische Product-Carbon-Footprint-Werte in der Regel nicht bekannt. Als wichtigste Informationsquellen zu umweltrelevanten Eigenschaften haben sich folgende etabliert:

- **Environmental Product Declaration (EPD):** standardisierte und verifizierte Darstellung umweltbezogener Informationen auf Basis von Ökobilanzdaten (siehe Abschnitt 3.4)
- **Zertifizierung nach dem Aluminium Stewardship Initiative (ASI) Performance Standard:** überprüfte Angaben zu Umweltwirkungen, Zielen und Maßnahmen zu deren Minderung sowie zu Managementprozessen, beispielsweise im Umgang mit Risiken[57]

Für Primäraluminium liegen im Vergleich zu Halbzeugen nur wenige EPDs vor. Die Auswertung dieser EPDs sowie aktualisierter Ökobilanzdaten für die Umweltindikatoren nicht erneuerbarer kumulierter Energieverbrauch KEV_{ne} und Treibhausgas-Emissionen (THG) verdeutlicht die starke Abhängigkeit beider Werte vom Anteil erneuerbarer Energien am Strommix (Bild 7.11). Mit herstellerseitigen Angaben zum standort- oder marktbezogenen Strommix lassen sich beide Indikatoren zuverlässig hochrechnen.

Deutschland erzeugt Primäraluminium nur in geringen Mengen und kauft deshalb den größten Teil des Bedarfs im Ausland. Die Importe stammen überwiegend aus Asien, dem Mittleren Osten und Russland, jeweils mit einem geringen Anteil erneuerbarer Energien im Strommix, sowie in kleinerem Umfang aus Afrika, Südamerika, Australien und Norwegen. Entsprechend liegen die Werte des Importmix bei 120 bis 140 MJ KEV_{ne} und 10 bis 18 kg CO_2-Äq./kg Primäraluminium. Im Vergleich dazu weist Aluminium aus Norwegen, mit einem Anteil erneuerbarer Energien am Strommix von nahezu 90 %, deutlich günstigere Werte auf (KEV_{ne} ca. 40 MJ und THG-Emissionen rund 4 kg CO_2-Äq./kg). Weltweit liegen die durchschnittlichen Treibhausgas-Emissionen bei etwa 17 kg CO_2-Äq./kg, während die höchsten Werte etwa 25 kg CO_2-Äq./kg betragen.[58]

In Environmental Product Declarations (EPDs) für Aluminiumhalbzeuge sind die umweltrelevanten Angaben für Primäraluminium und dessen Herkunft häufig nicht direkt ersichtlich. Grund dafür ist, dass die Werte für das Modul A1 (Rohstoffversorgung) zumeist gemeinsam mit den Angaben für A2 (Transport) und A3 (Herstellung) in einer Spalte zusammengefasst werden. Möchte man den KEV_{ne} (gleichbedeutend mit PENRE) und die Angaben zu GWP fossil für Primäraluminium bestimmen, dann muss der An-

[56] Vgl. BGR 2020b, S. 7

[57] Vgl. ASI 2024, S. 57 ff.

[58] ASI 2024, S. 62

teil an Sekundäraluminium herausgerechnet werden, der mit dem KEV_{ne} von 7,519 MJ/kg und den THG-Emissionen von 0,517 kg CO_2-Äq./kg bewertet wird.

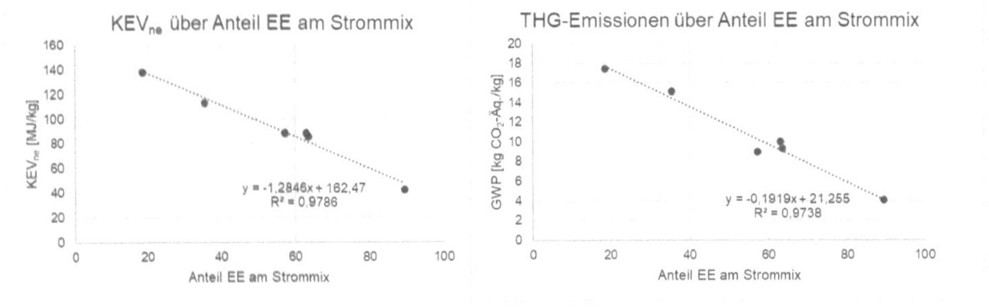

Bild 7.11 Zusammenhang zwischen dem Anteil erneuerbarer Energien (EE) am Strommix und dem KEV_{ne} sowie den THG-Emissionen für Primäraluminium

Unternehmen in der Aluminiumwertschöpfungskette können sich nach dem Aluminium Stewardship Initiative (ASI) Performance Standard zertifizieren lassen, der Anforderungen an die Einhaltung von ESG-Grundsätzen zur Nachhaltigkeit definiert. Nach der Erstzertifizierung durch einen unabhängigen Auditor muss ein Überprüfungsaudit mindestens alle fünf Jahre stattfinden. Die umweltbezogenen Anforderungen beinhalten unter anderem die Offenlegung von Angaben zu Umweltwirkungen des Unternehmens, die Festlegung von Zielen und Maßnahmen zu deren Minderung sowie die Implementierung entsprechender Managementprozesse, einschließlich des Umgangs mit Risiken. Als Ausdruck der Übernahme der Materialverantwortung über die gesamte Wertschöpfungskette ist der zertifizierte Betrieb verpflichtet, eine normgerechte Ökobilanz für seine wichtigsten Aluminiumprodukte oder -produktgruppen zu erstellen. Die Treibhausgas-Emissionen und der Energieverbrauch sind dabei nach Quelle gemäß den drei Scopes des Greenhouse Gas (GHG) Protocol zu differenzieren und durch eine unabhängige Stelle verifizieren zu lassen. Diese Anforderungen führen im Ergebnis zur Erstellung normgerechter EPDs.

Für Aluminiumhütten, die ihre Produktion vor 2020 aufgenommen haben, gelten bei einer Zertifizierung nach dem ASI Performance Standard folgende Verpflichtungen:[59]

1. Die THG-Emissionen liegen unter 11,0 t CO_2-Äq./t Aluminium.
2. Alternativ wurden die Emissionen in den vorangegangenen drei Berichtszeiträumen um mindestens 10 % gesenkt, und der Betrieb verfügt über Pläne, die sicherstellen, dass die Emissionsintensität vom Bergwerk bis zum Metall
   a. bis Ende 2025 unter 13,0 t CO_2-Äq./t Aluminium und
   b. bis Ende 2030 unter 11,0 t CO_2-Äq./t Aluminium liegt.

[59] ASI 2024

Das ASI Standard Committee hat sich verpflichtet, den Performance Standard am 1,5-Grad-Szenario des Pariser Abkommens und an einem daraus abgeleiteten Reduktionspfad für die Aluminiumindustrie auszurichten. Dies führt für 2050 zu einem Near-Zero-Ziel von 4,54 % der Emissionen von 2018. Für Aluminiumhütten würde das bedeuten, dass die THG-Emissionen ausgehend vom weltweiten Durchschnitt von 17 t CO_2-Äq./t Aluminium in 2050 unter 1,0 t CO_2-Äq./t Aluminium liegen müssten. Bei linearer Fortschreibung der Verpflichtungen gemäß den unter Punkt 2a) und 2b) aufgelisteten Vorgaben würde sich für 2050 ein Zielwert von rund 3 t CO_2-Äq./t Aluminium ergeben. Diese Zielwerte werden im ASI Performance Standard in dieser Deutlichkeit allerdings nicht gefordert oder explizit genannt.

Über die Treibhausgas-Emissionen hinaus formuliert der ASI Performance Standard weitere Anforderungen, unter anderem zum Umgang mit anderen Emissionen, Abfällen, Wasser und Abwasser sowie zum Risikomanagement im Hinblick auf Biodiversität und Ökosysteme. Dabei wird auf die Einhaltung lokaler Umweltanforderungen verwiesen.

7.3.4 Kupfer

Die Herstellung von primärem Kupfer beginnt mit dem Abbau hauptsächlich sulfidischer Erze mit einem Kupfergehalt von 0,4 bis 1 % in großflächigen Tagebauen, wo das Erz gesprengt, zerkleinert und abtransportiert wird. Für die pyrometallurgische Verhüttung wird das Erz anschließend unter Zugabe von Wasser sehr fein gemahlen und in Flotationsanlagen vom Nebengestein getrennt. Das dabei entstehende Abraumgestein wird in Absetzbecken gelagert. Das gewonnene Kupferkonzentrat mit 25 bis 36 % Kupfergehalt gelangt per Schiff oder Bahn zu den Raffinerien. Neben der in Abschnitt 7.2.2 erläuterten pyrometallurgischen Erzeugung von Kupferanoden werden oxidische und sulfidische Kupfererze auch im hydrometallurgischen Verfahren verarbeitet. Hierbei wird das zerkleinerte Erz mit verdünnter Schwefelsäure gelaugt, das Kupfer in Lösung gebracht und im SX-EW-Verfahren (Solvent Extraction – Electrowinning) chemisch aufkonzentriert und anschließend elektrolytisch abgeschieden.

Der größte Teil des Energieverbrauchs in der Kupferproduktion entfällt mit über 60 % auf den Bergbau und die Erzaufbereitung für die pyrometallurgische Verarbeitung.[60) Im weltweiten Durchschnitt liegt der nicht erneuerbare kumulierte Energieverbrauch (KEV_{ne}) bei 46,7 MJ/kg primär erzeugtem Kupfer, die Treibhausgas-Emissionen (THG) betragen 3,965 kg CO_2-Äq./kg.[61) Die konkreten Werte hängen stark vom Kupfergehalt des Erzes, vom Energiemix der Aufbereitungsanlagen und von den Transportdistanzen ab. Werden mit dem Kupferabbau weitere Edelmetalle wie Nickel, Silber oder Gold gewonnen, verringern sich die Umweltwirkungen des Kupfers bei wertmäßiger

[60] Vgl. Rötzer 2021, S. 85

[61] Vgl. ICA 2023

Allokation entsprechend. Je nach Rahmenbedingungen schwanken die Werte für den KEV_{ne} zwischen etwa 35 MJ und über 100 MJ sowie für die THG-Emissionen zwischen 3,1 und 7,3 kg CO_2-Äq. je kg Kupfer.

Für eine nachhaltigkeitsorientierte Beschaffung spielt der Anteil an Kupfererz aus umweltverträglichen Quellen eine ebenso wichtige Rolle wie die Reduktion der Umweltwirkungen in der Primärproduktion selbst. Hierzu können Unternehmen auf folgende Nachhaltigkeitsstandards und Zertifizierungen zurückgreifen:

- **Copper Mark:** Copper Mark ist ein speziell für die Kupferindustrie entwickeltes Zertifizierungssystem, das 2019 von der International Copper Association ins Leben gerufen wurde. Die Teilnahme ist freiwillig und erfordert eine externe Auditierung. Bewertet wird anhand des Risk Readiness Assessment (RRA) mit zweiunddreißig ESG-Kriterien, darunter Menschenrechte, Arbeits- und Sicherheitsstandards, THG-Reduktion, Abfall- und Wassermanagement sowie Biodiversitätsschutz. Das Zertifikat gilt für drei Jahre und wird jährlich überprüft. Seit 2021 steht der Standard auch für weitere Metalle wie Molybdän (Mo) oder Nickel (Ni) offen.
- **International Council on Mining and Metals (ICMM):** Der ICMM ist ein globaler Industrieverband mit rund sechsundzwanzig Bergbauunternehmen und über fünfunddreißig nationalen sowie regionalen Branchenverbänden als Mitglieder. ICMM-Mitglieder verpflichten sich zu zehn verbindlichen Nachhaltigkeitsprinzipien, unter anderem ethisches Wirtschaften, Schutz der Menschenrechte, Minimierung von Umwelteinflüssen, Reduktion von THG-Emissionen und Förderung lokaler Gemeinden. Jährliche Berichterstattung und externe Prüfung nach GRI-Standard sind verpflichtend. Anders als Copper Mark ist ICMM kein produktbezogenes Label, sondern ein unternehmensweiter Nachhaltigkeitsrahmen.

Für die Bewertung von Halbzeugen aus Kupfer können Environmental Product Declarations (EPD) herangezogen werden. Je nach Hersteller lassen sich daraus der KEV_{ne}, die THG-Emissionen und der Anteil an Sekundärmaterial ableiten. EPDs für Kathodenkupfer oder Halbzeuge aus Cu-DHP (desoxidiertes, phosphorhaltiges Kupfer) weisen zum Teil erhebliche Unterschiede auf, je nachdem, ob und in welchem Umfang Sekundärmaterial eingesetzt wurde. Halbzeuge, die vollständig aus Sekundärmaterial stammen, erreichen THG-Emissionen von unter 1 kg CO_2-Äq./kg Material.

Maßnahmen zur technologischen Effizienzsteigerungen, der Einsatz erneuerbarer Energien in der Erzaufbereitung sowie die Anwendung von Zertifizierungen wie Copper Mark oder ICMM können dazu beitragen, die Umweltwirkungen der Kupferproduktion weiter zu verringern. Für die Beschaffung in der metallverarbeitenden Industrie bedeutet dies, neben den klassischen Preis- und Qualitätserwägungen auch die Herkunfts- und Zertifizierungsangaben zu berücksichtigen, um den THG-Fußabdruck und andere Umweltwirkungen in der Lieferkette in den Vergabeprozess einzubeziehen.

7.3.5 Kunststoffe

Unternehmen der metallverarbeitenden Industrie erhalten und verarbeiten Kunststoffe zumeist als Granulat für den eigenen Spritzgussbetrieb, als Kunststoffbauteile oder kunststoffhaltige Baugruppen in der Montage sowie als Verpackungsmaterial in der Logistik. Die Beschaffung nachhaltig erzeugter Kunststoffe sollte daher die gesamte Wertschöpfungskette berücksichtigen. Auf der Rohstoffseite kann das Material anstelle fossiler Rohstoffe aus biobasierten Quellen, aus Sekundärrohstoffen (sekundär erzeugte Kohlenwasserstoffe) oder aus Rezyklaten hergestellt werden. Die Polymererzeugung selbst lässt sich durch effektive Planung und Steuerung, den Einsatz erneuerbarer Energien, Wärmerückgewinnung, Begrenzung des Chemikalieneinsatzes und Minimierung der Emissionen nachhaltiger gestalten. Unternehmen, die Kunststoffe verarbeiten oder verwenden, können mittels technischer Spezifikationen mögliche Rezyklatanteile, biobasierte Anteile und die Recyclingfähigkeit am Lebensende beeinflussen. Für den eigenen Produktionsabfall können geschlossene Recyclingkreisläufe etabliert werden. Voraussetzung hierfür sind transparente und rückverfolgbare Informationen zu Herkunft, Inhaltsstoffen und relevanten Umweltangaben.

Einsatz von Rezyklaten

Der Einsatz von Rezyklaten zur Substitution von Primärware gilt als der bedeutendste Hebel zur Ressourcenschonung und Emissionsminderung in der Kunststoffindustrie. Die Nachfrage nach hochwertigen Rezyklaten oder rezyklathaltigen Kunststoffen ist ein entscheidender Treiber für den Ausbau und die qualitative Verbesserung der Aufbereitung von Kunststoffen aus Produktionsabfällen (Post-Industrial Recycling, PIR) und aus Abfällen nach Gebrauch (Post-Consumer Recycling, PCR).

Anders als bei Metallen mit Sekundäranteilen müssen bei Kunststoffen häufig die technischen Anforderungen an mechanische, thermische und optische Eigenschaften überprüft und gegebenenfalls angepasst werden, um den Rezyklateinsatz zu ermöglichen. Dies betrifft insbesondere Bauteile mit hohen Belastungen, engen Toleranzen oder speziellen Oberflächenanforderungen.

Werkstofflich recycelte Kunststoffe werden in der Kennzeichnung mit einem „r" vor dem Kunststoffkürzel geführt, beispielsweise rPP oder r-PP für Polypropylen-Rezyklat. Bei der Verwendung in technischen Anwendungen müssen Funktionalität, Sicherheit und Langlebigkeit des Endprodukts gewährleistet sein. Häufig werden Rezyklate gezielt modifiziert, um anwendungsgerechte Eigenschaften zu erzielen. Dies geschieht durch die Zugabe von Farb- und Füllstoffen sowie Additiven wie UV- und Thermostabilisatoren, Flammhemmern, Antistatika oder Geruchsneutralisatoren. Rezyklate aus Post-Consumer Recycling-(PCR-)Quellen können stärkeren Schwankungen in Reinheit, Additivierung und physikalischen Eigenschaften unterliegen. Daher empfiehlt sich insbesondere bei anspruchsvollen Anwendungen der Einsatz von zertifizierten Rezyklaten mit geprüfter Rückverfolgbarkeit und dokumentierten Qualitätsstandards (zum Beispiel EUCertPlast, RecyClass oder TÜV-geprüfte Rezyklatqualität).

Ein wesentlicher Erfolgsfaktor für den Rezyklateinsatz ist dessen frühzeitige Berücksichtigung im Produktentstehungsprozess, beispielsweise durch klare Vorgaben in Lastenheften. Konstruktionselemente wie Geometrien, Wandstärken, Oberflächenanforderungen und Farbtöne sollten so gestaltet werden, dass sie für Rezyklate toleranter sind. Dies kann beispielsweise Folgendes bedeuten:

- bewusst hinterfragte oder reduzierte mechanische und thermische Anforderungen
- matte anstatt hochglänzender Oberflächen
- bewusster Verzicht auf perfekte Farbtreue
- gezielte Farbauswahl, um leichte Materialverfärbungen auszugleichen
- Einsatz von mehrteiligen oder modularen Bauteilen, um Materialeinsatz flexibler zu gestalten und den Einsatz unterschiedlicher Rezyklatqualitäten zu erleichtern

Ebenso wichtig ist die frühzeitige Abstimmung der Anforderungen an technische Datenblätter und Materialprüfungen mit dem Rezyklatlieferanten. Neben mechanischen Kennwerten wie Zugfestigkeit, Bruchdehnung und Schlagzähigkeit sollten auch weitere materialrelevante Eigenschaften wie Dichte, Wärmeformbeständigkeitstemperatur oder Feuchtigkeitsaufnahme betrachtet werden. Darüber hinaus sind regulatorische Konformitäten wie REACH und RoHS sowie gegebenenfalls branchenspezifische Anforderungen (wie etwa Lebensmittelsicherheit gemäß EU-Verordnung 10/2011 oder Vorgaben für Spielzeugsicherheit) zu prüfen. Eine lückenlose Dokumentation dieser Prüfungen – ergänzt durch Prüfzeugnisse und Auditberichte – erhöht die Rechtssicherheit und Nachweisfähigkeit entlang der Lieferkette.

Polyolefine wie recyceltes Polypropylen (rPP) und Polyethylen (rPE) zählen mengenmäßig zu den bedeutendsten Rezyklaten weltweit. Sie stammen vorwiegend aus Verpackungsabfällen (PCR) oder aus sortenreinen Produktionsresten (Post-Industrial Recycling, PIR). Bei der werkstofflichen Wiederverwertung dieser Materialien können jedoch deutliche Einschränkungen auftreten, insbesondere wenn sie aus PCR stammen. In diesem Fall sollten neben der zumeist angegebenen Mold Flow Rate auch die Angaben zur Zugfestigkeit, Bruchdehnung und Schlagzähigkeit eingeholt und im Rahmen von Erstbemusterungen überprüft werden. Ein beispielhafter Vergleich von rPP mit einem primären PP-Homopolymer zeigt, dass das Zug-E-Modul bei etwa 70 bis 90 % und die Kerbschlagzähigkeit nach Charpy bei 23 °C zwischen 40 % und 120 % der Werte von Neuware liegen.[62] Aufgrund dieser Eigenschaften eignen sich rPP und rPE aus PCR vor allem für einfache Anwendungen mit geringen mechanischen und thermischen Anforderungen, wie Behälter, Gehäuseteile oder Verkleidungen.

[62] Vgl. UBA 2021, S. 83

Technische Kunststoffe wie Acrylnitril-Butadien-Styrol (ABS), Polyamid 6 (PA 6), Polyamid 6.6 (PA 66) und Polycarbonat (PC) sind für das werkstoffliche Recycling besonders gut geeignet. Entsprechende Rezyklate werden fast ausschließlich aus PIR gewonnen. Bei Anwendungen mit hohen mechanischen oder thermischen Anforderungen empfiehlt sich oft der Einsatz von Rezyklat-Compounds, bei denen Neuware gezielt mit Rezyklaten kombiniert und additiviert wird, um spezifische Eigenschaftsprofile zu erreichen. Polykondensate wie PA können durch Solid-State-Polykondensation unter Wärme und Vakuum in ihrem Molekulargewicht gezielt regeneriert und somit in ihren mechanischen Eigenschaften optimiert werden.

Aus dem chemischen Recycling von Altkunststoffen, beispielsweise durch Pyrolyse, kann Öl gewonnen werden, das als Substitut für Erdöl in die Produktionskette von Ausgangsstoffen für die Kunststoffherstellung eingespeist wird. Ein Teil des hergestellten Kunststoffs kann anschließend als massebilanzierter Rezyklatkunststoff angeboten werden. Beispiel: Fügt der Kunststoffhersteller bei der Produktion von 10 Tonnen Kunststoff über einen definierten Zeitraum 5 % Pyrolyseöl zu, können 0,5 t dieses Kunststoffs als „100 % Recycled" massebilanziert verkauft werden, während der Rest als fossiler Kunststoff deklariert wird. Hintergrund der Massebilanzierung sind mögliche EU-Vorgaben, etwa ein Mindestanteil von 35 % Rezyklat in Verpackungskunststoffen ab 2030.

Der Vorteil von Rezyklaten aus chemischem Recycling besteht darin, dass ihre Eigenschaften weitgehend denen von Neuware entsprechen. Nachteilig ist jedoch, dass der nicht erneuerbare Primärenergieverbrauch und die Treibhausgas-Emissionen des chemischen Recyclings deutlich über denen des werkstofflichen Recyclings liegen und nahe an denen einer energetischen Verwertung, beispielsweise als Ersatzbrennstoff (EBS) in Zementwerken.

Mit dem Einsatz von Rezyklat möchten Kunststoffverarbeiter die CO_2-Bilanz des Kunststofferzeugnisses nachweislich verbessern. Für den Nachweis, dass es tatsächlich aus Recycling stammt und nachhaltig hergestellt wurde, haben sich verschiedene Zertifikate und Standards etabliert:

- **RecyClass Recycling Process Certification:** Derzeit ist DIN EN 15343 der zentrale Standard zur Absicherung technischer Rezyklate in Europa. Das Zertifikat umfasst auf Basis dieser Norm ein Audit, das insbesondere die Rückverfolgbarkeit und die Prozessprüfung abdeckt.
- **EUCertPlast:** EUCertPlast ist seit dem 01.07.2024 in RecyClass aufgegangen.
- **ISCC PLUS:** ISCC PLUS ist ein international anerkanntes System zur Zertifizierung von Nachhaltigkeit und Rückverfolgbarkeit von Rohstoffen nicht fossiler Herkunft, einschließlich mechanisch und chemisch recycelter Materialien. Es bewertet zudem biobasierte Kunststoffe sowie Kunststoffprodukte, die anteilig aus biobasierten oder recycelten Rohstoffen hergestellt werden, und überprüft dabei unter anderem die Massebilanzierung. Die Überwachung erfolgt über Audits. ISCC PLUS kann ergänzend zur RecyClass-Zertifizierung eingesetzt werden.

Die Integration von Rezyklaten in technische Kunststoffanwendungen erfordert neben der gezielten Materialauswahl qualitätssichernde Maßnahmen, darunter Erst- und Serienfreigaben sowie kontinuierliche Qualitätskontrolle und gegebenenfalls Überarbeitungen der Produktanforderungen. Mit zunehmender Markttransparenz, verbesserten Recyclingtechnologien und regulatorischer Unterstützung kann der Einsatz hochwertiger technischer Rezyklate weiter zunehmen und wirtschaftlich interessanter werden.

Biobasierte Kunststoffe

Neben dem Einsatz von Rezyklaten stellen biobasierte Kunststoffe einen vielversprechenden Ansatz dar, um den Verbrauch fossiler Ressourcen zu reduzieren und die Klimabilanz von Produkten zu verbessern. Derzeit machen biobasierte Kunststoffe weniger als 2 % der weltweit verarbeiteten Kunststoffmenge aus. Mit steigender Nachfrage nach technischen Biokunststoffen wird insbesondere aus der Automobilindustrie, der Medizintechnik, dem Bauwesen sowie seitens großer Markenunternehmen gerechnet. Für das Jahr 2050 wird ein Anteil von rund 17 % biobasierter Kunststoffe an der weltweit verarbeiteten Kunststoffmenge prognostiziert.[63)]

Biobasierte Kunststoffe enthalten Kohlenstoff, der ganz oder teilweise aus Biomasse stammt. Sie lassen sich grob in zwei Gruppen einteilen:

1. **Drop-in-Kunststoffe:** Diese Polymere werden unter vollständigem oder anteiligem Einsatz biogener Rohstoffe hergestellt, bleiben chemisch identisch mit ihren petrochemischen Pendants und können ohne Modifikation in bestehenden Anwendungen eingesetzt werden. Beispiele sind Bio-Polyethylen (Bio-PE), Bio-Polyethylenterephthalat (Bio-PET) und Bio-Polyamid 6 (Bio-PA 6).
2. **Neue biobasierte Polymere:** Sie basieren auf biobasierten Monomeren, die in konventionellen Kunststoffen nicht vorkommen, und weisen eigene Materialcharakteristika auf. Beispiele sind Polylactid (PLA), Polybutylensuccinat (PBS) oder Bio-Polyamid 11 (Bio-PA11).

Mit „biobasiert“ wird keine Aussage zur biologischen Abbaubarkeit getroffen. Einige biobasierte Kunststoffe sind langlebig und nicht kompostierbar, während andere, wie Polybutylenadipat-Terephthalat (PBAT), biologisch abbaubar sein können.

Biobasierte Kunststoffe werden zumeist aus Zucker oder Lignin hergestellt. Ligninbasierte Phenolharzkomponenten können anteilig zur Herstellung von Epoxidharzen (EP) oder Polyurethanen (PUR) eingesetzt werden. Zucker dient zumeist über Fermentation und Dehydrierung zur Produktion der Monomere oder Monomervorläufer. Andere Herstellungspfade basieren auf organischen Abfällen wie Speiseölreste, die als Erdölersatz beispielsweise bei der Produktion von PE oder PP dienen. Kunststoffprodukte aus solchen Ausgangsstoffen werden als massebilanziert bio-attributed angeboten. Für den Nachweis des biobasierten Anteils stehen Label wie ISCC PLUS

[63] Vgl. Plastics Europe 2024, S. 15

und REDcert[2] zur Verfügung, die den Anteil und die Rückverfolgbarkeit biogener Rohstoffe gemäß ISO 22095:2020 zertifizieren.

Kunststoffe für technische Anwendungen müssen hohen Anforderungen in Bezug auf mechanische Festigkeit, Temperaturbeständigkeit, Chemikalienresistenz und insbesondere das Langzeitverhalten gerecht werden. Sie enthalten daher oftmals Farbstoffen, Füllstoffen und Additive. Sofern diese Zuschlagsstoffe nicht biobasiert sind, verringern sie den biobasierten Mengenanteil im Kunststoff.

Massebilanzierte Drop-in-Kunststoffe erleichtern den Einsatz biobasierter Ware. Für ihre Herstellung werden die Monomere oder ein Teil davon biobasiert produziert und auf dem üblichen Weg zum Kunststoff verarbeitet. Die umweltrelevanten Angaben gelten bis zum hergestellten Kunststoff (cradle-to-gate, siehe auch Tabelle 7.8):

- **ABS:** In ersten Versuchsanlagen wird biobasiertes Acryilnitril (AN) hergestellt, das zu 15 bis 35 % in ABS verarbeitet ist. Die Herstellung von biobasiertem AN erfolgt über die sogenannte Zuckerroute, wobei Zucker und Propylen als Ausgangsstoffe dienen. Berücksichtigt man die Unterschiede im nicht erneuerbaren kumulierten Energieaufwand (KEA_{ne}) und bei den Treibhausgas-Emissionen (THG) zwischen biobasiertem und fossilem Polypropylen (PP), lassen sich für einen biobasierten AN-Anteil von 20 % im ABS der KEA_{ne} auf etwa 77 MJ und die THG-Emissionen auf rund 1,8 kg CO_2-Äq./kg biobasiertem ABS schätzen. Dies entspricht etwa 91 % bzw. 81 % der Umweltwirkungen von konventionellem ABS. Allerdings muss davon ausgegangen werden, dass alle anderen Umweltauswirkungen über denen der Primärware liegen (siehe Absatz für PP).
- **PA 6:** Das Monomer Caprolactam kann aus biogenen Rohstoffen über verschiedene Routen hergestellt werden, z. B. aus Zucker oder Tallöl. Bei der Zuckerroute liegen KEA_{ne} zwischen 39 und 53 MJ und THG-Emissionen zwischen 0,63 und 1,48 kg CO_2-Äq./kg PA 6, abhängig von der eingesetzten Biomasse.[64)] Niedrigere Werte entstehen bei zuckerhaltiger Biomasse, höhere bei zellulosehaltiger Biomasse. Insgesamt entsprechen Werte für den KEA_{ne} und THG-Emissionen etwa 30 bis 50 % der Primärware. Belastungen durch Landnutzung, Eutrophierung und Ökotoxizität übersteigen jedoch die der fossilen Primärware teilweise deutlich.
- **PE-LD und PE-HD:** Durch Fermentation von Zucker zu Ethanol und anschließende Dehydrierung wird Ethen gewonnen, aus dem PE polymerisiert wird. Der Zuckereinsatz wird mit 4,6 kg pro kg PE als relativ hoch eingeschätzt, was einen entsprechend hohen Einsatz von Biomasse bedeutet. Die Werte für den KEA_{ne} und die THG-Emissionen liegen in den Bereichen 28 bis 59 MJ bzw. –0,47 bis 1,48 kg CO_2-Äq./kg PE-LD und damit unterhalb der Primärware.[65)] Bei Einsatz zuckerhaltiger Biomasse wird mehr CO_2 gespeichert als freigesetzt. Die Belastungen durch Landnutzung,

[64] Vgl. DBFZ 2024, S. 16 f.

[65] DBFZ 2024, S. 19 f.

Wasserverbrauch, Eutrophierung, Versauerung und Ökotoxizität übersteigen die der Primärware teilweise mehrfach.

- **Polypropylen (PP):** Polypropylen wird bereits in größeren Mengen, ähnlich wie Bio-Kraftstoffe, ganz oder anteilig aus Pflanzenöl und Speiseölresten hergestellt. Die Route über die Zuckerfermentation zu Ethen und dessen anschließende Umwandlung zu Propylen befindet sich derzeit im Pilotmaßstab. Je kg PP werden dabei 4,8 kg Zucker benötigt, was einen entsprechend hohen Einsatz an Biomasse bedeutet.[66] Die Werte für den KEA_{ne} und die THG-Emissionen liegen in den Bereichen 23 bis 56 MJ bzw. –0,91 bis 1,12 kg CO_2-Äq./kg PP und damit unterhalb der Primärware. Bei Einsatz zuckerhaltiger Biomasse wird mehr CO_2 gespeichert als freigesetzt. Die anderen Umweltbelastungen übersteigen – ähnlich wie bei PE – die der Primärware teilweise mehrfach.
- **PUR/TPU:** Polyurethane (PUR) und thermoplastische Polyurethane (TPU) sind Reaktionsprodukte aus Polyisocyanaten und Polyolen. Polyole können aus Pflanzenölen, Zucker oder Lignin hergestellt werden. Abgesehen von der Landnutzung ist der Einsatz von biobasiertem PU und TPU aus Lignin in allen anderen Umweltkategorien vorteilhaft.[67] Der KEA_{ne} beträgt 72 MJ und die THG-Emissionen betragen 1,02 kg CO_2-Äq./kg PUR-Hartschaum. Im Vergleich dazu lauten die Werte aus einer Environmental Product Declaration (EPD) für den KEA_{ne} 77 MJ und für die THG-Emissionen 3,1 kg CO_2-Äq./kg PUR-Hartschaum aus fossilen Rohstoffen.[68]

Neue biobasierte Polymere werden aus Monomeren hergestellt, die biogenen Ursprungs sind und in petrochemischen Kunststoffen weder einzeln noch in Kombination vorkommen. Diese Unterschiede in der molekularen Zusammensetzung führen zu spezifischen Eigenschaftsprofilen, die sich von denen konventioneller Polymere unterscheiden können. Soll ein bestehender Kunststoff in einem Bauteil durch ein neues biobasiertes Polymer ersetzt werden, ist daher eine detaillierte Prüfung erforderlich: Das vorgesehene Nutzungs- und Belastungsprofil des Bauteils ist systematisch mit den mechanischen, thermischen und chemischen Eigenschaften des biobasierten Polymers abzugleichen. Die umweltrelevanten Angaben zu den nachfolgend beschriebenen biobasierten Polymeren beziehen sich auf die Herstellungsphase bis zum Werkstor (cradle-to-gate, siehe auch Tabelle 7.8):

- **PA 6.10:** Dieser biobasierte Kunststoff wird aus einem Diamin und Sebacinsäure auf Basis von Rizinusöl hergestellt. Der biobasierte Anteil beträgt 63 %. Die Eigenschaften von PA 6.10 hinsichtlich Festigkeit und Wärmebeständigkeit liegen nahe an denen von PA 6, bei gleichzeitig geringerer Wasseraufnahme. Der KEA beträgt 175 MJ und die THG-Emissionen werden mit 4,1 kg CO_2-Äq. je kg Kunststoff angege-

---

[66] DBFZ 2024, S. 23 f.

[67] DBFZ 2024, S. 21 f.

[68] IVPU 2022

ben.[69] Es ist anzunehmen, dass diese Werte aufgrund des stark veränderten Strommix inzwischen veraltet sind.

- **PA 10.10:** Dieser Kunststoff wird aus einem Diamin und Sebacinsäure hergestellt, die beide aus Rizinusöl gewonnen werden. Die Eigenschaften hinsichtlich Festigkeit und Wärmebeständigkeit liegen etwas unter denen von PA 6.10, die Wasseraufnahme ist jedoch noch geringer. Der KEA beträgt 231 MJ und die THG-Emissionen werden mit 4,0 kg CO_2-Äq. je kg Kunststoff angegeben.[70] Ähnlich wie bei PA 6.10 ist anzunehmen, dass diese Werte aufgrund des stark veränderten Strommix nicht mehr aktuell sind.
- **PA 11:** Dieser biobasierte Kunststoff wird seit vielen Jahren angeboten. Das Monomer wird aus Rizinusöl hergestellt. PA 11 zeichnet sich durch hohe Flexibilität, Biegefestigkeit und geringe Wasseraufnahme aus und wird daher für Schläuche, Kabelummantelungen, Rohre usw. eingesetzt. Unter Zusatz von Glasfasern kann die Zugfestigkeit über die von PA 6 ohne Glasfasern hinaus erhöht werden. PA 11 ist zudem relativ beständig gegenüber chemischen Einflüssen und Abrieb, was seine Eignung für technische Anwendungen weiter erhöht. Die THG-Emissionen werden vom einzigen Anbieter für PA 11 mit 1,3 kg CO_2-Äq./kg angegeben.[71]
- **Polylactid (PLA):** PLA ist ein biobasierter Kunststoff, der aus fermentierten Zuckern, meist aus Mais- oder Zuckerrohrstärke, gewonnen wird. PLA zeichnet sich durch gute Steifigkeit, Transparenz und niedrige Verarbeitungstemperaturen aus. In bestimmten Anwendungen kann PLA funktional PS und PET ersetzen, insbesondere bei moderaten Temperaturanforderungen. Für technische Anwendungen wird PLA überwiegend als Compound mit Schlagzähmodifizierern, Füllstoffen oder Glasfasern eingesetzt, um die geringe Wärmeformbeständigkeit und Schlagzähigkeit des reinen Materials auszugleichen. Die Kombination von PLA mit Naturfaserverstärkung führt zu einem Verbundwerkstoff, der nicht nur mechanisch leistungsfähiger als reines PLA ist, sondern auch die Vorteile der biologischen Abbaubarkeit und der vollständigen Biobasiertheit vereint. Diese Materialkombination eignet sich besonders für Anwendungen, bei denen Nachhaltigkeit und Umweltverträglichkeit im Vordergrund stehen. PLA eignet sich unter anderem für Gehäuseteile, Bauteile im 3D-Druck, Verpackungen und Einwegartikel. Bei entsprechender Anlageninfrastruktur kann PLA industriell kompostiert werden, ist jedoch unter Umweltbedingungen nicht biologisch abbaubar. Der KEV_{ne} variiert je nach Rohstoffbasis und Produktionsweg von deutlich unter 30 bis 50 MJ. Die THG-Emissionen liegen zwischen 0,14 und 2,0 kg CO_2-Äq./kg.[72]

---

[69] Vgl. Evonik 2008

[70] Evonik 2008

[71] Vgl. Arkema 2025

[72] Vgl. DBFZ 2024, S. 14 f., Pinlova et al. 2024 und Morão/de Bie 2019

- **Polybutylensuccinat (PBS):** Polybutylensuccinat ist ein biobasierter Polyester, der durch Polykondensation von Bernsteinsäure und 1,4-Butandiol hergestellt wird. Beide Monomere können aus nachwachsenden Rohstoffen wie Glukose oder Stärke gewonnen werden. PBS zeichnet sich durch eine ausgewogene Kombination aus Duktilität, Wärmeformbeständigkeit und guter Verarbeitbarkeit aus. Im Gegensatz zu PLA besitzt PBS eine höhere Flexibilität und Schlagzähigkeit sowie eine bessere thermische Stabilität (Wärmeformbeständigkeit bis ca. 90 °C, mit Füllstoffen auch darüber). Dies macht es besonders interessant für Anwendungen in technischen Verpackungen, Landwirtschaftsfolien, Thermoformartikeln sowie für Compounds mit höheren mechanischen Anforderungen. PBS ist gut mit Additiven oder Füllstoffen modifizierbar und kann zu technischen Produkten wie Spritzgussteilen, Folien oder Extrusionsprofilen verarbeitet werden. Ähnlich wie bei PLA können PBS-Compounds durch Verstärkung mit Naturfasern vollständig biobasiert und biologisch abbaubar hergestellt werden, wobei sich die mechanischen Eigenschaften verbessern. Der Kunststoff ist unter industriellen Kompostierbedingungen vollständig biologisch abbaubar und weist im Vergleich zu PLA eine höhere Abbaurate im Boden oder in wässriger Umgebung auf. Der KEV_{ne} von biobasiertem PBS liegt je nach Rohstoffherkunft und Herstellprozess zwischen 23 und 31 MJ/kg.[73] Die THG-Emissionen (GWP fossil) bewegen sich in einem Bereich von etwa 0,23 bis 0,79 kg CO_2-Äq./kg.

Tabelle 7.8 Übersicht zu biobasierten Kunststoffen (Cradle-to-Gate-Umweltangaben)

Kunststoff	Biobasierte Monomere	KEA_{ne} [MJ/kg]	THG-Emissionen [kg CO_2-Äq./kg]	Hinweise	Typische Eigenschaften/Anwendungen
ABS	Acrylnitril (AN) mit 15–35 % Anteil	77	1,8	Werte für 20 % AN-Anteil; andere Umweltauswirkungen höher gegenüber Primärware	wie Neuware/Gehäuseteile, Automotive-Komponenten
PA 6	Caprolactam aus Zucker oder Tallöl	39–53	0,63–1,48	Werte je nach Biomasseinput; 30–50 % von Primärware	wie Neuware/Automotive-Komponenten, Elektrik
PA 6.10	Diamin und Sebacinsäure aus Rizinusöl (63 % biobasiert)	175 (KEA_{e+ne})	4,1	Werte veraltet (2008), nur orientierend	fest und wärmebeständig ähnlich PA 6, geringere Wasseraufnahme/Anwendungen wie PA 6

[73] Vgl. DBFZ 2024, S. 27 f.

Kunststoff	Biobasierte Monomere	KEA_{ne} [MJ/kg]	THG-Emissionen [kg CO_2-Äq./kg]	Hinweise	Typische Eigenschaften/Anwendungen
PA 10.10	Diamin und Sebacinsäure aus Rizinusöl	231 (KEA_{e+ne})	4,0	Werte veraltet (2008), nur orientierend	etwas weniger fest und wärmebeständig als PA 6.10, noch geringere Wasseraufnahme/ Anwendungen wie PA 6
PA 11	Rizinusöl	k. A.	1,3	Herstellerangabe	flexibel, geringe Wasseraufnahme/ Schläuche, Kabelummantelungen, Rohre
PE-LD/ PE-HD	Ethen aus Zuckerfermentation	28–59	-0,47-1,48	Werte je nach Biomasse; andere Umweltauswirkungen höher gegenüber Primärware	wie Neuware/flexible Folien, Verpackungen, Spritzguss, Extrusionsprofile
PP	Pflanzenöl oder Zuckerfermentation	23–56	-0,91-1,12	Werte je nach Biomasse; andere Umweltauswirkungen höher gegenüber Primärware	wie Neuware/ Verpackungen, Folien, Spritzgussteile, Automotive-Komponenten
PUR/TPU	Polyole aus Pflanzenöl, Zucker oder Lignin	72	1,02	Werte für Hartschaum aus Lignin, nur Landnutzung höher gegenüber Primärware	wie Neuware/Dämmstoffe, Schaumstoffe, Dichtungen, elastische Teile, Formteile
PLA	fermentierte Zucker (Mais, Zuckerrohr)	< 30–50	0,14–2,0	Werte je nach Rohstoff und Produktionsweg	steif, transparent, weniger warmformbeständig, biologisch abbaubar/Gehäuseteile, 3D-Druck, Verpackungen, Einwegartikel
PBS	Bernsteinsäure + Butandiol aus Biomasse	23–31	0,23–0,79	Werte je nach Rohstoff und Produktionsweg	duktil, warmformbeständig; flexibler und schlagzäher als PLA/ Folien, Spritzguss, Compounds, Verpackungen, Landwirtschaftsfolien

Biobasierte Kunststoffe werden momentan wie konventionelle Kunststoffe entsorgt. Drop-in-Biokunststoffe sind vollständig kompatibel mit den bestehenden Recyclingströmen. Nur wenige biobasierte Kunststoffe wie PLA und PBS sind biologisch abbaubar, jedoch meist nur unter industriellen Bedingungen gemäß EN 13432. Für technische Produkte ist diese Option weniger relevant. Bei der thermischen Verwertung und der Kompostierung wird der gebundene Kohlenstoff freigesetzt. Der Umgang damit richtet sich nach dem Bilanzierungsansatz: Wird die Kohlenstoffbindung dem hergestellten Produkt gutgeschrieben, muss sie bei der Verbrennung oder Kompostierung als biogene Emission bilanziert werden. Bei fehlender Gutschrift entfällt die biogene Emission.

Der KEV_{ne} und die THG-Emissionen in der gesamten Lebenswegbetrachtung (cradle-to-grave) fallen auch für biobasierte Kunststoffe je nach Entsorgungsoption unterschiedlich aus. Am besten schneidet das werkstoffliche Recycling ab, gefolgt von der Nutzung als Ersatzbrennstoff zur Substitution von Kohle oder Erdöl. Die ungünstigste Entsorgungsoption ist die Kompostierung, weil die energetische Nutzung entfällt und das gebundene Kohlendioxid im Zersetzungsprozess entweicht.[74] Alle mit der Landwirtschaft verbundenen Umweltwirkungen wie Landnutzung, Wasserverbrauch, Eutrophierung, Versauerung und Ökotoxizität übersteigen in den meisten Fällen die der fossil erzeugten Kunststoffe. Die Entscheidung für oder gegen den Einsatz biobasierter Kunststoffe hängt somit von der Gewichtung der Umweltwirkungen ab.

7.3.6 Nachhaltiger Materialeinsatz in der Lebenswegbetrachtung von Produkten

In den bisherigen Nachhaltigkeitsbewertungen im Zusammenhang mit der Materialwahl wurde die Gebrauchsphase von Produkten (Scope 3 Upstream) nicht berücksichtigt. Gemäß gängiger Bilanzierungsstandards ist die Materialwahl im Kontext der gesamten Lebenswegbetrachtung zu analysieren. Dies bedeutet, nicht nur die Umweltauswirkungen bei der Herstellung (Rohstoffgewinnung, Verarbeitung, Transport) zu bilanzieren, sondern auch die Effekte während der Nutzung und am Lebensende (z. B. Recyclingfähigkeit oder Entsorgungsaufwand) systematisch zu berücksichtigen.

Technologische Trends wie die Miniaturisierung in der Elektronik, die funktionale Verdichtung elektrischer Baugruppen, der Leichtbau in mechanischen Konstruktionen und insbesondere die Transformation zur Elektromobilität führen dazu, dass Materialien mit hohem energetischem oder ökologischem Herstellaufwand gezielt eingesetzt werden, um den Energieverbrauch während der Nutzungsphase eines Produkts deutlich zu senken. Dabei ist vor allem in energieverbrauchenden Systemen – etwa in Fahrzeugen, Haushaltsgeräten oder industriellen Anlagen – wichtig, zu prüfen, ob der Einsatz eines bestimmten Werkstoffs positive Effekte auf Energieverbrauch, Effizienz, Lebensdauer

[74] Vgl. Friedel/Junk 2023

oder Wartungsbedarf während der Nutzung entfaltet. Beispielsweise kann der Einsatz hochfester Stähle oder leichter Faserverbundwerkstoffe im Fahrzeugbau dazu beitragen, das Gesamtgewicht signifikant zu reduzieren und damit den Energieverbrauch über die gesamte Lebensdauer des Fahrzeugs zu senken. Auch wenn solche Materialien in der Herstellung mit höheren Umweltwirkungen verbunden sind, kann sich dieser Mehraufwand durch Einsparungen in der Nutzungsphase mehrfach amortisieren. Ein weiteres Beispiel ist die Wahl verschleißfester oder korrosionsbeständiger Werkstoffe in technischen Komponenten, etwa in Pumpen, Lagern oder Verbindungselementen. Solche Materialien verlängern die Lebensdauer der Produkte, reduzieren den Wartungsaufwand, minimieren Ausfallzeiten und senken damit indirekt den Ressourcenverbrauch, der durch Reparaturen oder Ersatzteile entstehen würde.

Ein nachhaltiger Materialeinsatz kann nur dann sachgerecht bewertet werden, wenn er im Zusammenspiel mit Funktion, Gebrauchsdauer und Energieverbrauch des Endprodukts betrachtet wird. Auch wenn der nicht erneuerbare kumulierte Energieaufwand bzw. -verbrauch (KEA_{ne} bzw. KEV_{ne}) und vor allem die Treibhausgas-Emissionen (THG) als Umweltwirkungen im Vordergrund stehen, erfordert eine umfassende Beurteilung die Einbeziehung weiterer Umweltwirkungen und deren systematische Abwägung. Auf diese Weise lässt sich der Beitrag des Materialeinsatzes zur Nachhaltigkeit über die Grenzen einzelner Unternehmen hinaus in der gesamten Wertschöpfungskette einordnen.

8 Schlussbetrachtung und Empfehlungen für die Praxis

Das vollständig nachhaltig produzierende Unternehmen bleibt zunächst eine Vision. Es werden immer Rest-Umweltbelastungen entstehen, beispielsweise durch Landnutzung des Gebäudes oder fein verteilte Verluste infolge von Zersetzung, Korrosion oder Abrieb. Fehlende Infrastruktur – etwa für die Nutzung von grünem Wasserstoff oder für eine qualitativ hochwertige Kreislaufführung von Produkten und Materialien – hindert derzeit daran, diese Vision als ambitioniertes, aber zugleich realistisches Ziel zu formulieren. Sollten Technik und Infrastruktur eines Tages verfügbar sein, müssen die Maßnahmen zur Zielerreichung zudem auch wirtschaftlich tragfähig sein. Daher geht es gegenwärtig vor allem darum, sich auf den Weg in Richtung eines vollständig nachhaltigen Unternehmens zu begeben und diesen Weg auch bei auftretenden Hindernissen oder Rückschlägen konsequent weiterzugehen.

Der Weg hin zu einem ökologisch nachhaltig produzierenden Unternehmen der metallverarbeitenden Industrie setzt zunächst ein langfristiges und verbindliches Bekenntnis der Geschäftsführung voraus. Ein interdisziplinär besetztes Nachhaltigkeitsteam mit systematischem Vorgehen, fundiertem Wissen zu umweltbezogenen Gesetzen und Standards sowie technischer Expertise in Produktion und Infrastruktur bildet die Grundlage für die Planung und Umsetzung geeigneter Maßnahmen. Fundierte Analysen der Umweltwirkungen mit einem Schwerpunkt auf dem Energieeinsatz sowie das Aufstellen von Zielen und deren Umsetzung in organisatorische und technische Maßnahmen sichern den Erfolg ab und können häufig auch ökonomische Vorteile generieren. Unverzichtbar ist zudem eine begleitende interne Kommunikation, die Beschäftigte für Nachhaltigkeitsthemen sensibilisiert, ihnen konkrete Einflussmöglichkeiten aufzeigt und sie zum aktiven Mitwirken motiviert. Unternehmen, die diesen Weg einschlagen, können nachweislich ihre direkten Emissionen am Standort sowie die indirekten Emissionen aus eingekaufter Energie und der vor- und nachgelagerten Wertschöpfungskette reduzieren.

Gesetzliche Vorgaben zum Schutz der Umwelt bilden die Grundlage auf dem Weg zu einem nachhaltigen Produktionsbetrieb. Einige Regelwerke wie das Kreislaufwirtschaftsgesetz (KrWG) bieten zudem inhaltliche Orientierung für weiterführende Nachhaltigkeitsstrategien. Ergänzend dazu haben sich internationale Standards etabliert, die Unternehmen methodische Unterstützung bei der Reduktion von Treibhausgas-Emissionen bieten:

- Das Greenhouse Gas Protocol (GHG Protocol) stellt ein zentrales Instrument zur systematischen Erfassung und Bilanzierung von Treibhausgas-Emissionen dar.
- Darauf aufbauend ermöglicht die Science Based Targets initiative (SBTi) die Ableitung wissenschaftlich fundierter Reduktionsziele, die mit den globalen Klimaschutzzielen vereinbar sind.
- Die Normenfamilien ISO 14000 und ISO 50000 beinhalten konkrete Anforderungen und Werkzeuge, mit denen Umwelt- und Energiemanagement systematisch aufgebaut und in den betrieblichen Alltag integriert werden können.

Die zentralen Ansatzpunkte zur Begrenzung der Klimaerwärmung und zur Ressourcenschonung liegen in der Reduktion des Verbrauchs fossiler Energieträger und der damit verbundenen direkten Emissionen am Standort (Scope 1) sowie der indirekten Emissionen aus eingekaufter Energie (Scope 2). Diese Bereiche stehen im unmittelbaren Einfluss des Unternehmens und lassen sich durch organisatorische und technische Maßnahmen gezielt adressieren. Dazu zählen vor allem

- die Absenkung der Grundlast,
- Effizienzsteigerungen in bestehenden Prozessen,
- die konsequente Berücksichtigung von Energieeffizienzkriterien bei Investitionen,
- die Eigenerzeugung von Strom aus erneuerbarer Energie sowie
- der Umstieg auf Wärmeerzeugung aus erneuerbaren Energien.

In einigen Betrieben der metallverarbeitenden Industrie ist die vollständige Substitution fossiler Energieträger – auch durch den Bezug von zertifiziertem Grünstrom – bereits gelungen. Besondere Herausforderungen bestehen weiterhin bei der Dekarbonisierung von Prozessen, die auf Hochtemperaturwärme angewiesen sind.

Die Bilanzierung der Treibhausgas-Emissionen entlang der vor- und nachgelagerten Wertschöpfungskette (Scope 3) stellt einen zentralen Schritt dar, um die Größenordnungen der Emissionen insgesamt sowie in den einzelnen Kategorien zu erfassen. Unternehmen der metallverarbeitenden Industrie verfügen hierbei häufig nur über begrenzte Informationen zu den Umweltwirkungen. Mit zunehmender Produkt- und Materialvielfalt steigt die methodische Komplexität deutlich an, die gesamten Treibhausgas-Emissionen sowie weitere ökologische Auswirkungen des Materialeinsatzes belastbar zu quantifizieren. Als pragmatischer Ansatz empfiehlt es sich, die Treibhausgas-Emissionen über den gesamten Lebensweg zunächst für repräsentative Produkte zu erheben und die Anteile aus den drei Scopes sowie im Scope 3 aus den fünfzehn Kategorien zu bestimmen.

Für die wesentlichen Emissionsanteile sollten anschließend die relevanten Einflussfaktoren und Stellhebel identifiziert und im Datenmodell hinterlegt werden, um Auswirkungen von Veränderungen auf die Emissionen in den Folgejahren nachvollziehbar zu machen. Beispiele für Einflussfaktoren sind der Strommix und die Anteile der Produktbasis in den wesentlichen Absatzmärkten oder der Anteil an Sekundärmaterial oder biobasiertem Rohstoff in den eingekauften Rohmaterialien und Komponenten.

In der metallverarbeitenden Industrie übersteigen die Scope-3-Emissionen häufig die Gesamtemissionen aus Scope 1 und Scope 2. Die gilt insbesondere für Unternehmen, deren Produkte während der Nutzung direkte Emissionen verursachen oder durch Stromverbrauch indirekte Emissionen auslösen. Auch der vorgelagerte Materialeinsatz trägt erheblich zu den Umweltwirkungen bei: Die Herstellung von Stahl, Aluminium, Kupfer, Kunststoffen und den daraus gefertigten Kaufteilen trägt zumeist deutlich stärker zu den Gesamtemissionen bei als deren Verarbeitung im eigenen Betrieb. Trotz der häufig dominierenden Scope-3-Emissionen bleibt die Reduktion von Scope 1 und Scope 2 unverzichtbar, da hier der unmittelbare Einfluss des Unternehmens am größten ist. Wenn möglichst viele Unternehmen der Wertschöpfungskette ihre beeinflussbaren Emissionen reduzieren, entsteht ein Kaskadeneffekt, der die indirekten Emissionen nachgelagerter Betriebe ebenfalls senkt. Auf diese Weise entwickelt sich ein kollektiver Effekt, der systemisch zur Dekarbonisierung ganzer Industriezweige beiträgt.

Der Materialeinsatz in metallverarbeitenden Betrieben erfüllt derzeit bei Weitem noch nicht die Anforderungen vollständiger Nachhaltigkeit. Das Schließen dieser Lücke stellt eine komplexe Herausforderung dar, da alle Akteure entlang der Wertschöpfungskette – insbesondere die Grundstoffindustrie – einbezogen werden müssen. Eine vollständige Kreislaufwirtschaft ist heute nur bedingt möglich, weil die dafür nötigen politischen, technischen und wirtschaftlichen Voraussetzungen noch nicht vorhanden sind. Außerdem werden die nutzbaren Mengen an Abfall und Schrott langfristig nicht ausreichen, um den gesamten Materialbedarf aller Branchen zu decken. Gleichwohl tragen erste Maßnahmen und schrittweise Veränderungen bedeutend zur Zielerreichung bei. Unternehmen der metallverarbeitenden Industrie können etwa

- Produktions- und Verpackungsabfälle vermeiden oder reduzieren, unvermeidbare Abfälle besser sortieren und dadurch die Aufbereitung zu hochwertigen Sekundärrohstoffen fördern,
- größere Mengen an Spänen oder Verschnitt gezielt in geschlossene Kreislaufsysteme mit Material- und Halbzeugherstellern einbinden,
- Angüsse aus Kunststoff selbst oder über spezialisierte Anbieter zu Regranulat verarbeiten,
- die Rücknahme gebrauchter Produkte und Komponenten verstärken und diese nach Überholung, Reparatur oder Aufarbeitung erneut vermarkten, sowie
- aktiv mit Material- und Halbzeugherstellern zusammenarbeiten, um Schrott- oder Rezyklatanteile zu erhöhen und so den Einsatz von Primärmaterial zu senken

Die Umsetzung solcher Maßnahmen wird erleichtert, wenn Nachhaltigkeitsteams über Fachwissen aus den Bereichen Supply-Chain-Management und dem Produktmanagement verfügen.

Zunehmende Produktionsmengen können erzielte Effizienzgewinne beim Energie- und Materialverbrauch teilweise oder vollständig aufzehren oder im ungünstigsten Fall überkompensieren. Vor diesem Hintergrund rückt die Entwicklung alternativer, ressourcenschonender Geschäftsmodelle, wie etwa nutzungsbasierte oder serviceorientierte Ansätze, stärker in den Fokus, da sie strukturelle Hebel zur Begrenzung absoluter Umweltwirkungen eröffnen. Für Unternehmen bedeutet dies, die eigenen Handlungsspielräume entschlossen zu nutzen: Scope-1- und Scope-2-Emissionen systematisch senken, die Transparenz über Scope 3 erhöhen und darauf aufbauend eine tragfähige Basis für langfristige Dekarbonisierung und Ressourcenschonung schaffen.

9 Literatur- und Normenverzeichnis

Literaturverzeichnis

Angerer, T.: Recycling refraktärmetallhaltiger Reststoffe. Dissertation. Montanuniversität Leoben, März 2013. *https://pureadmin.unileoben.ac.at/ws/portalfiles/portal/2355850/AC10926403n01.pdf* (zuletzt abgerufen am 20.05.2025)

Arkema: Our commitment to reducing carbon footprint. 2025. *https://hpp.arkema.com/en/sustainability/life-cycle-assessment-carbon-foot-print* (zuletzt abgerufen am 09.07.2025)

ASI – Aluminium Stewardship Initiative: ASI Performance Standard – Leitfaden. Version 3.3, Dezember 2024. *https://aluminium-stewardship.org/wp-content/uploads/2025/02/DE_ASI-Performance-Standard-Guidance-V3.3-FINAL.pdf* (zuletzt abgerufen am 26.06.2025)

Arubis: Life Cycle Assessment of Aurubis Copper Cathode. Report. 2024. *https://www.aurubis.com/dam/jcr:3a3f9d10-7bf1-426e-8dfa-0af617e8b24f/Aurubis_LCA%20Report%20Copper%20Cathode%202023.pdf* (zuletzt abgerufen am 29.06.2025)

Australian Government, Department of Industry, Science and Resources: Resources and Energy Quarterly. März 2023. *https://www.industry.gov.au/sites/default/files/2023-04/resources-and-energy-quarterly-march-2023.pdf* (zuletzt abgerufen am 25.06.2025)

BAFA – Bundesamt für Wirtschaft und Ausfuhrkontrolle: Informationsblatt CO_2-Faktoren. Bundesförderung für Energie- und Ressourceneffizienz in der Wirtschaft – Zuschuss. 2025. *https://www.bafa.de/SharedDocs/Downloads/DE/Energie/eew_infoblatt_co2_faktoren_2025.pdf?__blob=publicationFile&v=4* (zuletzt abgerufen am 21.08.2025)

Balderjahn, I.: Nachhaltiges Management und Konsumentenverhalten. UVK Verlagsgesellschaft mbH, Konstanz/München 2013

BAuA – Bundesanstalt für Arbeitsschutz und Arbeitsmedizin: Technische Regeln für Arbeitsstätten (ASR). 2021. *https://www.baua.de/DE/Angebote/Rechtstexte-und-Technische-Regeln/Regelwerk/ASR/ASR.html* (zuletzt abgerufen am 14.02.2022)

Bauernhansl, T.: Energieeffizienz in Deutschland – eine Metastudie. Springer Vieweg 2012

Bayrisches Landesamt für Umwelt (Hrsg.): Klima schützen – Kosten senken. Energie sparen bei der Lackierung. Augsburg 2006a

Bayrisches Landesamt für Umwelt (Hrsg.): Energieeinsparung in Lackierbetrieben. Langfassung. Augsburg 2006b. *https://www.bestellen.bayern.de/application/eshop_app000001?SID=50272415&ACTIONxSETVAL(artdtl.htm,APGxNR:,AARTxNR:lfu_klima_00044,AKATxNAME:StMUG,APGxNR:,USERxARTIKEL:suchergebnisse.htm,USERxPORTAL:FALSE)=Z* (zuletzt abgerufen am 21.08.2025)

Bayrisches Landesamt für Umwelt, Infozentrum UmweltWirtschaft (Hrsg.): Excel-Tool zur Durchführung der doppelten Wesentlichkeitsanalyse. 2025. *https://www.umweltpakt.bayern.de/werkzeuge/nachhaltigkeits management/module.htm?m=1* (zuletzt abgerufen am 07.03.2025)

BDSV– Bundesvereinigung Deutscher Stahlrecycling- und Entsorgungsunternehmen e. V.: Stahlschrottsorten. 2025. *https://www.bdsv.org/die-branche/stahlschrottsorten* (zuletzt abgerufen am 21.08.2025)

Bertling, J./Bertling, R./Hamann, L.: Kunststoffe in der Umwelt: Mikro- und Makroplastik. Fraunhofer-Institut für Umwelt-, Sicherheits- und Energietechnik (UMSICHT), Oberhausen 2018. *https://www.umsicht.fraunhofer.de/content/dam/umsicht/de/dokumente/publikationen/2018/kunststoffe-id-umwelt-konsortialstudie-mikroplastik.pdf* (zuletzt abgerufen am 22.08.2025)

Betz, J./Bachmann, H./Huber, I./Schleicher, T./Achilles, L.-S./Öko-Institut e. V.: Kunststoffabfälle aus Deutschland. Handlungsempfehlungen zu einer umweltgerechten Behandlung im In- und Ausland. Endbericht im Auftrag des Umweltbundesamtes. Forschungskennzahl 3721 34 308 0, FB001254, gleichzeitig Texte 47/2024. *https://www.umweltbundesamt.de/sites/default/files/medien/11850/publikationen/47_2024_texte_kunststoffabfall.pdf* (zuletzt abgerufen am 01.06.2025)

BGR – Bundesanstalt für Geowissenschaften und Rohstoffe (Hrsg.): Kupfer – Informationen zur Nachhaltigkeit. Juli 2020a. *https://www.bgr.bund.de/DE/Gemeinsames/Produkte/Downloads/Informationen_Nachhaltig keit/kupfer.pdf?__blob=publicationFile&v=2* (zuletzt abgerufen am 25.05.2025)

BGR – Bundesanstalt für Geowissenschaften und Rohstoffe (Hrsg.): Aluminium – Informationen zur Nachhaltigkeit. Juli 2020b. *https://www.deutsche-rohstoffagentur.de/DE/Gemeinsames/Produkte/Downloads/Informationen_Nachhaltigkeit/aluminium.pdf?__blob=publicationFile&* (zuletzt abgerufen am 25.05.2025)

BIR – Bureau of International Recycling: World steel recycling in figures 2018–2022. 2023. *https://www.bir.org/images/uploads/publications/Ferrous_report_2018-2022.pdf* (zuletzt abgerufen am 19.05.2025)

Bix, C./Derißen, D.: Innovative Industrie 4.0 Rondelllackieranlage. Abschlussbericht. BMU-Umweltinnovationsprogramm, Vorhaben Nr. NKa3 – 003406. 01.03.2020. *https://www.umweltinnovationsprogramm.de/sites/default/files/2020-09/abschlussberichtbix2_final_30072020.pdf* (zuletzt abgerufen am 25.03.2025)

BMUKN – Bundesministerium für Umwelt, Naturschutz und nukleare Sicherheit: Nachhaltige Entwicklung als Handelsauftrag. Stand: 30.11.2021. *https://www.bundesumweltministerium.de/themen/nachhaltigkeit/strategie-und-umsetzung/nachhaltigkeit-als-handlungsauftrag* (zuletzt abgerufen am 22.08.2025)

BMWI – Bundesministerium für Wirtschaft und Technologie: Energiekonzept für eine umweltschonende, zuverlässige und bezahlbare Energieversorgung. 28.09.2010. *https://www.bmwk.de/Redaktion/DE/Downloads/E/energiekonzept-2010.pdf?__blob=publicationFile&v=5* (zuletzt abgerufen am 15.02.2023)

BMWI – Bundesministerium für Wirtschaft und Klimaschutz (Hrsg.): Energieeffizienz in Zahlen. Entwicklungen und Trends in Deutschland 2021. Dezember 2021. *https://www.bundeswirtschaftsministerium.de/Redaktion/DE/Publikationen/Energie/energieeffizienz-in-zahlen-entwicklungen-und-trends-in-deutschland-2021.html* (zuletzt abgerufen am 22.08.2025)

Böck, H.: Ökostromzertifikate aus Norwegen. Was taugen Ökostromtarife noch? In: Zeit online, 02.08.2023. *https://www.zeit.de/wirtschaft/2023-07/oekostrom-zertifikate-norwegen-klimabilanz* (zuletzt abgerufen am 20.03.2025)

Bosse, M.: Jahresübersicht: Umweltschutz und Energietechnik. 5. Folge. In: Giesserei 104, 11/2017, S. 44–55. *https://www.guss.de/fileadmin/user_upload/effguss/umweltschutz_und_energietechnik__5.folge_.pdf* (zuletzt abgerufen am 20.08.2025)

Brundtland, G. H./United Nations: Report of the World Commission on Environment and Development. Our Common Future. Oslo 1987

BVSE – Fachverband Schrott, E-Schrott und Kfz-Recycling: Erhebung Stahlschrottbilanz für das Jahr 2023. 2024. *https://www.bvse.de/schrott-elektronikgeraete-recycling/pressemitteilungen-schrott/10783-erhebung-stahlschrottbilanz-fuer-das-jahr-2023.html* (zuletzt abgerufen am 19.05.2025)

CML - Department of Industrial Ecology: CML-IA Characterisation Factors. 05 September 2016. *https://www.universiteitleiden.nl/en/research/research-output/science/cml-ia-characterisation-factors* (zuletzt abgerufen am 28.11.2025)

Conversio Market & Strategy GmbH: Stoffstrombild Kunststoffe in Deutschland 2023. Kurzfassung der Studie. November 2024. *https://www.vci.de/ergaenzende-downloads/kurzfassung-stoffstrombild-2023.pdf* (zuletzt abgerufen am 01.06.2025)

Corsten, H.: Produktionswirtschaft. 12. Auflage. Oldenbourg Verlag, München/Wien 2009

Cramer, J.: The Raw Materials Transition in the Amsterdam Metropolitan Area. Added Value for the Economy, Well-Being, and the Environment. In: Environment: Science and Policy for Sustainable Development, 59 (3), 2017, pp. 14–21. *https://www.tandfonline.com/doi/full/10.1080/00139157.2017.1301167* (zuletzt abgerufen am 16.07.2025)

DBFZ – Deutsches Biomasseforschungszentrum gemeinnützige GmbH (Hrsg.): Marktrelevante Biopolymere. Technologie, Ökonomie & Nachhaltigkeit im Fokus. Fokusheft. 2024. *https://www.dbfz.de/fileadmin/user_upload/Referenzen/Broschueren/Marktrelevante_Biopolymere.pdf* (zuletzt abgerufen am 08.07.2025)

Degner, W./Lutze, H./Smejkal, E./Heisel, U./Rothmund, J.: Spanende Formung. Theorie – Berechnung – Richtwerte. 18. Auflage. Carl Hanser Verlag, München 2019

Dehoust, G./Alexandra Möck, A./Cornelia Merz, C./Peter Gebhardt, P./Öko-Institut e. V.: Umweltpotenziale der getrennten Erfassung und des Recyclings von Wertstoffen im Dualen System. Bilanz der Umweltwirkungen. Ökoinstitut e. V., Berlin, 21.09.2016. *https://www.gruener-punkt.de/fileadmin/Dateien/Downloads/PDFs/16-09-21_OEko-Institut_Abschlussbericht_LCA-DSD.PDF* (zuletzt abgerufen am 02.06.2025)

DENA – Deutsche Energie-Agentur (Hrsg.): DENA-Gebäudereport 2022. Zahlen, Daten, Fakten. 10/2021. Berlin. *https://www.dena.de/fileadmin/dena/Publikationen/PDFs/2021/dena-Gebaeudereport_2022.pdf* (zuletzt abgerufen am 22.08.2025)

DERA – Deutsche Rohstoffagentur in der Bundesanstalt für Geowissenschaften und Rohstoffe: Status Quo des Recyclings bei der Metallerzeugung und -verarbeitung in Deutschland. Recyclingatlas für die Metallerzeugung. DERA Rohstoffinformationen 57. Berlin 2023. *https://www.deutsche-rohstoffagentur.de/DE/Gemeinsames/Produkte/Downloads/DERA_Rohstoffinformationen/rohstoffinformationen-57.pdf;jsessionid=6D221608D418D5DBBAF02BA2E749C7BF.internet972?__blob=publicationFile&v=6* (zuletzt abgerufen am 25.05.2025)

Deutsche IPCC-Koordinierungsstelle: IPCC-Berichte. 2022. *https://www.de-ipcc.de/307.php* (zuletzt abgerufen am 28.08.2025)

Deutsches Kupferinstitut: Recycling von Kupferwerkstoffen. 2019. *https://kupfer.de/wp-content/uploads/2019/10/Recycling-von-Kupferwerkstoffen-final.pdf. https://epub.jku.at/obvulihs/content/titleinfo/6429482*

DGUV – Deutsche Gesetzliche Unfallversicherung e. V. (Hrsg.): Klima in Industriehallen. Antworten auf die häufigsten Fragen. DGUV Information 215–540. 2021. *https://www.bghm.de/fileadmin/user_upload/Arbeitsschuetzer/Gesetze_Vorschriften/Informationen/215-540.pdf* (zuletzt abgerufen am 25.03.2022)

Döring, R.: Wie stark ist schwache, wie schwach starke Nachhaltigkeit? Diskussionspapier 08/2004. Ernst-Moritz-Arndt-Universität Greifswald, November 2004. *https://rsf.uni-greifswald.de/storages/uni-greifswald/fakultaet/rsf/forschung/diskussionspapiere/Arbeitsberichte_2004/08_2004.pdf* (zuletzt abgerufen am 27.11.2025)

DIN e. V.: Mapping CEN/ISO Standards with the ESRS. Discussion Paper, Version 1. September 2023. *https://www.din.de/resource/blob/965864/64bba271026fa93beaa4b99abe9733af/normungslandkarte-nachhaltigkeitsberichterstattung-data.pdf* (zuletzt abgerufen am 05.03.2025)

Erlach, K.: Energiewertstrom zur Steigerung der Energieeffizienz. IPA-Seminar „Energieeffizienz und Umweltmanagement in der Produktion". Stuttgart, 09.07.2013. *https://publica-rest.fraunhofer.de/server/api/core/bitstreams/b36f2952-57e8-4005-b3cc-74a75a963023/content* (zuletzt abgerufen am 07.08.2025)

EuRIC – European Recycling Industries' Confederation: Metal Recycling Factsheet. 23.08.2022. *https://euric.org/resource-hub/reports-studies/metal-recycling-factsheet* (zuletzt abgerufen am 26.06.2025)

European Commission: Commission working document implementing Directive 2009/125/EC of the European Parliament and of the Council with regard to ecodesign requirements for non-household washing machines, non-household textile dryers and non-household dishwashers. 2017. *https://netzwerke.bam.de/Netzwerke/Content/DE/Downloads/Evpg/Weisse-Ware/024-workdoc-2013.pdf?__blob=publicationFile* (zuletzt abgerufen am 22.08.2025)

European Commission: Ecodesign Impact Accounting Annual Report 2020. Overview and Status Report. 2021. *https://op.europa.eu/en/publication-detail/-/publication/568cac02-5191-11ec-91ac-01aa75ed71a1/language-en* (zuletzt abgerufen am 12.08.2025)

European Commission: EMAS key figures as per November 2023. 2023. *https://green-business.ec.europa.eu/publications/emas-key-figures-june-2023_en* (zuletzt abgerufen am 17.03.2025)

European Commission: Arbeitsplan 2025–2030 für Ökodesign für nachhaltige Produkte und für die Energieverbrauchskennzeichnung (COM/2025/187 final). Mitteilung der Kommission. Brüssel, 16.04.2025. *https://eur-lex.europa.eu/legal-content/DE/TXT/?uri=celex:52025DC0187* (zuletzt abgerufen am 22.08.2025)

European Commission: Empfehlung (EU) 2025/1710 der Kommission vom 30. Juli 2025 für einen Standard für die freiwillige Nachhaltigkeitsberichterstattung kleiner und mittlerer Unternehmen. Amtsblatt der Europäischen Union. 5.8.2025. *https://eur-lex.europa.eu/legal-content/DE/TXT/PDF/?uri=OJ:L_202501710* (zuletzt abgerufen am 28.11.2025)

Evonik Industries: Life Cycle Assessment of biobased polyamides VESTAMID® Terra. 2008. *https://products.evonik.com/assets/35/23/VESTAMID_Terra_Life_Cycle_Analysis_EN_EN_243523.pdf* (zuletzt abgerufen am 09.07.2025)

FiT – Fachverband industrielle Teilereinigung e. V.: Checkliste zur Optimierung der Energieeffizienz von Reinigungsanlagen. Neuffen 2017. *https://www.fit-online.org/fileadmin/05_publikationen/checklisten/2020_Checkliste_Energieeffizienz_von_Reinigungsanlagen_Web.pdf* (zuletzt abgerufen am 22.08.2025)

Forschungsrat Kältetechnik e. V. beim VDMA (Hrsg.): Energiebedarf für Kältetechnik in Deutschland. Eine Abschätzung des Energiebedarfs von Kältetechnik in Deutschland nach Einsatzgebieten 2017. 2019. *https://www.fuchs.com/fileadmin/schmierstoffe/Produkte/Lieferprogramm/Industrieschmierstoffe/Kaeltemaschinenoele/Energiebedarf_fuer_Kaeltetechnik_in_Deutschland_Herausgeber_Forschungsrat_Kaeltetechnik_e.V._im_VDMA.pdf* (zuletzt abgerufen am 11.08.2025)

Franklin Associates: Cradle-to-Gate Life cycle Assessment of Acrylonitril Butadien Styrene (ABS) Resin. Submitted to American Chemistry Council (ACC), Plastics Division. November 2022. *https://www.americanchemistry.com/better-policy-regulation/plastics/resources/cradle-to-gate-life-cycle-analysis-of-acrylonitrile-butadiene-styrene-abs-resin* (zuletzt abgerufen am 04.07.2025)

Fraunhofer-Institut für System- und Innovationsforschung (ISI): Druckluft effizient. Karlsruhe, August 2003. *https://www.druckluft-effizient.de/downloads/fakten/fakten-00-09.pdf* (zuletzt abgerufen am 22.08.2025)

Friedel, A./Junk, S.: Potential Analysis for the Use of Bio-Based Plastics with Natural Fiber Reinforcement in Additive Manufacturing. In: *Kohl, H./Seliger, G./Dietrich, F. (Eds.):* Manufacturing Driving Circular Economy. GCSM 2022. Lecture Notes in Mechanical Engineering. Springer, Cham 2023, S. 285–293. *https://doi.org/10.1007/978-3-031-28839-5_32* (zuletzt abgerufen am 15.07.2025)

Gauch, M./Matasci, C./Hincapié, I./Böni, H.: Material- und Energieressourcen sowie Umweltauswirkungen der Mobilität Schweiz. Studie im Auftrag des Bundesamtes für Umwelt (BAFU). 13.09.2017. *https://www.bafu.admin.ch/dam/bafu/de/dokumente/abfall/externe-studien-berichte/material-und-energieressourcen-sowie-umweltauswirkungen-der-mobilitaet-schweiz.pdf.download.pdf/material-und-energieressourcen-sowie-umweltauswirkungen-der-mobilitaet-schweiz.pdf* (zuletzt abgerufen am 14.05.2025)

GHG Protocol: IPCC Global Warming Potential Values. Version 2.0, updated with AR6 values. 7. August 2024. *https://ghgprotocol.org/sites/default/files/2024-08/Global-Warming-Potential-Values%20%28August%202024%29.pdf* (zuletzt abgerufen am 28.11.2025)

Grebner, J.: Entwicklung eines wissensbasierten Systems zur wirtschaftlichen und ökologischen Bewertung der Minimalmengenschmierung bei der Planung flexibler Fertigungssysteme. Dissertation. TU Darmstadt 2017. *https://tuprints.ulb.tu-darmstadt.de/6238/7/DIS_170529_Grebner_MMS.pdf* (zuletzt abgerufen am 23.03.2021)

Hentze, J./Thies, B.: Unternehmensethik und Nachhaltigkeitsmanagement. Haupt Verlag, Bern 2012

Huijbregts, M. A. J./Hellweg, S./Frischknecht, R./Hendriks, H. W. M./Hungerbuhler, K./Hendriks, A. J.: Cumulative energy demand as predictor for the environmental burden of commodity Production. In: Environmental Science and Technology, 44, 6, 2010, S. 2189–2196. *https://hdl.handle.net/2066/83708* (zuletzt abgerufen am 28.02.2025)

IBU – Institut Bauen und Umwelt e. V.: Veröffentlichte EPDs. 2025. *https://ibu-epd.com/veroeffentlichte-epds* (zuletzt abgerufen am 10.06.2025)

ICA – International Copper Association: Copper Environmental Profile. GLOBAL 2023. 2023. *https://internationalcopper.org/wp-content/uploads/2023/05/ICA-LCI-GlobalSummary-202305-F.pdf* (zuletzt abgerufen am 29.06.2025)

IEA – International Energy Agency: Iron and Steel Technology Roadmap. Towards more sustainable steelmaking. 2020. *https://iea.blob.core.windows.net/assets/eb0c8ec1-3665-4959-97d0-187ceca189a8/Iron_and_Steel_Technology_Roadmap.pdf* (zuletzt abgerufen am 19.06.2025)

IEA – International Energy Agency: World Energy Outlook 2024. Paris 2024. *https://iea.blob.core.windows.net/assets/fe6b6123-5d33-42b8-ad3c-e20a6e7fc95b/WEO2024_Executivesummary_German.pdf* (zuletzt abgerufen am 29.07.20254)

IHK Nürnberg: Druckluft effizient nutzen. Praxisleitfaden für Energieeffizienz und Kosteneinsparung der Industrie- und Handelskammer Nürnberg für Mittelfranken. April 2012. *https://www.ihk-nuernberg.de/de/media/PDF/Innovation-Umwelt/Energie/leitfaden-druckluft-effizient-nutzen.pdf* (zuletzt abgerufen am 28.08.2025)

IN4climate.RR (Hrsg.): Die Wertschöpfungskette von Aluminium in Deutschland. August 2024. *https://www.rheinisches-revier.nrw/fileadmin/user_upload/2024_Wertschoepfungskette_Aluminium15_cr-IN4climateRR.pdf* (zuletzt abgerufen am 26.06.2025)

International Aluminium Journal: Energieeffizienz und Prozess-Recycling bei der Aluminiumverarbeitung. 24.11.2023. *https://www.aluminium-journal.de/energieeffizienz-und-prozess-recycling-bei-der-aluminiumverarbeitung* (zuletzt abgerufen am 25.05.2025)

iPoint-systems GmbH: Was ist eine Ökobilanz? Reutlingen 2025. *https://www.ipoint-systems.com/de/loesungen/oekobilanz* (zuletzt abgerufen am 22.08.2025)

IPPC – Intergovernmental Panel on Climate Change: Zusammenfassung für die politische Entscheidungsfindung. In: *Masson-Delmotte, V./Zhai, P./Pirani, A./Connors, S. L./Péan, C./Berger, S./Caud, N./Chen, Y./Goldfarb, L./Gomis, M. I./Huang, M./Leitzell, K./Lonnoy, E./Matthews, J. B. R./Maycock, T. K./Waterfield, T./Yelekçi, O./Yu, R./Zhou, B. (Eds.):* Naturwissenschaftliche Grundlagen. Beitrag von Arbeitsgruppe I zum Sechsten Sachstandsbericht des Zwischenstaatlichen Ausschusses für Klimaänderungen. Deutsche Übersetzung auf Basis der Druckvorlage, Oktober 2021. Deutsche IPCC-Koordinierungsstelle, Bonn; Bundesministerium für Klimaschutz, Umwelt, Energie, Mobilität, Innovation und Technologie, Wien; Akademie der Naturwissenschaften Schweiz SCNAT, ProClim, Bern, Februar 2022. *https://www.de-ipcc.de/media/content/AR6-WGI-SPM_deutsch_barrierefrei.pdf* (zuletzt abgerufen am 28.18.2025)

ISO – International Organization for Standardization: ISO Survey of certifications to management system standards – Full results. 2023. *https://www.iso.org/committee/54998.html?t=KomURwikWDLiuB1P1c7SjLMLEAgXOA7emZHKGWyn8f3KQUTU3m287NxnpA3DIuxm&view=documents#section-isodocuments-top* (zuletzt abgerufen am 13.08.2025)

IVPU – IVPU Industrieverband PolyurethanHartschaum e. V.: Umwelt-Produktdeklaration für PU-Dämmplatten aus Blockschaumstoff. 22.09.2022. *https://www.puren.com/fileadmin/user_upload/6_Downloads/6_10_EPD/IVPU_EPD_2027-09_PU-Blockschaum_deutsch.pdf* (zuletzt abgerufen am 27.08.2025)

Junge, F.: Ein Beitrag zur Energieeffizienzbewertung von wässrigen Bauteilreinigungsanlagen. Dissertation. TU Darmstadt 2018. *https://tuprints.ulb.tu-darmstadt.de/8776/1/190708.pdf* (zuletzt abgerufen am 15.08.2025)

Kabus, M.: Klimatisieren durch Verdunstungskälte. Adiabate Kühlung – Eine Alternative zu Kompressionskälteanlagen? In: IKZ Sanitär Heizung Klima, 12.01.2016. *https://www.ikz.de/detail/news/detail/klimatisieren-durch-verdunstungskaelte* (zuletzt abgerufen am 14.08.2025)

Kiener, S./Maier-Scheubeck, N./Obermaier, R./Weiß, M.: Produktions-Management. Grundlagen der Produktionsplanung und -steuerung. 10. Auflage. Oldenbourg Verlag, München/Wien 2012

Krause, G.: Herausforderung grüne Gießerei – steinige Wege zur Klimaneutralität. Presseinformation Messe Düsseldorf, Fachartikel Nr. 3, Juni 2022. *https://www.gifa.de/de/Media_News/Presse/Pressematerial/Fachartikel/Herausforderung_gr%C3%BCne_Gie%C3%9Ferei_%E2%80%93_steinige_Wege_zur_Klimaneutralit%C3%A4t?* (zuletzt abgerufen am 20.08.2025)

Langwieser J.: Ermittlung des Einflusses multipler Recyclingkreisläufe und die Beurteilung von Rezyklat- und Produkteigenschaften am Beispiel von Inhouse Recycling. Masterarbeit zur Erlangung des akademischen Grades Diplom-Ingenieurin im Masterstudium Polymer Technologies and Science. Linz, Juli 2021. *https://epub.jku.at/obvulihs/content/titleinfo/6429482* (zuletzt abgerufen am 20.08.2025)

Lochmann, K.: Formelsammlung Fertigungstechnik. Formeln – Richtwerte – Diagramme. Fachbuchverlag Leipzig im Carl Hanser Verlag 2012

Martens. H/Goldmann, D.: Recyclingtechnik. Fachbuch für Lehre und Praxis. Springer, Wiesbaden 2016. *https://link.springer.com/content/pdf/10.1007/978-3-658-02786-5_6* (zuletzt abgerufen am 25.05.2025)

Matthes, F./Brauer, J.: Wasserstoff-Erzeugungskosten. Determinanten, Stand und Perspektiven. Öko-Institut und Deloitte Sustainability & Climate GmbH, Berlin/Paris, 13.06.2025. *https://www.oeko.de/fileadmin/oekodoc/Matthes_Brauer-Wasserstoff-Erzeugungskosten.pdf* (zuletzt abgerufen am 07.08.2025)

Mauss, R./Pariser, G.: Das Recycling von legiertem Stahlschrott. Grundlagen, Zahlen und Fakten. BDSV Schriftenreihe, Band 1. 2019. *https://www.bdsv.de/de/resources/030-Leg-Schr_RZ_web-20.pdf* (zuletzt abgerufen am 21.08.2025)

Meadows, De./Meadows, Do./Zahn, E./Milling, P.: Die Grenzen des Wachstums. Bericht des Club of Rome zur Lage der Menschheit. Deutsche Verlags-Anstalt 1972

Morão, A./Bie, F. de: Life Cycle Impact Assessment of Polylactic Acid (PLA) Produced from Sugarcane in Thailand. In: J Polym Environ 27, 2019, S. 2523–2539. *https://link.springer.com/article/10.1007/s10924-019-01525-9* (zuletzt abgerufen am 11.07.2025)

Murphy, T. W. Jr.: Maximum Spectral Luminous Efficacy of White Light. In: Journal of Applied Physics 111, 2012, 104909. *https://aip.scitation.org/doi/10.1063/1.4721897* (zuletzt abgerufen am 14.08.2025)

Nuss, P./Eckelman, M.: Life Cycle Assessment of Metals: A Scientific Synthesis. PLOS ONE 9(7): e101298. July 7, 2014. *https://doi.org/10.1371/journal.pone.0101298* (zuletzt abgerufen am 01.12.2025)

Olivier, J. G. J.: Trends in global CO_2 and total greenhouse gas emissions. 2021 Summary Report. PBL Publication Number 4758. PBL Netherlands Environmental Assessment Agency, The Hague 2022. *https://www.pbl.nl/uploads/default/downloads/pbl-2022-trends-in-global-co2-and_total-greenhouse-gas-emissions-2021-summary-report_4758.pdf* (zuletzt abgerufen am 23.08.2025)

Österreichische Energieagentur (Hrsg.): Energieeffizienz in Kältesystemen, Beraterinformation klima:aktiv. Programm energieeffiziente Betriebe. Stand: November 2007. *https://www.ztk.at/dl/Energieeffizienz_Kaeltesysteme_klima_aktiv.pdf* (zuletzt abgerufen am 02.05.2025)

Pinlova, B./Sudheshwar, A./Vogel, K./Malinverno, N./Hischier, R./Som, C.: What can we learn about the climate change impacts of polylactic acid from a review and meta-analysis of lifecycle assessment studies? In: Sustainable Production and Consumption, Volume 48, 2024, pp. 396–406. *https://www.sciencedirect.com/science/article/pii/S2352550924001507* (zuletzt abgerufen am 11.07.2025)

Plastics Europe: The Plastics Transition. Our industry's roadmap for plastics in Europe to be circular and have net-zero emissions by 2050. 2024. *https://plasticseurope.org/wp-content/uploads/2024/09/2310838_RoadmapCopyChange_110924.pdf* (zuletzt abgerufen am 07.07.2025)

Plastics Europe: Plastics Europe Public LCI Database. 2025. *https://plasticseurope.lca-data.com* (zuletzt abgerufen am 04.07.2025)

Quaschning, V.: Weltweit installierte regenerative Kraftwerksleistung. 11/2025. *https://www.volker-quaschning.de/datserv/ren-Leistung/index.php* (zuletzt abgerufen am 28.11.2025)

Quicker, P./Seitz, M.: Abschätzung der Potenziale und Bewertung der Techniken des thermochemischen Kunststoffrecyclings. Abschlussbericht. Texte 154/2024, herausgegeben vom Umweltbundesamt, Dessau-Roßlau, Januar 2024. *https://www.umweltbundesamt.de/sites/default/files/medien/11850/publikationen/154_2024_texte_thermochemisches_kunststoffrecycling.pdf* (zuletzt abgerufen am 02.06.2025)

Redecker M.: Kenngrößen der Energieeffizienz in der spanenden Fertigung. Dissertation zur Erlangung des akademischen Grades Doktorin der technischen Wissenschaften eingereicht an der

Technischen Universität Graz. Graz, 2016. *https://repository.tugraz.at/publications/81vhq-4hx61* (zuletzt abgerufen am 28.11.2025)

Rehsler Kühlsysteme GmbH: Energiesparsysteme von Rehsler Kühlsysteme. Wirtschaftlichkeitsbetrachtung luftgekühlte Kältemaschine Typ Phoenix im Vergleich zum Energiesparsystem (ESS-System) mit wassergekühlter Kältemaschine Typ Aquarius. 2025. *https://www.rehsler-kuehlsysteme.de/index.php?Energiesparsysteme* (zuletzt abgerufen am 10.05.2025)

Rentz, O./Peters, N./Nunge, S./Geldermann, J.: Bericht über Beste Verfügbare Techniken (BVT) im Bereich der Lack- und Klebstoffverarbeitung in Deutschland. Teilband I: Lackverarbeitung. Umweltbundesamt, August 2002. *https://www.umweltbundesamt.de/publikationen/bericht-ueber-beste-verfuegbare-techniken-bvt-im* (zuletzt abgerufen am 22.08.2025)

Röhm GmbH: Umweltproduktdeklaration für PLEXIGLAS® Massivplatten. 15.06.2018. *https://www.plexiglas.de/files/plexiglas-content/pdf/sonstige-dokumente/Umwelterklärung-EPD-PLEXIGLAS-Massivplatten-de.pdf* (zuletzt abgerufen am 04.07.2025)

Rötzer, N.: Energetischer Aufwand der Bereitstellung von Primärkupfer für Deutschland. Sustainability Management Forum, ISSN 2522-5995, Springer, Berlin, Heidelberg, Vol. 29, Iss. 2, pp. 77-91. *https://www.econstor.eu/bitstream/10419/286770/1/s00550-021-00518-4.pdf* (zuletzt abgerufen am 29.11.2025)

SBTi – Science Based Targets initiative: Foundations of Science-based Target Setting. Version 1.0. April 2019. *https://files.sciencebasedtargets.org/production/files/foundations-of-SBT-setting.pdf* (zuletzt abgerufen am 16.07.2025)

SBTi – Science Based Targets initiative: SBTi Corporate Near-Term Criteria. Version 5.2. März 2024a. *https://files.sciencebasedtargets.org/production/files/SBTi-criteria.pdf* (zuletzt abgerufen am 16.07.2025)

SBTi – Science Based Targets initiative: SBTi Corporate Net-Zero Standard Criteria. Version 1.2. März 2024b. *https://files.sciencebasedtargets.org/production/files/Net-Zero-Standard-Criteria.pdf* (zuletzt abgerufen am 16.07.2025)

Scholle, K.: Verteilung des Stahlbedarfs nach Branchen in Deutschland im Jahr 2020. Statista, 05.07.2024. *https://de.statista.com/statistik/daten/studie/236768/umfrage/anteil-der-branchen-am-stahlbedarf-in-deutschland* (zuletzt abgerufen am 11.06.2025)

Schweitzer, M./Baumeister, A.: Allgemeine Betriebswirtschaftslehre. Theorie und Politik des Wirtschaftens in Unternehmen. 11. Auflage. Erich Schmidt Verlag, Berlin 2015

Sturm, J.: Energie- und Rohstoffeinsparung durch konsequente Nutzung der Gießprozesssimulation. In: Giesserei 98 (06/2011), S. 82–98. *https://www.guss.de/fileadmin/user_upload/effguss/energie-_und_rohstoffeinsparung_durch_konsequente_nutzung_der_giessprozesssimulation.pdf* (zuletzt abgerufen am 14.05.2025)

Trilux GmbH & Co. KG: Programm 23. 2021. *https://www.trilux.com/fileadmin/Downloads/Catalogues/2014/programm23.pdf* (zuletzt abgerufen am 09.08.2025)

UBA – Umweltbundesamt: ProBas – Prozessorientierte Basisdaten für Umweltmanagementsysteme. 2020. *https://www.probas.umweltbundesamt.de/php/index.php* (zuletzt abgerufen am 14.05.2025)

UBA – Umweltbundesamt (Hrsg.): Technische Potenzialanalyse zur Steigerung des Kunststoffrecyclings und des Rezyklateinsatzes. Abschlussbericht. Reihe Texte 92/2021. *https://www.umweltbundesamt.de/sites/default/files/medien/1410/publikationen/2021-12-10_texte_92-2021_potenzialanalyse-kunststoffrecycling.pdf* (zuletzt abgerufen am 05.07.2025)

UBA – Umweltbundesamt: Prüfung konkreter Maßnahmen zur Steigerung der Nachfrage nach Kunststoffrezyklaten und rezyklathaltigen Kunststoffprodukten. Reihe Texte 128/2022. *https://www.umweltbundesamt.de/sites/default/files/medien/479/publikationen/texte_128-2022_pruefung_konkreter_massnahmen_zur_steigerung_der_nachfrage_nach_kunststoffrezyklaten_und_rezyklathaltigen_kunststoffprodukten.pdf* (zuletzt abgerufen am 22.02.2022)

UBA – Umweltbundesamt: Emissionsübersichten nach Sektoren des Bundesklimaschutzgesetzes 1990–2022. Stand: 15.03.2023. Dessau, März 2023. *https://www.umweltbundesamt.de/sites/default/files/medien/361/dokumente/2023_03_15_em_entwicklung_in_d_ksg-sektoren_pm.xlsx* (zuletzt abgerufen am 07.08.2025)

UBA – Umweltbundesamt: Treibhausgas-Emissionen in Deutschland. Stand: 06.05.2024. *https://www.umweltbundesamt.de/daten/klima/treibhausgas-emissionen-in-deutschland* (zuletzt abgerufen am 07.08.2025)

UBA – Umweltbundesamt: Indikator: Anteil Erneuerbare am Bruttostromverbrauch. 25.04.2025. *https://www.umweltbundesamt.de/indikator-anteil-erneuerbare-am* (zuletzt abgerufen am 29.07.2025)

UBA – Umweltbundesamt/AGEE-Stat – Arbeitsgruppe Erneuerbare Energien-Statistik: Erneuerbare Energien in Zahlen. 2022. *https://www.umweltbundesamt.de/themen/klima-energie/erneuerbare-energien/erneuerbare-energien-in-zahlen* (zuletzt abgerufen am 21.08.2025)

WBCSD – World Business Council for Sustainable Development/WRI – World Resources Institute: The Greenhouse Gas Protocol. A Corporate Accounting and Reporting Standard. Revised Edition. 2004. *https://www.ghgprotocol.org/sites/default/files/ghgp/standards/ghg-protocol-revised.pdf* (zuletzt abgerufen am 21.08.2025)

WirtschaftsVereinigung Metalle e. V.: WirtschaftsVereinigung Metalle: Metallstatistik 2020. November 2021. *https://cdn.prod.website-files.com/655b551b01553a978275f0e7/65aa3f4203610256e1b0fc68_Metallstatistik_2020.pdf* (zuletzt abgerufen am 22.05.2025)

Wirtschaftsvereinigung Stahl: Fakten zur Stahlindustrie in Deutschland 2022. Stand: November 2022a. *https://www.wvstahl.de/wp-content/uploads/WV-Stahl_Fakten-2022_RZ_neu_Web.pdf* (zuletzt abgerufen am 11.05.2025)

Wirtschaftsvereinigung Stahl: Stahlschrott-Außenhandel. Statistischer Bericht. 2022b. *https://www.wvstahl.de/wp-content/uploads/2022_Statistischer-Bericht-Stahlschrott-Aussenhandel.pdf* (zuletzt abgerufen am 21.05.2025)

Wirtschaftsvereinigung Stahl: Regelbuch für das Klassifizierungssystem im Low Emission Steel Standard (LESS). April 2024. *https://www.wvstahl.de/wp-content/uploads/20240422_Regelbuch_Klassifizierungssystem_LESS_v1.0.pdf* (zuletzt abgerufen am 16.08.2025)

World Steel Association: Life cycle inventory (LCI) study. 2020 data release. Seventh global LCI study for steel products. Brüssel, Mai 2021. *https://worldsteel.org/wp-content/uploads/Life-cycle-inventory-LCI-study-2020-data-release.pdf* (zuletzt abgerufen am 22.08.2025)

Normenverzeichnis

DIN EN 11469:2016-04: Kunststoffe – Allgemeine Kennzeichnung von Kunststofferzeugnissen – Grundsätze und Anwendung. Beuth Verlag, Berlin 2016

DIN EN 13920:2003-0: Aluminium und Aluminiumlegierungen – Schrott – Allgemeintoleranzen für Schweißkonstruktionen. Teile 1–16. Beuth Verlag, Berlin 2003

DIN EN 14825:2016-06: Klimageräte, Raumlufttechnische Geräte – Bestimmung der jährlichen Energieeffizienz und saisonalen Leistungskennzahlen. Beuth Verlag, Berlin 2016

DIN EN 15343:2007-05: Kunststoffe – Rezyklate – Prüf- und Bewertungsverfahren für die Einstufung von Kunststoff-Rezyklaten. Beuth Verlag, Berlin 2007

DIN EN 15804:2022-03: Nachhaltigkeit von Bauwerken – Umweltproduktdeklarationen – Grundregeln für die Produktkategorie Bauprodukte. Beuth Verlag, Berlin 2022

DIN EN ISO 14001:2015-09: Umweltmanagementsysteme – Anforderungen mit Anleitung zur Anwendung. Beuth Verlag, Berlin 2015

DIN EN ISO 14004:2016-10: Umweltmanagementsysteme – Allgemeine Leitlinien zur Verwirklichung. Beuth Verlag, Berlin 2016

DIN EN ISO 14005:2020-07: Umweltmanagementsysteme – Leitlinien für einen flexiblen Ansatz zur phasenweisen Verwirklichung. Beuth Verlag, Berlin 2020

DIN EN ISO 14006:2020-07: Umweltmanagementsysteme – Leitlinien für die Einbeziehung von Ökodesign. Beuth Verlag, Berlin 2020

DIN EN ISO 14025:2011-10: Umweltkennzeichnungen und -deklarationen – Typ III Umweltdeklarationen – Grundsätze und Verfahren (ISO 14025:2011). Beuth Verlag, Berlin 2011

DIN EN ISO 14031:2013-09: Umweltmanagement – Umweltleistungsbewertung – Leitlinien (ISO 14031:2013). Beuth Verlag, Berlin 2013

DIN EN ISO 14040:2006-10: Umweltmanagement – Ökobilanz – Grundsätze und Rahmenbedingungen (ISO 14040:2006). Beuth Verlag, Berlin 2006

DIN EN ISO 14044:2006-10: Umweltmanagement – Ökobilanz – Anforderungen und Anleitungen (ISO 14044:2006). Beuth Verlag, Berlin 2006

DIN EN ISO 14045:2012-10: Umweltmanagement – Ökoeffizienzbewertung von Produktsystemen – Prinzipien, Anforderungen und Leitlinien (ISO 14045:2012). Beuth Verlag, Berlin 2012

DIN EN ISO 14046:2014-11: Umweltmanagement – Wasser-Fußabdruck – Grundsätze, Anforderungen und Leitlinien (ISO 14046:2014). Beuth Verlag, Berlin 2014

DIN EN ISO 14064-1:2018-05: Treibhausgase – Teil 1: Spezifikation mit Anleitung zur quantitativen Bestimmung und Berichterstattung von Treibhausgasemissionen und -abbau auf Organisationsebene (ISO 14064-1:2018). Beuth Verlag, Berlin 2018

DIN EN ISO 14064-2:2019-06: Treibhausgase – Teil 2: Spezifikation mit Anleitung zur quantitativen Bestimmung, Überwachung und Berichterstattung von Projekten zur Emissionsminderung oder -steigerung (ISO 14064-2:2019). Beuth Verlag, Berlin 2019

DIN EN ISO 14067:2019-02: Treibhausgase – Carbon Footprint von Produkten – Anforderungen und Leitlinien für die Quantifizierung (ISO 14067:2019). Beuth Verlag, Berlin 2019

DIN EN ISO 50001:2018-08: Energiemanagementsysteme – Anforderungen mit Anleitung zur Anwendung. Beuth Verlag, Berlin 2018

DIN ISO 50006:2025-02: Energiemanagementsysteme – Bewertung der energiebezogenen Leistung anhand von Energieleistungskennzahlen und energetischen Ausgangsbasen (ISO 50006:2023)

EN 13432:2000-12: Verpackung – Anforderungen an die Verwertung von Verpackungen durch Kompostierung und biologischen Abbau – Prüfverfahren und Kriterien für die Einstufung der Verpackung. Beuth Verlag, Berlin 2000

EN ISO 14009:2020-07: Umweltmanagementsysteme – Leitlinien zur Berücksichtigung der Materialzirkulation in der Gestaltung und Entwicklung. Beuth Verlag, Berlin 2020

ISO 22095:2020-06: Chain of Custody – General principles and requirements. ISO, Genf 2020

ISO 46001:2019: Water efficiency management systems – Requirements with guidance for use. ISO, Genf 2019

VDI 4600:2012-01: Kumulierter Energieaufwand (KEA) – Begriffe, Berechnungsmethoden. VDI, Düsseldorf 2012

Index

E

F

G

H

I

U

V

W

Z